"十二五"职业教育国家规划教材
经全国职业教育教材审定委员会审定

煤矿地质

主　编　刘建平　王正荣
副主编　熊晓英　李洪恩
参　编　梁　越　黑宇峰　赵建华
主　审　刘太福

机械工业出版社

本书是"十二五"职业教育国家规划教材，是根据《教育部关于"十二五"职业教育教材建设的若干意见》、教育部新颁布的《高等职业学校专业教学标准（试行）》及职业教育煤炭行业技能型紧缺人才培养培训教学方案，同时参考相关职业资格标准编写的。本书系统地介绍了煤矿地质基础知识和基本技能。全书共八个单元，内容包括基础地质、煤资源及地质勘查、影响矿井生产的地质因素、矿井原始地质编录、常用矿井地质图件、矿井综合地质资料、矿井资源/储量估算及管理、矿山环境污染与治理。各单元在编写中充分体现了高职高专教育理实一体化的特色，突出了高端技能型人才的培养特点，以实用、必需、够用为原则，重点培养对矿井实际工作和实际问题的解决和处理能力。

本书适合职业技术院校和成人教育院校开采、通风、安全、建井、测量等专业使用，也可供从事煤矿行业的技术人员参考。为便于教学，本书配套有电子教案、助教课件等教学资源，选择本书作为教材的教师可来电（010-88379193）索取，或登录 www.cmpedu.com 网站，注册、免费下载。

图书在版编目（CIP）数据

煤矿地质/刘建平，王正荣主编．—北京：机械工业出版社，2015.1（2025.1重印）

"十二五"职业教育国家规划教材

ISBN 978-7-111-48582-7

Ⅰ.①煤⋯　Ⅱ.①刘⋯②王⋯　Ⅲ.①煤田地质-高等职业教育-教材　Ⅳ.①P618.110.2

中国版本图书馆 CIP 数据核字（2014）第 267315 号

机械工业出版社（北京市百万庄大街22号　邮政编码100037）
策划编辑：汪光灿　责任编辑：汪光灿　王海霞
责任校对：张　征　封面设计：张　静
责任印制：邓　博
北京盛通数码印刷有限公司印刷
2025年1月第1版第6次印刷
184mm×260mm・14.25印张・345千字
标准书号：ISBN 978-7-111-48582-7
定价：43.00元

电话服务
客服电话：010-88361066
　　　　　010-88379833
　　　　　010-68326294
封底无防伪标均为盗版

网络服务
机　工　官　网：www.cmpbook.com
机　工　官　博：weibo.com/cmp1952
金　书　网：www.golden-book.com
机工教育服务网：www.cmpedu.com

前　言

本书是按照教育部《关于开展"十二五"职业教育国家规划教材选题立项工作的通知》，经过出版社初评、申报，经全国职业教育教材审定委员会审定的"十二五"职业教育国家规划教材，是根据《教育部关于"十二五"职业教育教材建设的若干意见》、教育部新颁布的《高等职业学校专业教学标准（试行）》及职业教育煤炭行业技能型紧缺人才培养培训教学方案编写的。

本书针对职业教育特色和教学模式的需要，以及职业学生的心理特点和认知规律编写，内容组织以实用、必需、够用为原则，强化基本知识、基本技能，重点培养矿井实际工作能力和对实际问题的解决、处理能力。本书体现了高职高专教育理实一体化的特色，书中设置了【单元学习目标】、【工作任务描述与分析】、【知识学习】、【工作任务实施】、【工作任务考评】和【习题】等栏目。

为了方便教学，本书每单元的建议学时见下表，不同专业可以根据各专业课程标准加以调整。

单元序号	单元内容	建议课时
第一单元	基础地质	16
第二单元	煤资源及地质勘查	12
第三单元	影响矿井生产的地质因素	16
第四单元	矿井原始地质编录	10~12
第五单元	常用矿井地质图件	12~14
第六单元	矿井综合地质资料	7~8
第七单元	矿井资源/储量估算及管理	8
第八单元	矿山环境污染与治理	4
总课时		85~90

本书由河北能源职业技术学院刘建平、云南能源职业技术学院王正荣任主编，淮南职业技术学院熊晓英、河北能源职业技术学院李洪恩任副主编，刘建平负责全书的统稿和修改，北京工业职业技术学院刘太福任主审。全书共八个单元，第一单元由河北能源职业技术学院黑宇峰编写；第二单元由熊晓英编写；第三单元由王正荣编写；第四、五、六单元由刘建平编写；第七、八单元由辽宁工业大学应用技术学院梁越编写；黑龙江科技大学赵建华也参加了编写工作。

本书经全国职业教育教材审定委员会审定，教育部专家在审定过程中对本书提出了宝贵的建议，在此对他们表示感谢！本书在编写过程中，借鉴和参阅了有关教材、专著、论文和互联网资料，特向相关文献作者表示感谢。

由于时间仓促和编者水平有限，书中错误和缺点在所难免，恳请广大读者批评指正。

编　者

目录

前言
第一单元　基础地质 ... 1
- 课题一　矿物的肉眼鉴定 ... 1
- 课题二　岩石的肉眼鉴定 ... 11
- 课题三　古生物化石鉴定与地层划分 ... 23
- 课题四　地质构造 ... 30
- 【习题】 ... 40

第二单元　煤资源及地质勘查 ... 42
- 课题一　煤与含煤岩系 ... 42
- 课题二　煤炭地质勘查 ... 56
- 【习题】 ... 71

第三单元　影响矿井生产的地质因素 ... 73
- 课题一　褶皱和断裂构造 ... 73
- 课题二　煤层厚度变化的处理 ... 89
- 课题三　岩浆侵入体 ... 94
- 课题四　岩溶陷落柱 ... 99
- 【习题】 ... 107

第四单元　矿井原始地质编录 ... 109
- 课题一　原始地质编录的基本要求及方法 ... 109
- 课题二　穿层井巷的地质编录 ... 116
- 课题三　顺层巷道和回采工作面地质编录 ... 123
- 课题四　岩芯地质编录 ... 128
- 【习题】 ... 131

第五单元　常用矿井地质图件 ... 133
- 课题一　矿井地质剖面图 ... 133
- 课题二　煤层底板等高线图 ... 143
- 课题三　矿井水平地质切面图 ... 157
- 【习题】 ... 163

第六单元　矿井综合地质资料 ... 165
- 课题一　地质报告 ... 165
- 课题二　地质说明书 ... 168

课题三	地质预报	175
【习题】		179

第七单元　矿井资源/储量估算及管理　181
课题一	煤炭资源/储量分类及估算	181
课题二	矿井储量管理和三量管理	195
【习题】		206

第八单元　矿山环境污染与治理　209
课题一	矿山环境地质与环境污染因素分析	209
课题二	矿山环境地质综合治理	215
【习题】		219

参考文献 ······ 221

第一单元 基础地质

【单元学习目标】

本单元由矿物的肉眼鉴定、岩石的肉眼鉴定、古生物化石鉴定与地层划分、地质构造四个课题组成。通过本单元的学习，学生应熟悉煤（岩）层、断层等产状要素、褶皱及断裂构造的分类、地层系统和地质年代，能够用肉眼鉴定常见矿物、岩石和古生物化石。

课题一 矿物的肉眼鉴定

【工作任务描述与分析】

矿物是组成岩石和矿石的基本单元，因此矿物肉眼鉴定是岩石肉眼鉴定的基础。本课题主要对矿物与晶体的概念、矿物的物理性质进行介绍。通过本课题的实施，学生可熟悉矿物的物理性质、常见造岩矿物及其特征；在此基础上，能对常见造岩矿物进行鉴定，从而为岩石肉眼鉴定打下基础。

【知识学习】

一、矿物和晶体的概念

（一）矿物

矿物是在地质作用和自然条件下形成的，它由一种单质或化合物组成，具有相对固定和均一的化学成分及物理性质。

想一想

以下哪些物质是矿物？
天然银、煤、金饰品、黄铁矿、石英、方解石、食盐、石膏、天然铜

（二）晶体与非晶体

1. 晶体

物质的质点（原子、分子、离子或离子团）在三维空间上周期性重复排列形成的结构

称为格子构造（图1-1）。具有格子构造的固体称为晶体。由于晶体具有格子构造，所以其在适当的环境条件下可自发形成规则的几何多面体（图1-2）。

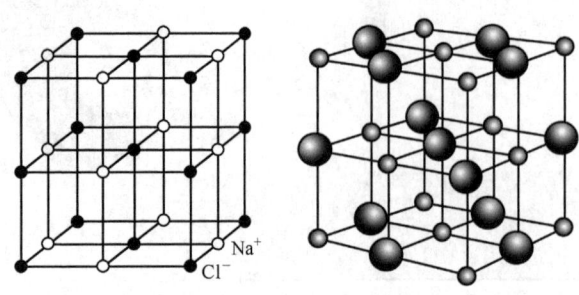

图1-1 食盐的内部构造

（右图小球代表 Na⁺，大球代表 Cl⁻）

图1-2 食盐晶体

自然界中有很多晶体，天然产出的矿物绝大部分是晶体。

2. 非晶体

不具有格子构造的物质称为非晶体，这种物质无固定外形，如蛋白石、沥青等。

二、矿物的物理性质

由于矿物的化学成分不同，晶体结构不同，从而会表现出不同的物理性质。矿物的物理性质是矿物肉眼鉴定的重要依据。

（一）矿物的形态

根据矿物的存在形式，矿物的形态可分为单体和集合体两类。

1. 单体形态

某种晶体在一定的外界条件下总是趋向于形成某一特定的形态，晶体的这一特性称为结晶习性。根据晶体在空间三个方向上的发育程度，结晶习性分为三种类型。

（1）一向延伸型 晶体沿一个方向延伸，呈柱状、针状、纤维状等，如角闪石。

（2）二向延展型 晶体沿平面延展，呈板状、片状、鳞片状等，如黑钨矿、云母等。

（3）三向等长型 晶体在三个方向上均匀发育，呈等轴状、粒状等，如黄铁矿。

2. 集合体形态

矿物集合体的形态千姿百态，常见的集合体形态如下。

（1）粒状集合体 由粒状矿物所组成的集合体，如磁铁矿。

（2）板状、片状、鳞片状、柱状、针状集合体 由板状、片状、鳞片状、柱状和针状矿物单体任意集合而成的集合体，如石墨的鳞片状集合体、云母的片状集合体。

（3）纤维状集合体 由纤维状矿物单体规则性排列而形成的集合体，如石棉。

（4）放射状集合体 由板状、片状、柱状、针状集合体围绕某一轴线或中心而形成的集合体，如红柱石。

（5）晶簇 由生长在岩石裂隙或空洞中的许多单晶体所组成的簇状集合体称为晶簇，如石英晶簇（图1-3a）。它们的一端固着于同一基底上，另一端自由发育而形成良好的晶形。

（6）致密块状集合体 由隐晶质或非晶质矿物组成的集合体，其表面致密均匀，用肉眼不能分辨晶粒彼此间的界限，如滑石。

（7）杏仁体和晶腺　矿物溶液或胶体溶液通过岩石气孔或空洞时，常常从洞壁向中心沉淀，最后把孔洞填充起来，其中小于或等于2cm者称为杏仁体，大于2cm者称为晶腺。如玛瑙（图1-3b）往往以此形态产出。

（8）结核　矿物溶液或胶体溶液常常围绕着细小岩屑、生物碎屑、气泡等由中心向外层沉淀而形成球状、透镜状、不规则状等集合体，称为结核。常见的有黄铁矿、赤铁矿、磷灰石等结核，其大小可由数厘米到数十厘米甚至更大。如果结核小于2mm，形同鱼仔，具有同心层状构造，则称鲕状体。鲕状体常彼此胶接在一起，如鲕状赤铁矿、鲕状铝土矿等。如果结核大于2mm，则称豆状体。

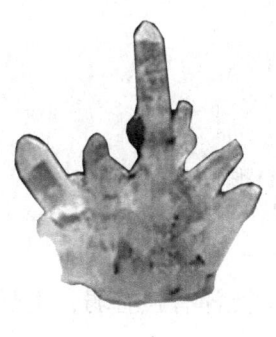 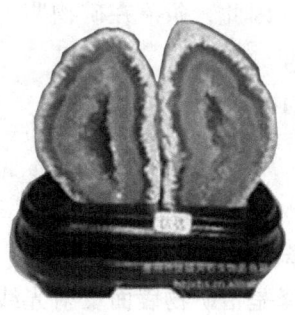

a)　　　　　　　　　　　　　　b)

图1-3　集合体形态示例

a）石英晶簇　b）玛瑙

（9）钟乳状、葡萄状、肾状集合体　这些形态大多数是某些胶体矿物所具有的特点。胶体溶液因蒸发失水逐渐凝聚，从而会在矿物表面围绕凝聚中心形成许多圆形的、葡萄状的或钟乳状的小突起，如褐铁矿、软锰矿、孔雀石等。

（10）土状体　疏松粉末状矿物的集合体，一般无光泽，如高岭土。

（11）被膜　不稳定矿物因受风化作用，在其表面往往形成一层次生矿物的皮壳，称为被膜。例如，各种铜矿表面常有一层因氧化作用而产生的翠绿色孔雀石及天蓝色蓝铜矿被膜。

（二）颜色

矿物的颜色是矿物对可见光反射情况的表现，是最明显、最容易识别的肉眼鉴定标志。矿物的颜色有自色、他色和假色之分。

1. 自色

自色是矿物本身固有的颜色，是由组成矿物的化学成分所决定的。所以矿物的自色比较稳定，具有重要的肉眼鉴定意义。如矿物中含有Mn^{4+}时，呈黑色；含有Mn^{2+}时，呈紫色；含有Fe^{3+}时，呈樱红色或褐色；含有Cu^{2+}时，呈蓝色或绿色。

2. 他色

他色是由矿物中所含的杂质成分引起的，与矿物本身的化学成分无关。如纯净水晶是无色透明的，若其中混入不同的微量杂质，即可呈紫色、粉红色、褐色、黑色等。他色随杂质不同而改变，因此一般不能作为矿物鉴定的主要特征。

3. 假色

假色是由某些化学和物理原因引起的，如矿物具有氧化膜、裂隙或对自然光产生了衍射现象等。假色有多种，常见的有晕色和锈色，云母片常因光程差引起干涉色，形成晕色；斑铜矿表面易被氧化而形成具一定颜色的氧化薄膜，称为锈色。

（三）条痕

条痕是矿物粉末的颜色，通常是指利用条痕板（无釉白瓷板）刮擦矿物新鲜表面所产生粉末的颜色。由于矿物的粉末可以消除一些杂质和物理方面的影响，所以其比矿物本身的颜色更为固定。有些矿物如赤铁矿，其颜色可能有赤红、黑灰等色，但其条痕均为樱红色；有些矿物如黄金、黄铁矿，其颜色大体相同，但其条痕则相差很远，前者为金黄色，后者则为黑或黑绿色。因此，条痕在矿物鉴定上具有重要意义。

想一想

矿物的自色、他色和假色有什么异同？有没有区分的方法？

（四）光泽

矿物的光泽是指矿物表面反射光线时表现出的特点。光泽有强有弱，主要取决于矿物表面对光线的反射能力。光泽可以分为以下几种。

（1）金属光泽　矿物表面反光极强，如同平滑金属表面所呈现的光泽，如黄铁矿的光泽。

（2）半金属光泽　较金属光泽稍弱，犹如未经磨光的金属表面，暗淡而不刺目，如黑钨矿的光泽。

（3）金刚光泽　光泽闪亮耀眼，犹如夜空下繁星点点，如金刚石、闪锌矿等的光泽。

（4）玻璃光泽　像普通玻璃一样的光泽，水晶、萤石、方解石等具有此种光泽。

此外，矿物表面的平滑程度或集合体形态的不同，也会引起一些特殊的光泽。如有些矿物（如玉髓、玛瑙等）呈油脂光泽；具片状集合体的矿物（如白云母等）常呈珍珠光泽；具纤维状集合体的矿物（如石棉及纤维石膏等）则呈丝绢光泽；而粉末状的矿物集合体（如高岭石等）则暗淡无光，呈土状光泽。

（五）透明度

透明度是指矿物允许光线透过的程度。通常采用透过矿物的刃边或薄片（0.03mm）观察矿物对面物体的方法来确定矿物的透明度，并依据矿物对面物体的可视程度将透明度分为3级：

1）透明矿物的碎片边缘能清晰地透见他物，如水晶、冰洲石等。

2）半透明矿物的碎片边缘可以模糊地透见他物或有透光现象，如辰砂、闪锌矿等。

3）不透明矿物的碎片边缘不能透见他物，如黄铁矿、磁铁矿、石墨等。

（六）硬度

硬度是指矿物抵抗外力刻划、压入和研磨的能力。根据高硬度矿物可以刻划低硬度矿物的原理，摩氏硬度计选择了10种标准矿物，将硬度分为10级（表1-1）。应该指出的是：摩氏硬度计只代表矿物硬度的相对顺序，而不代表绝对硬度。

表1-1 摩氏硬度计

硬度	1	2	3	4	5	6	7	8	9	10
矿物	滑石	石膏	方解石	萤石	磷灰石	正长石	石英	黄玉	刚玉	金刚石

注：便于记忆的绕口令：一滑二膏三方解，四萤五磷六长石，七英八黄九刚玉，唯有金刚把十冠。

摩氏硬度计是野外工作和岩矿肉眼鉴定的常用试硬工具。例如，将待定矿物与硬度计中的方解石相刻划，若彼此无损伤，则硬度相等，即可将硬度定为3；若此矿物能刻划方解石，但不能刻划萤石，相反却为萤石所刻划，则其硬度在3与4之间，可定为3.5，依此类推。

在野外工作时，还可用指甲（2~2.5）、小刀（5~5.5）等来代替硬度计。据此，可以把矿物硬度粗略分成软（硬度小于指甲）、中（硬度大于指甲，小于小刀）和硬（硬度大于小刀）三等。有少数矿物用石英也刻划不动，可称为极硬，但这样的矿物比较少。

测定硬度时，必须选择新鲜矿物的光滑面进行试验，同时要注意刻痕和粉痕（以硬刻软，留下刻痕；以软刻硬，留下粉痕）不能混淆。对于粒状、纤维状矿物，不宜直接刻划，而应将矿物捣碎，在已知硬度的矿物面上摩擦，观察其有否擦痕来比较硬度的大小。

（七）解理

在力的作用下，矿物晶体按一定方向破裂并产生光滑平面的性质称为解理。沿着一定方向分裂的面称为解理面。

根据劈开矿物的难易程度和肉眼所能观察的程度，解理可分为下列等级。

（1）极完全解理　矿物极易裂成薄片，解理面较大且平整光滑，如云母、石膏等。

（2）完全解理　矿物极易裂成平滑小块或薄板，解理面光滑，如方解石、石盐等。

（3）中等解理　解理面往往不能一劈到底，不很光滑且不连续，常呈现小阶梯状，如普通角闪石、普通辉石等。

（4）不完全解理　在大块矿物上很难看到解理面，只在细小碎块上才可见不清晰的解理面，如磷灰石等。

（5）极不完全解理　无解理面，如石英、磁铁矿等。

对具有解理的矿物来说，同种矿物的解理方向和解理程度总是相同的，性质很固定。因此，解理是鉴定矿物的重要特征之一。

（八）断口

矿物受力破裂后出现的没有一定方向的不规则断开面称为断口。断口与解理互为消长，即解理程度越高的矿物越不易出现断口，解理程度越低的矿物越容易形成断口。

根据断口的形状，可以将其分为贝壳状断口、锯齿状断口、参差状断口、平坦状断口等。在石英、火山玻璃上出现的具有同心圆纹的贝壳状断口如图1-4所示。一些天然金属矿物常出现尖锐的锯齿状断口。

（九）脆性和延展性

矿物受力极易破碎，不能弯曲，称为脆性。这类矿物用刀尖刻划即可产生粉末。大部分矿物具有脆性，如方解石。

矿物受力发生塑性变形，如锤成薄片、拉成细丝，这种性质称为延展性。这类矿物用小刀刻划不产生粉末，而是会留下光亮的刻痕，如金、天然铜等。

(十) 弹性和挠性

矿物受力变形,作用力失去后又恢复原状的性质称为弹性,如云母矿物。矿物受力变形,作用力失去后不能恢复原状的性质称为挠性,如绿泥石矿物。

(十一) 密度

矿物质量与4℃时同体积水的质量之比,称为矿物的密度。矿物的化学成分中若含有原子量大的元素,或者矿物内部构造中原子或离子堆积比较紧密,则密度较大;反之,则密度较小。大多数矿物的密度介于2.5~4之间,一些重金属矿物常在5~8之间,极少数矿物(如铂族矿物)可达到23。

图1-4 水晶上的贝壳状断口

(十二) 磁性

少数矿物(如磁铁矿、钛磁铁矿等)具有被磁铁吸引或本身能吸引铁屑的性质,称为磁性。一般用马蹄形磁铁或带磁性的小刀来测验矿物的磁性。

(十三) 电性

有些矿物受热生电,称为热电性,如电气石;有些矿物受摩擦生电,如琥珀;有的矿物在压力和张力的交互作用下产生电荷效应,称为压电效应,如压电石英。

三、常见的造岩矿物

(一) 矿物分类

根据化学成分和结构,将矿物分为五大类。

(1) 自然元素矿物　以单质形式产出的矿物称为自然元素矿物。自然元素矿物约有40余种,如自然金。

(2) 硫化物及其类似化合物　硫化物及其类似化合物是金属元素或半金属元素与硫结合而成的天然化合物,有300多种。常见的有方铅矿、闪锌矿、黄铁矿等。

(3) 氧化物及氢氧化物　氧化物及氢氧化物是一系列金属阳离子和某些非金属阳离子与氧或氢氧离子形成的化合物,约有200余种。常见的有石英、蛋白石、赤铁矿、磁铁矿、褐铁矿等。

(4) 含氧盐矿物　含氧盐矿物是含氧的络阴离子与金属阳离子组成的盐类化合物,有2000种左右。这一大类在地壳中分布最广泛、最常见,主要矿物有橄榄石、辉石、角闪石、云母、长石、方解石、石膏等。这些矿物是岩石的主要物质组成。

(5) 卤化物　卤化物是卤族元素氟、氯、溴、碘与惰性气体型离子 K^+、Na^+、Ca^{2+}、Mg^{2+} 等组成的化合物,约有100多种,如石盐、萤石等。

(二) 常见造岩矿物的肉眼鉴定特征

自然界中的矿物目前发现的已有3000多种,而组成岩石的常见矿物并不多,主要的仅30种左右,这些矿物被称为造岩矿物。常见的造岩矿物如下。

1. 石英

石英晶体多为六方柱及菱面体的聚形,柱面上有明显的横纹。在岩石中,石英常为无晶形的粒状。石英具有典型的玻璃光泽,呈透明至半透明,无解理,贝壳状断口,性硬,硬度为7，密度为2.5～2.8。

另外，还有由二氧化硅胶体沉积而成的隐晶质矿物：白色、灰白色者称玉髓（或称石髓、髓玉）；由白、灰、红等不同颜色组成的同心层状或平行条带状者称玛瑙；不纯净，呈现出红、绿等色者称碧玉；呈现出黑、灰等色者称燧石。此类矿物具脂肪状或蜡状光泽，半透明，贝壳状断口。此外，还有一种硬度稍低，具珍珠、蜡状光泽，含有水分的胶体矿物，称蛋白石。

石英类矿物的化学性质稳定，不溶于酸（氢氟酸除外）。

鉴定特征：六方柱及晶面横纹，典型的玻璃光泽，硬度大（小刀不能刻划），无解理；隐晶质者具明显的油脂光泽。

2. 长石

一般有正长石和斜长石。

（1）正长石 又名钾长石，其晶体为板状或短柱状，在岩石中常为晶形不完全的短柱状颗粒。呈肉红、浅黄、浅黄白色，玻璃或珍珠光泽，半透明；有两组解理直交（正长石因此而得名），硬度为6，密度为2.56～2.58。

鉴定特征：肉红、黄白等色，短柱状晶体，完全解理，硬度较大（小刀刻不动）。

（2）斜长石 细柱状或板状晶体，在晶面或解理面上可见到细而平行的双晶纹；在岩石中多为板状、细柱状颗粒。呈白色至灰白色，或浅蓝、浅绿色，玻璃光泽，半透明；两组解理斜交（交角为86°左右，斜长石因此而得名），硬度为6～6.5，密度为2.60～2.76。

鉴定特征：细粒状或板状，白色至灰白色，解理面上具双晶纹，小刀刻不动。

正长石和斜长石在肉眼鉴定时的特征对比见表1-2。

表1-2 正长石和斜长石肉眼鉴定特征对比

矿物	正长石	斜长石
晶体形状	常呈粗短柱状、粒状	常呈板片状、板条状或长柱状
双晶纹	面上无双晶纹	解理面有平行细小的聚片双晶纹
颜色	肉红色到白色	白色到灰色，偶见红色
光泽	解理面常带珍珠光泽	玻璃光泽至珍珠光泽
硬度	6	6～6.5
染色试验	将小块正长石置于HF酸中浸蚀1～3min，再在60%的亚硝酸钴钠浸液中浸蚀5～10min，用水冲洗显柠檬黄色	按左法，不染色或呈浅灰色

3. 云母

云母通常呈片状或鳞片状，玻璃及珍珠光泽，透明或半透明；硬度为2～3，单向极完全解理，薄片有弹性，密度为2.7～3.1。云母的常见种类如下。

（1）白云母 无色及白、浅灰绿等色，呈细小鳞片状。具有丝绢光泽的异种称为绢云母。

（2）金云母 金黄褐色，常具半金属光泽，多见于火成岩与石灰岩的接触带。

（3）黑云母 黑褐色至黑色，较白云母易风化分解。

鉴定特征：单向极完全解理，容易被揭开成较大光滑平整薄片，硬度低，有弹性。

4. 辉石

辉石晶体呈短柱状，横剖面接近八边形，在岩石中常为分散粒状或粒状集合体。呈绿黑色至黑色，条痕浅灰绿色，玻璃光泽（风化面暗淡）；硬度为 5~6，两组解理接近直交，密度为 3.23~3.52。

鉴定特征：绿黑色或黑色，接近八边形短粒状，解理接近直交。

5. 角闪石

角闪石晶体多为长柱状，横剖面接近六边菱形，在岩石中常呈分散柱状、粒状及其集合体。呈绿黑色至黑色，条痕灰绿色，玻璃光泽（风化面暗淡），近不透明；硬度为 5~6，两组解理相交成 124°角，密度为 3.1~3.4。

鉴定特征：绿黑色、长柱状（横剖面菱形）晶体，相交成 124°的解理，小刀不易刻划。

6. 橄榄石

橄榄石晶体扁柱状，在岩石中呈分散颗粒或粒状集合体。呈橄榄绿色，玻璃光泽，透明至半透明；硬度为 6.5~7，解理中等或不清楚，性脆，密度为 3.3~3.5。

鉴定特征：橄榄绿色，玻璃光泽，硬度高。

7. 磁铁矿

磁铁矿晶体常为八面体，有时为菱形十二面体，通常呈粒状或块状集合体。呈铁黑色，条痕黑色或暗蓝靛色，金属或半金属光泽，不透明；硬度为 5.5~6，无解理，性脆，密度为 4.9~5.2，具有强磁性。

鉴定特征：铁黑色，条痕黑色，强磁性。

想一想

普通辉石、橄榄石、磁铁矿和角闪石有什么区别？

8. 铝土矿

铝土矿是由若干铝的氢氧化物矿物所组成的混合物，经常含有高岭土、铁矿等杂质。铝土矿多呈致密块状、鲕状、豆状等产出，呈白、灰、黄、褐等色，土状光泽，硬度为 3 左右，密度为 2.5~3.5。

鉴定特征：外表似黏土岩，但硬度较高，密度较大，没有粘性、可塑性及滑腻感。

9. 方解石

方解石晶体常为菱面体，集合体常呈块状、粒状、鲕状、钟乳状及晶簇等。无色透明者称冰洲石，具有显著的重折射现象，是重要的光学仪器材料；一般为乳白色或灰、黑等色，玻璃光泽。硬度为 3，三组完全解理，密度为 2.71，遇稀盐酸产生气泡。

鉴定特征：锤击成菱形碎块（方解石因此而得名），小刀易刻动，遇稀盐酸起泡。

10. 白云石

晶体常为菱面体，但晶面稍弯曲成弧形；多呈块状、粒状集合体，乳白、粉红、灰绿等色，玻璃光泽。三组解理完全，硬度为 3.5~4，密度为 2.8~2.9，在稀盐酸中分解缓慢。

鉴定特征：滴稀盐酸（5%）不起泡或微弱发泡，风化面常有白云石粉及纵横交叉的刀砍状溶沟。

 **想一想**

石英、白云石和方解石有什么区别？

11. 黄铁矿

经常发育成良好的晶体，有六面体、八面体、五角十二面体及其聚形。六面体晶面上有与棱平行的条纹，各晶面上的条纹互相垂直。有时呈块状、粒状集合体或结核状；浅黄（铜黄）色，条痕黑色（带微绿），强金属光泽，不透明。硬度为6~6.5（硫化物中硬度最大的一种），无解理，性脆，密度为4.9~5.2。在地表条件下易风化为褐铁矿。

鉴定特征：完好晶体，浅黄色，条痕黑色，较大的硬度（小刀刻不动）。

12. 石膏

晶体常为近菱形板状，有时呈燕尾双晶；一般呈纤维状、粒状等集合体；无色透明，或白、浅灰等色，晶面玻璃光泽，纤维状者具有丝绢光泽。硬度为2，一组极完全解理，性脆，密度为2.3。加热失水变为熟石膏。透明晶体集合体称透石膏，纤维状集合体称纤维石膏，粒状集合体称雪花石膏。

鉴定特征：一组极完全解理，纤维状、粒状；硬度低，指甲可以刻动，遇酸不起泡。

13. 石榴子石

石榴子石成分多种多样，最常见的为铁铝石榴子石及钙铁石榴子石。晶体发育良好，呈菱形十二面体、四角三八面体或两者的聚形，形如石榴子，通常在变质岩中呈分散粒状或粒状集合体；呈深红、红褐、棕、绿、黑等色，玻璃及脂肪（断口）光泽，半透明。硬度为6.5~7.5，无解理，性脆，密度为3.5~4.3。化学性质稳定，不易风化。

鉴定特征：晶体良好，颜色较深，硬度很高，密度较大。

14. 滑石

多为块状集合体，呈不规则块状；白色、黄白色或淡蓝灰色，有蜡样光泽。质软细腻，手摸有滑润感，硬度为1，密度为2.6~2.8。

鉴定特征：浅色，性软（指甲可刻划），具滑腻感。

15. 绿泥石

成分复杂，是一族层状结构硅酸盐矿物的总称，最常见的为富含镁铁质的绿泥石。常呈叶片状、鳞片状集合体，浅绿色至深绿色，珍珠或脂肪光泽，透明至半透明。硬度为2~2.5，单向极完全解理，薄片具有挠性，密度为2.6~2.85。

鉴定特征：绿泥石与云母极为相似，但前者呈特有的绿色，有挠性而无弹性。

16. 红柱石

在岩石中呈柱状或放射状集合体，后者形似菊花，俗称菊花石；灰白色，有时呈浅红色，弱玻璃光泽，半透明。硬度为6.5~7.5（风化后变低），中等解理，密度为3.16~3.20。晶体中心沿柱体方向常有炭质填充。

鉴定特征：近正方形柱状晶体，有炭质黑心，或为放射状集合体。

17. 石墨

通常为鳞片状、片状或块状集合体。呈铁黑色或钢灰色，条痕黑灰色，晶体良好者具强金属光泽，块状体光泽暗淡，不透明。有一组极完全解理，硬度为1~2，薄片具挠性，密度为2.09~2.23。具滑腻感，高度导电性，耐高温（熔点高）。化学性质稳定，不溶于酸。

鉴定特征：钢灰色，染手染纸，具滑腻感。

【工作任务实施】

1. 鉴定场地

在自然透光的矿物岩石实训室中，配备操作台和椅子，其中操作台可供2~3人共同使用。

2. 实施组织方式

以操作台为单位分组，每组观察、鉴定一套标本，期间小组内人员可就标本特征相互探讨，共同完成一份标本鉴定表。鉴定表完成后，由指导教师负责检查并给出评价。

3. 鉴定用具

摩氏硬度计、小刀、放大镜、磁铁、矿物标本、稀盐酸等。

4. 鉴定用标本

石墨、黄铁矿、黄铜矿、赤铁矿、磁铁矿、石英、高岭石、褐铁矿、橄榄石、辉石、角闪石、白云母、黑云母、滑石、正长石、斜长石、石膏、重晶石、方解石、白云石等。

5. 鉴定方法和步骤

1）依次观察矿物单体形态，集合体形态、颜色、透明度、光泽。

2）把要鉴定的矿物与条痕板摩擦，得到矿物条痕。

3）用摩氏硬度计中的标准矿物刻划被鉴定矿物，观察被鉴定矿物上是否留下刻痕以确定相对硬度。

4）观察解理。首先找准解理面（注意解理面和矿物晶面之间的区别），然后观察解理的完善程度。

5）观察断口。判断是矿物单体的断口还是集合体的断口，以及断口的形态。

6）用手大致掂量密度。在矿物手标本鉴定中，通常凭经验用手掂量，将密度分为三级：石盐（2.1~2.5）、石膏（2.3）等密度小于2.5的属轻级；石英（2.65）、斜长石（2.6~2.8）等密度为2.5~4.0的属中级；重晶石（4.3~4.7）、磁铁矿（4.6~5.2）等密度大于4.0的属重级。

7）注意矿物有无臭味、磁性、弹性。

8）对碳酸盐矿物，可加稀盐酸，观察其反应特征。

【工作任务考评】（见表1-3）

表1-3　工作任务考评表

考评项目	配分		考评内容
素质目标	20	6	遵章守纪情况
		7	认真听讲情况、积极主动情况
		7	团结协作情况、组内交流情况
知识目标	40	10	熟悉矿物、晶体、矿物分类等基本知识
		15	熟记矿物物理性质
		15	熟悉常见造岩矿物的肉眼鉴定特征
技能目标	40	10	明确任务方案，正确使用工具
		15	操作程序正确，鉴定方法运用得当并有自己的见解
		15	能独立且正确地完成矿物鉴定任务

课题二 岩石的肉眼鉴定

【工作任务描述与分析】

岩石是由一种或几种矿物组成的固态物质，是各种地质作用的产物。肉眼识别岩石是开展矿井地质构造研判、预测、预报等煤矿地质工作的基础。本课题主要对三大类岩石，即沉积岩、岩浆岩和变质岩的特征、分类及常见岩石的肉眼鉴定特征进行了介绍。通过本课题的实施，学生可熟悉各类岩石特征，特别是构成煤系地层的主要岩石——沉积岩的特征；在此基础上，运用岩石肉眼鉴定技巧，能对常见岩石进行鉴定。

【知识学习】

一、沉积岩

沉积岩是在地壳表层条件下，由风化作用、生物作用及其他地质营力下改造的物质，经搬运、沉积、成岩等一系列地质作用形成的岩石。

（一）沉积岩的特征

1. 矿物成分

沉积岩中常见的造岩矿物有石英、长石、云母、方解石、白云石、高岭石、蒙脱石、石膏、岩盐、钾盐、铝土矿、黄铁矿、赤铁矿、褐铁矿、菱铁矿等。这20余种矿物组成了全部沉积岩矿物成分的99%以上。而一块沉积岩内包含的矿物通常只有2~3种，多的也不超过7种。

2. 沉积岩的颜色

沉积岩的颜色多种多样，主要取决于组成沉积岩的矿物成分。例如，由石英颗粒组成的石英砂岩往往呈白色、灰白色，这种主要由岩石自身成分所决定的颜色称为自生色。有时岩石的颜色是由于其中混入了某些微量成分染色而成，如岩石中含有少量的 Fe_2O_3，就会呈现红色；含有少量的 FeO，就会呈现绿色；含有一些有机炭质，常常呈现灰、黑色。煤系地层中的沉积岩大多数呈灰、黑色。

描述岩石的颜色，除使用标准色外，还可以使用复合色，有时还可以在标准色前面加上深浅字样，如黑色、红褐色、灰黑色、浅灰色等。如果使用的是复合色，则前面的颜色是次要的，后面的颜色是主要的。

在沉积岩肉眼鉴定中，颜色的描述非常重要。因为颜色是沉积岩命名的根据之一，如黑色页岩、红色砂岩等。

3. 沉积岩的结构

沉积岩的结构是指沉积岩组成物质的形状、大小和结晶程度。沉积岩的结构可划分为碎屑结构、泥质结构、化学结构和生物结构。

（1）碎屑结构

母岩风化和剥蚀的碎屑物质，经搬运、沉积、胶结而成的岩石称为碎屑岩。碎屑岩的结构称为碎屑结构。碎屑结构通常由两部分物质组成，即碎屑物质和胶结物质，如图1-5

所示。

1) 碎屑物质。包括矿物碎屑和岩石碎屑（岩屑）两种。矿物碎屑中以石英为主，其次是长石，再次是白云母及少许重矿物。

2) 胶结物质。指填充于碎屑孔隙之间的物质，常见的有钙质（方解石、白云石等）、硅质（玉髓、蛋白石、石英等）、铁质（赤铁矿、褐铁矿等）以及石膏、海绿石和有机质等。此外，在粗碎屑孔隙间填充了细碎屑物质（细砂、粉砂、泥等），这种细碎屑物质又称为杂基或基质。

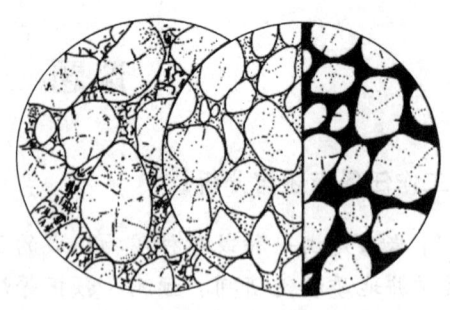

图1-5 碎屑结构

3) 粒度。指碎屑颗粒的大小。根据颗粒大小及其与水力学性质的内在联系，把碎屑划分为砾（直径大于2mm，成分以岩屑为主，搬运方式以底部滚动为主）、砂（直径为0.05～2mm，成分以矿物碎屑为主，搬运方式以跳跃为主）、粉砂（直径为0.005～0.05mm，成分以矿物碎屑为主，多以悬浮状态搬运）和泥（直径小于0.005mm，成分以黏土为主，有布朗运动现象和明显的凝聚现象）。

一种碎屑岩经常由多种粒级的碎屑组成。如果碎屑粒级大小接近于相等，或其中某一粒级碎屑的含量大于75%，则分选性好；若碎屑粒级相差悬殊或没有一种粒级的含量达到50%，则分选性差。碎屑的分选程度可以反映碎屑岩的形成条件和环境。

4) 圆度。指碎屑颗粒的棱角被磨蚀圆化的程度。碎屑圆度共分5级，即棱角状、次棱角状、次圆状、圆状和极圆状，如图1-6所示。通常把棱角状和次棱角状的砾称为角砾。

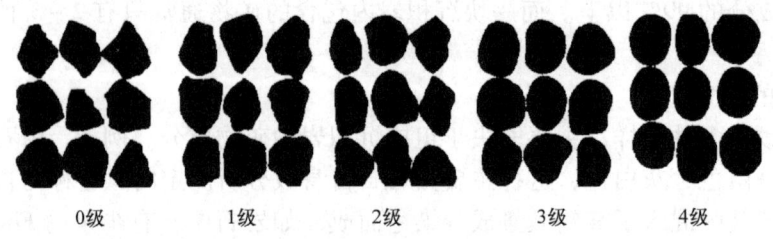

图1-6 碎屑圆度分级

0级—棱角状　1级—次棱角状　2级—次圆状　3级—圆状　4级—极圆状

(2) 泥质结构　泥质结构是指由极细小的黏土质点所组成的、比较致密均一和质地较软的结构。

(3) 化学结构和生物结构　由各种溶解物质或胶体物质沉淀而成的沉积岩常具有化学结构。如某种化学成分沉淀后，在一定条件下常同时结晶，形成等粒他形晶结构。岩石中含有大量的生物遗体或生物碎片，形成各种生物结构。

4. 沉积岩的构造

沉积岩在沉积过程中，或在沉积岩形成后各种作用的影响下，其物质成分呈现特有的空间分布和排列方式，称为沉积岩的构造。沉积岩的构造主要有层理、层面构造和结核等。

(1) 层理　沉积岩在沉积过程中，由于成分、颜色和结构的不同而形成的层状构造，称为层理构造。层理是沉积岩所特有的原始成层构造。

根据形态，层理一般分为水平层理、波状层理、斜层理、递变层理和块状层理。

1) 水平层理。在一个层内的纹层比较平直，并与层面平行，称为水平层理（图1-7上部）。这种层理主要是在水动力条件微弱、平静环境条件下形成的，多形成于闭塞海湾，较深的海、湖泊、潟湖、沼泽、河漫滩等比较稳定的沉积环境。

2) 波状层理。波状层理是纹层呈波状起伏，但总的方向平行于层面的层理。波状形态可对称或不对称，规则或不规则，连续或断续。这种层理主要是在较浅的湖泊、海湾、潟湖等处，由于波浪的振荡作用形成的。单向水流对于河漫滩沉积也可形成不对称波状层理。

3) 斜层理。如果层内的纹层呈直线或曲线形状，并与层面斜交，则称斜层理（图1-7下部）。若各纹层均向同一方向倾斜，可称单向斜层理（或简称斜层理），这种层理主要由河流形成。层理的倾向代表流水的方向。在湖滨、海滨三角洲中也有显著的斜层理。有时，斜层理的倾斜方向互不一致，可称交错层理。在滨海、浅海地带，由于海水运动方向反复不定，或在风成堆积中由于风向多变，都可形成交错层理。

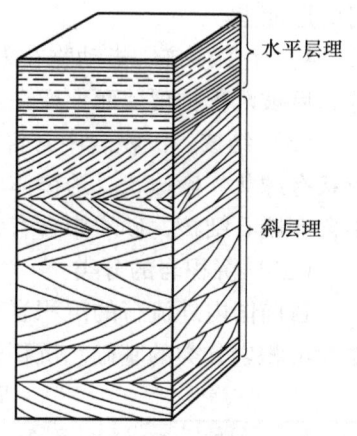

图1-7　水平层理（上）和斜层理（下）

4) 递变层理和块状层理。根据沉积物的颗粒粗细分异情况，可以分为递变层理（粒序层理）和块状层理。

递变层理是在一个层内，颗粒由下向上由粗逐渐变细的层理，其又有两种类型，图1-8a下部没有细小颗粒，在水流速度和强度逐渐减弱的情况下常形成这种层理；如图1-8b所示，在由粗变细的颗粒中还夹杂着细小颗粒，在携带各种大小颗粒的浊流或悬浮流中常沉积形成这种层理，这种类型较为多见。

块状层理是层内物质均匀或没有分异现象，层理不是很清楚的一种层理，这种层理常因沉积物快速堆积而成。

（2）层面构造　在沉积岩层面上，常保留着地质作用产生的一些痕迹，它不仅标志着岩层的某些特性，更重要的是记录了岩层沉积时的地理环境。

1) 波痕。在现代河床、湖滨、海滩及干旱地区的沙丘表面上，常形成一种由流水、波浪、潮汐、风力作用产生的波浪状构造，称为波痕。波痕经常保存在砂岩中，在泥灰岩、薄层灰岩中也可见到。

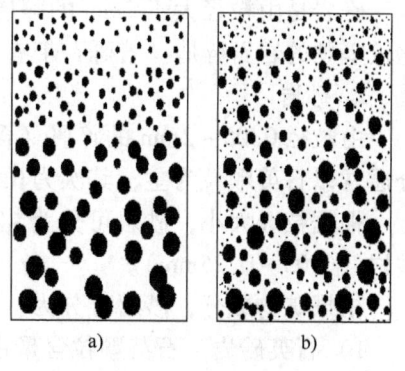

图1-8　递变层理

2) 干裂。在现代河滩、湖滨、海边等泥质沉积物上，常可见到多角形的裂纹，称为干裂，又称泥裂。沉积岩层面上也可见到干裂，它是在沉积物未固结之时露出水面，受到日晒，水分蒸发，体积收缩而产生的。裂纹常呈上宽下窄的形态，其中被泥沙填充，填充物与上覆岩层的成分相当。干裂多见于泥岩、泥质砂岩中，在碳酸盐岩中偶尔也可见到。干裂常指示海滨、河床、湖滨等浅水环境及阳光充足的干燥气候条件。

3) 雨痕。雨点降落在未固结的泥、砂质沉积物的表面，可形成圆形或椭圆形凹坑，直径为2～3mm（有时可达15mm），深约1～2mm，边缘稍高。这种构造有时可以保留在沉积岩的层面上。

4）生物痕迹。指动物在未固结的沉积物表面活动时留下的足痕（脚印）、爬痕、虫孔等，后被沉积物覆盖而保留在岩层中。

（3）结核　沉积岩中常含有与围岩成分有明显区别的某些矿物质团块，称为结核。其形状有球状、椭球状、透镜体状、不规则状等，内部构造有同心圆状、放射状等。如石灰岩中含有燧石结核，砂岩中含有铁结核。

（二）沉积岩的分类

目前国内外流行的沉积岩分类方案，都十分强调沉积岩的物质来源。以物质来源的差别作为沉积岩分类的基础。沉积岩的分类及肉眼鉴定特征可参见表1-4。

表1-4　沉积岩的分类及肉眼鉴定特征

火山－沉积碎屑岩		陆源沉积岩		内源沉积岩		
沉积－火山碎屑岩	火山－沉积碎屑岩	陆源碎屑岩	泥质岩	蒸发岩	非蒸发岩	可燃有机岩
沉集块岩 沉火山角砾岩 沉凝灰岩	凝灰质巨角砾岩 （凝灰质巨砾岩） 凝灰质角砾岩 （凝灰质砾岩） 凝灰质砂岩 凝灰质粉砂岩 凝灰质泥岩、凝灰质页岩	粗碎屑岩 中碎屑岩 细碎屑岩	泥岩（黏土岩） 页岩（黏土页岩）	天然碱岩 石膏、硬石膏岩 钙芒硝岩 石盐岩 钾镁盐岩	石灰岩 白云岩 铝质岩 铁质岩 锰质岩 磷质岩 硅质岩	煤

注：石灰岩和白云岩有多种成因，可包括蒸发岩和非蒸发岩两种类型。

（三）常见沉积岩

1. 砾岩

砾岩是由粒径大于2mm的碎屑（含量大于50%）组成的岩石。砾岩中砾的成分一般是比较坚硬的岩石碎屑。若砾石带有棱角则称为角砾岩。

2. 砂岩

由粒径0.05～2mm的碎屑（含量大于50%）胶结而成的岩石统称砂岩。砂岩的矿物成分通常以石英颗粒为主，其次为长石、白云母、黏土矿物及各种岩屑。

根据粒级大小，砂岩可分为粗砂岩（>0.5～2mm）、中砂岩（>0.25～0.5mm）和细砂岩（0.05～0.25mm）。

根据矿物成分，砂岩可分为：

1）石英砂岩。石英颗粒含量占90%以上，砂粒纯净，SiO_2含量可达95%以上，磨圆度高，分选性好。岩石常为白、黄白、灰白、粉红等色。

2）长石砂岩。主要由石英和长石颗粒组成，而长石颗粒的含量一般在25%以上。通常为粗粒或中粒，常呈淡红、米黄等色，碎屑多为棱角或次棱角状，胶结物多为碳酸盐或铁质。

3. 粉砂岩

由粒径为0.005～0.05mm的碎屑胶结而成的岩石称粉砂岩。其矿物成分比较复杂，以石英为主，其次为长石，胶结物以铁质、钙质、黏土质为主。

4. 黏土岩

黏土岩又称泥岩,是由粒径<0.005mm的微细颗粒(含量大于50%)组成的岩石。当黏土岩具薄层状页理构造时,称为页岩。

5. 火山集块岩

火山集块岩主要是由含量在50%以上的粗火山碎屑(粒径>64mm),如熔岩碎块等,固结而成的岩石。熔岩碎块带棱角或经搬运磨圆,填充物和基质为熔岩、火山灰、泥砂、钙质、硅质等。其分选性一般不好,层理不清,常形成厚层和块状层。

6. 火山角砾岩

火山角砾岩主要是由粒径为2~64mm的熔岩碎块或角砾(含量在50%以上)固结而成的岩石,也常含其他岩石的角砾。多数具有明显棱角,分选性差,大小不等;填充物和基质为熔岩、火山灰或泥砂等,也可以是钙质、硅质等。

7. 凝灰岩

凝灰岩主要是由粒径<2mm的火山灰(岩屑、晶屑、玻屑)及火山碎屑等(含量在50%以上)固结而成的岩石。其分选性差,碎屑多具棱角,岩石外貌有粗糙感,可具清楚的层理。

8. 铝土岩

铝土岩俗称铝矾土,主要由三水铝石、软水铝石和硬水铝石等组成,常含有SiO_2、Fe_2O_3等混入物。和黏土岩相比,铝土岩岩性致密,硬度和密度较大,没有可塑性,呈致密块状、鲕状或豆状结构。因含杂质不同,颜色有白、灰、黄等。

9. 石灰岩

石灰岩以方解石为主要组分的岩石,有灰、灰白、灰黑、黑、浅红、浅黄等颜色,性脆,硬度不大,小刀能刻动,遇稀盐酸剧烈起泡。

10. 白云岩

白云岩以白云石为主要组分(含量在50%以上)的碳酸盐岩。其外貌与石灰岩相似,但硬度略大,较坚韧,遇稀盐酸(5%)不起泡或微弱发泡,风化面常有白云石粉及纵横交叉的刀砍状溶沟。

想一想

如何区分石灰岩与白云岩?

二、岩浆岩(火成岩)

岩浆是地壳深部或上地幔物质部分熔融而产生的炽热熔融体。其成分以硅酸盐为主,具有一定的黏度,并溶有挥发成分。岩浆岩是岩浆侵入地壳或喷出地表冷却固结而成的岩石,又称火成岩。

(一)岩浆岩的特征

1. 矿物组分及颜色

岩浆岩中的主要造岩矿物包括石英、正长石、斜长石、白云母等浅色矿物和黑云母、角闪石、辉石、橄榄石等暗色矿物。

2. 岩浆岩的结构

岩浆岩的结构是指岩石中矿物颗粒本身的特点（结晶程度、晶粒大小、晶粒形状等），以及颗粒之间的相互关系所反映出来的岩石构成的特征。

（1）结晶程度　指岩石中矿物是全部结晶还是部分结晶。

（2）晶粒绝对大小　按照组成岩石的矿物颗粒大小，可以分为以下形式：

1）显晶质结构。用肉眼或放大镜即可看出晶体颗粒：

粗粒结构——晶粒直径大于5mm；

中粒结构——晶粒直径为1～5mm；

细粒结构——晶粒直径为0.1～1mm。

2）隐晶质结构。晶粒直径小于0.1mm，岩石呈致密状，矿物颗粒用显微镜才能辨别。

（3）晶粒相对大小　按岩石中矿物颗粒的相对大小，可以分为以下形式：

1）等粒结构。又称粒状结构，是岩石中同种主要矿物粒径大致相等的结构，常见于深成岩中。

2）斑状结构。岩石中的矿物颗粒相差悬殊，较大的颗粒称为斑晶，斑晶与斑晶之间的物质称为基质，基质为隐晶质或玻璃质，如图1-9a所示。

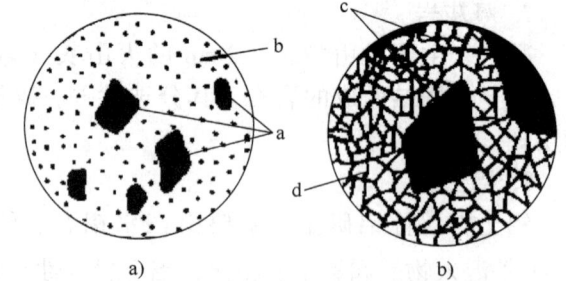

图1-9　斑状结构和似斑状结构
a）斑状结构　b）似斑状结构

3）似斑状结构。类似于斑状结构，但斑晶更为粗大（可超过1cm），而基质多为中、粗粒显晶质结构。似斑状结构常为某些深成岩所具有，如似斑状花岗岩，如图1-9b所示。

3. 岩浆岩的构造

岩浆岩的构造是指组成岩石的矿物集合体的形状、大小、排列和空间分布等所反映出来的岩石构成的特征。

（1）块状构造　岩石中的矿物排列无一定方向，不具任何特殊形象的均匀块体，是火成岩中最常见的一种构造。

（2）流纹构造　因熔浆流动，由不同颜色、不同成分的隐晶质、玻璃质或拉长气孔等定向排列所形成的流状构造（图1-10），常见于中酸性喷出岩（如流纹岩）中。

（3）流动构造　岩浆在流动过程中所形成的构造，包括流线构造和流面构造。岩石中长条状、柱状矿物（如角闪石）呈长轴定向排列，称为流线构造，它一般平行于岩浆流动方向；岩石中片状矿物、板状矿物（如云母、长石）呈层状及带状排列，称为流面构造，它一般平行于岩体的接触面。可见，利用流线和流面可以测定岩浆的流动方向和岩体接触面的产状。

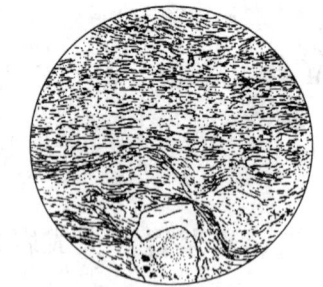

图1-10　流纹构造（镜下）

（4）气孔构造　熔浆喷出地表时压力骤减，大量气体从中迅速逸出而形成的圆形、椭圆形或管状孔洞，称气孔构造。这种构造往往为喷出岩所具有（图1-11）。

（5）杏仁构造　岩石中的气孔被以后的矿物质（方解石、石英、玛瑙、玉髓等）所填充，形似杏仁，称杏仁构造（图1-12）。

气孔构造和杏仁构造多分布于熔岩表层。

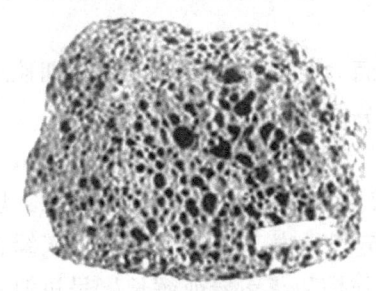

图1-11　气孔构造

图1-12　杏仁构造

（二）岩浆岩的分类

岩浆岩一般根据化学成分、产状和结构等进行分类，见表1-5。

表1-5　岩浆岩类型划分简表

岩　类		超基性岩	基性岩	中性岩		酸性岩
		橄榄岩-苦橄岩	辉长岩-玄武岩	闪长岩-安山岩	正长岩-粗面岩	花岗岩-流纹岩
SiO_2含量（%）		<45	45~52	52~66		>66
浅色矿物	石英含量（%）	0	0~微量	0~20		20~60
	长石含量（%）	0~10	10~40	40~70		30~70
	长石性质	无或少量斜长石	斜长石为主	斜长石为主	钾长石为主	钾长石为主
暗色矿物种属及含量（%）		橄榄石、辉石、角闪石为主，含量>90	辉石为主，可含橄榄石、角闪石、黑云母等，含量<90	角闪石为主，辉石、黑云母次之，含量15~40		黑云母为主，角闪石次之，含量<15
深成岩	全晶质、粗粒或似斑状	橄榄岩、辉岩	辉长岩	闪长岩	正长岩	花岗岩
浅成岩	细粒、斑状或隐晶质	苦橄玢岩 金伯利岩	辉绿岩	闪长玢岩	正长斑岩	花岗斑岩
喷出岩	隐晶质、斑状或玻璃质	苦橄岩	玄武岩	安山岩	粗面岩	流纹岩

（三）常见岩浆岩

1. 橄榄岩

橄榄岩主要由橄榄石和辉石组成，多为中、粗粒状结构，部分辉石呈较大斑晶出现。新鲜岩石近乎黑绿色或黑色，但在地表条件下极易风化变成蛇纹石，使颜色变浅。如果岩石以橄榄石为主，称纯橄榄岩，呈黄绿色；如果岩石以辉石为主，称辉岩，呈黑色。

2. 辉长岩

辉长岩为基性深成岩，主要矿物是富钙斜长石（灰白色或暗灰色，板状、粒状）和辉石，还有少量橄榄石和角闪石。岩石颜色为黑色或黑灰色，中、粗等粒结构，块状构造，常以小规模深成岩体产出。

3. 辉绿岩

辉绿岩为基性浅成岩，接近于黑色，或呈黑灰、灰绿色，一般为细粒到中粒结构，有时有较大的斜长石斑晶，呈柱状或板状。矿物成分与辉长岩相当，多呈岩床、岩墙产出。

4. 玄武岩

玄武岩是典型的喷出岩，多呈黑、黑灰等色，风化面为黄褐色或灰绿色。呈细粒或隐晶结构，或斑状结构，并常有气孔、杏仁等构造。矿物成分同辉长岩。

5. 闪长岩

闪长岩是中性深成岩。主要矿物为中性斜长石和普通角闪石，多为中粒结构、块状构造。基本上无石英；若石英含量为6%~10%，则称石英闪长岩。一般为灰色、灰绿色。闪长岩呈独立岩体者多呈岩株、岩床或岩墙产出，但大部分是和花岗岩或辉长岩呈过渡关系。

6. 安山岩

安山岩是中性喷出岩的代表岩石，呈斑状结构，斑晶以中性斜长石及普通角闪石为主，偶见黑云母及辉石；基质多为隐晶结构。斑晶有时定向排列，有明显流线构造，或具气孔、杏仁构造。多为灰、灰绿、紫红等色。深色安山岩与玄武岩不易用肉眼区分，若斑晶中多角闪石或可见黑云母，可定为安山岩。安山岩常以块状熔岩流等产出。

7. 正长岩

正长岩属于中性或半碱性深成岩类，主要矿物为钾长石及角闪石、黑云母等。其颜色浅淡，一般为肉红、灰黄或灰白色。中粒结构，类似于花岗岩类；但不见石英颗粒，或微含一点。常以小型岩体产出，有时见于大岩体的边缘部分。

8. 粗面岩

粗面岩是成分与正长岩相当的喷出岩，一般为灰白或粉红色。斑状结构，斑晶以正长石为主；基质细粒致密多孔，断口粗糙不平。其分布不广，多为粗短熔岩流。

9. 花岗岩

花岗岩是分布最广的深成岩类，此类岩石多为肉红色、灰白色，略具黑色斑点。具典型的半自形等粒结构者，称为花岗结构。根据晶粒大小，又可分为粗粒、中粒和细粒花岗岩。

10. 流纹岩

流纹岩是典型的酸性喷出岩类，其成分与花岗岩相当，颜色常为灰白、粉红、浅紫等色。斑状结构，斑晶主要为钾长石、石英等，基质为隐晶质或部分玻璃质；有时为隐晶无斑结构，常有流纹构造。

三、变质岩

在变质作用条件下，使地壳中已经存在的岩石（可以是沉积岩、岩浆岩或早已形成的变质岩）变成具有新的矿物组分及结构、构造等特征的岩石，称为变质岩。

（一）变质岩的特征

1. 矿物成分

变质岩中的矿物成分可分成两大类：一类是三大岩类共有的矿物，如长石、石英、云母；另一类是变质岩特有的矿物，如石榴石、硅灰石、红柱石、石墨等。变质矿物是识别变质岩的重要标志。

2. 变质岩的结构

（1）变晶结构　变质岩是原岩重结晶而成的岩石，具有晶质结构，这种结构统称为变晶结构。

（2）碎裂结构　又称压碎结构。岩石在应力作用下，其中矿物颗粒破碎，形成外形不规则的带棱角的碎屑，碎屑边缘常呈锯齿状，并常有裂隙及扭曲变形等现象。它是动力变质岩常有的一种结构。

（3）变余结构　指变质岩中残留的原来岩石的结构，如变余斑状结构、变余砾状结构等。根据这种结构，可以帮助恢复变质前的岩石种类。

此外，还有交代结构、糜棱结构等。

3. 变质岩的构造

（1）片理构造　指岩石中矿物定向排列所显示的构造，可分为以下5类：

1）片麻构造。岩石主要由较粗的粒状矿物（如长石、石英）组成，但又有一定数量的柱状、片状矿物（如角闪石、黑云母、白云母）在粒状矿物中定向排列且不均匀分布，形成断续条带状构造。如果是暗色柱状、片状矿物分布于浅色粒状矿物中，则黑白相间的片麻构造更加明显。各种片麻岩均具有此构造。

2）片状构造。相当于狭义的片理构造。岩石主要由粒度较粗的柱状或片状矿物（如云母、绿泥石、滑石、石墨等）组成，它们平行排列，形成连续的片理构造，片理面常微有波状起伏。各种片岩具有此构造。

3）千枚构造。由细小片状矿物定向排列所成的构造，它和片状构造相似，但晶粒微细，不容易用肉眼辨别矿物成分，片理面上常具丝绢光泽。各种千枚岩具有此构造。

4）板状构造。指岩石中由微小晶体定向排列所成的板状劈理构造。板理面平整而光滑，并微有丝绢光泽，沿着劈理可形成均匀薄板。这种板状构造有的是代表原来岩石的板状层理；有的是原来岩石在应力作用下形成的板劈理，它可能和原来的层理一致，也可能与其斜交。板状构造是板岩所特有的构造。

5）条带状构造。变质岩中由浅色粒状矿物（如长石、石英、方解石等）和暗色片状、柱状或粒状矿物（如角闪石、黑云母、磁铁矿等）定向交替排列所成的构造。它们以一定的宽度呈互层状出现，形成颜色不同的条带。

（2）块状构造　岩石中矿物颗粒无定向排列而表现的均一构造，一部分大理岩、石英岩等具有此构造。

（3）变余构造　又称残留构造，为变质作用后保留下来的原岩构造。特别是在浅变质岩中可以见到变余层理构造、变余气孔构造、变余杏仁构造、变余波痕构造等，这些构造是恢复原岩类型和产状的重要标志。

（二）变质岩的分类

变质岩主要根据变质作用的类型进行分类，一般分为5类：接触变质岩类、气-液蚀变质岩类、动力变质岩类、区域变质岩类和混合岩类（表1-6）。

（三）常见变质岩

1. 断层角砾岩

断层角砾岩是由原岩经构造作用破碎产生的角砾胶结而成的岩石，角砾大小不等，具棱角，岩性与断层两侧岩石相同。

表1-6 变质岩类型划分简表

接触变质岩类	气-液蚀变质岩类	动力变质岩类	区域变质岩类	混合岩类
角岩 大理岩 石英岩 矽卡岩	蛇纹岩 青磐岩 云英岩 次生石英岩	碎裂岩 糜棱岩 千糜岩	板岩 千枚岩 片岩 片麻岩 粒状岩	注入混合岩 混合片麻岩 混合花岗岩

2. 碎裂岩

碎裂岩是岩石受强烈应力作用，形成较小的岩石碎屑或矿物碎屑所成的岩石。

3. 糜棱岩

糜棱岩是岩石遭受强烈挤压形成粒径较小的矿物碎屑（一般小于0.5mm）所成的岩石。其主要矿物为细粒石英、长石及少量新生矿物，如绢云母、绿泥石等。

4. 石英岩

石英岩是指石英含量大于85%的变质岩石，由石英砂岩或硅质岩经热变质作用而形成。矿物成分除石英外，还可含有少量长石、白云母及其他矿物。石英岩坚硬致密，具有等粒变晶结构，块状构造，在断口上看不出石英颗粒界限。

5. 角岩

角岩又称角页岩，是由泥质岩石（黏土岩、页岩等）、粉砂岩、火山岩等经热接触变质作用而成的变质岩。原岩已基本上重结晶，细粒变晶结构，块状构造，致密坚硬，一般为灰色、灰黑色和接近于黑色。

6. 板岩

板岩是由黏土岩、粉砂岩或中酸性凝灰岩经轻微变质而成的浅变质岩。它具有明显板状构造，矿物成分基本没有重结晶或只有部分重结晶，外表呈致密隐晶质，肉眼难以鉴别。在板理面上略显丝绢光泽，岩石致密，比原岩硬度高，敲之可有清脆响声。

7. 千枚岩

千枚岩是具典型千枚状构造的浅变质岩石，由黏土岩、粉砂岩或中酸性凝灰岩经低级区域变质而成。其变质程度比板岩稍高，原岩成分基本上已全部重结晶，主要由细小绢云母、绿泥石、石英、钠长石等新生矿物组成。千枚岩具细粒鳞片变晶结构，片理面上有明显的丝绢光泽，并常具皱纹构造，可有绿、灰、黄、黑、红等颜色。

8. 片岩

片岩是具明显鳞片状变晶结构和片状构造的岩石。它主要由片状或柱状矿物，如云母、绿泥石、滑石、石墨、角闪石等组成，并呈定向排列。

【工作任务实施】

1. 鉴定场地

在自然透光的矿物岩石实训室中进行鉴定，配备操作台和椅子，其中操作台可供2～3人共同使用。

2. 实施组织方式

以操作台为单位分组，每组观察、鉴定一套标本，小组内人员可就标本特征相互探讨，并共同完成一份标本鉴定表。鉴定表完成后由指导教师负责检查并给出评价。

3. 鉴定用具

放大镜、地质锤、岩石标本、稀盐酸等。

4. 鉴定用标本

观察以下标本，并做好观测记录：橄榄岩、辉长岩、玄武岩、闪长岩、安山岩、花岗岩、流纹岩、砾岩、砂岩、粉砂岩、黏土岩、石灰岩、白云岩、角岩、大理岩、石英岩、板岩、千枚岩、片岩、片麻岩、矽卡岩。

5. 鉴定方法和步骤

（1）沉积岩的观察与描述　识别沉积岩时，其最显著的宏观标志是层理。据此，很容易将其与岩浆岩、变质岩相区别。根据沉积岩成因、结构和矿物成分，可进一步区分出次一级的类别：

1）凡具碎屑结构，即碎屑粒径大于 0.005mm，被胶结物胶结而成的岩石是碎屑岩。

2）凡具泥质结构，即粒径不大于 0.005mm，质地均匀、较软，有细腻感，常具页理的岩石是黏土岩。

3）凡具化学和生物化学结构，多为单一矿物组成的岩石是化学岩和生物化学岩。

由于各类沉积岩的岩性差别，其在鉴定方法上也不相同：

1）碎屑岩的肉眼鉴定。鉴定碎屑岩时着重观察岩石结构与主要矿物成分。

① 首先看碎屑结构。抓住这一特征，就不会与其他岩石相混淆了。要仔细观察碎屑颗粒大小：粒径大于 2mm 是砾岩，0.05～2mm 是砂岩，0.005～0.05mm 是粉砂岩。粉砂岩颗粒难以用肉眼分辨，用手指研磨有轻微砂感。按砂岩的粒径又可定出粗砂岩（>0.5～2mm）中砂岩（>0.25～0.5mm）和细砂岩（>0.05～0.25mm）。对于砾岩，还应注意观察其颗粒形状，颗粒外形呈棱角状者是角砾岩，呈圆状或次圆状者为砾岩。

② 其次看碎屑岩的矿物成分。砾岩类的碎屑成分复杂，分选性较差，颗粒较大，一般不参与定名；砂岩的主要矿物成分有石英、长石和一些岩石碎屑，在碎屑岩中，常见的胶结物有铁质（氧化铁和氢氧化铁）、硅质（二氧化硅）、泥质（黏土质）、钙质（碳酸钙）等。铁质胶结物多呈红色、褐红色或黄色；硅质最硬，小刀刻不动；钙质遇稀盐酸起泡。弄清楚了结构和成分，就可为碎屑岩定名。例如，碎屑矿物成分以石英为主，其含量超过 50%，长石和岩屑含量均小于 25% 的砂岩，叫做石英砂岩。也可按其胶结物命名，如可称某岩石为铁质石英砂岩。碎屑岩中可见化石，但一般保存较差。

2）火山碎屑岩的肉眼鉴定。火山碎屑岩的鉴别比较困难，因为它在成因上具有火山喷发和沉积的双重性，是一种介于岩浆岩与沉积岩之间的过渡型岩石。常常是以其成因特点、物质成分、结构、构造和胶结物的特征来区别于碎屑岩。

3）黏土岩的肉眼鉴定。鉴定黏土岩的主要依据是其泥质结构。黏土岩矿物颗粒非常细小，肉眼仅能按其颜色、硬度等物理性质及结构、构造来鉴定。它多具滑腻感，有可塑性、烧结性等物理性质。若是纯净的黏土岩，一般为浅色的土状岩石。层理是黏土岩中最明显的特征，因此，人们就按黏土岩层理（层理厚度小于 1mm 时称页理）及其固结程度对其进行分类：将固结程度很高、页理发育、可剥成薄片者称作页岩，页岩常含化石；将那些固结程度较高、不具页理者称作泥岩。最后，再根据颜色与混入物的不同进行命名，如可称作紫红色铁质泥岩、灰色钙质页岩等。

4）化学岩和生物化学岩的肉眼鉴定。此类岩石中分布最广和最常见的有碳酸盐岩、硅质岩、铁质岩和磷质岩，尤以碳酸盐类岩石分布为广。有无生物遗骸是判断其属于生物化学岩或化学岩的标志。化学岩成分常较单一，且多为单矿物岩石，故可按其矿物的物理性质进行鉴定。

化学岩具有化学结构，即结晶粒状结构和鲕状结构等；生物化学岩具生物结构，即全贝壳结构、生物碎屑结构等。

为沉积岩命名时，应遵循"颜色+胶结物+岩石名称"的法则。此外，还需注意沉积岩体形状、岩层厚度及产状、风化程度、化石保存情况及其类属。

(2) 岩浆岩的观察与描述　对岩浆岩的观察，一般是观察其颜色、结构、构造、矿物成分及其含量，最后确定岩石名称。

肉眼鉴定岩浆岩，首先看到的就是颜色，而颜色基本可以反映出岩石的成分和性质。岩浆岩肉眼鉴定的步骤为：

1）依据颜色大致定出属于何种岩类。比如，若是浅色，一般为酸性岩（花岗岩类）或中性岩（正长岩类）；若是深色，一般为基性岩或超基性岩。由酸性岩到基性岩，深色矿物的含量逐渐增多，岩石的颜色也就由浅到深。同时，还要注意区别岩石新鲜面的颜色和风化后的颜色。还可根据其中暗色矿物与浅色矿物的相对含量进行描述，如暗色矿物含量超过60%者为暗色岩，30%～60%者为中色岩，30%以下者为浅色岩。

2）观察岩浆岩的结构与构造。据此，便可区分出是属深成岩类、浅成岩类或是喷出岩类。根据岩石中各组分的结晶程度，可分为全晶质、半晶质和玻璃质等结构。对于全晶质，不仅要区分出显晶质或隐晶质结构，还要对其中的显晶质结构岩石按矿物颗粒大小，进一步细分出等粒、不等粒、粗粒或细粒等结构。对具有斑状结构的岩石，要描述斑晶成分、基质成分及结晶程度。假如岩石中矿物颗粒大，呈等粒状、似斑状结构，则属深成岩类；假如矿物颗粒微细致密，呈隐晶质、玻璃质结构，则一般属于喷出岩类；假如岩石中矿物为细粒及斑状结构，即介于上述两者之间，则属于浅成岩类。若无定向排列，则称之为块状构造；若有定向排列，则可能是流纹构造、气孔构造或条带状构造。深成岩、浅成岩大多是块状构造；喷出岩则为流纹构造和气孔构造等。

3）观察岩浆岩的矿物成分。矿物成分是岩石定名最重要的依据。岩浆岩的类别是根据SiO_2的含量来确定的，而SiO_2的含量可在岩石矿物成分上反映出来。假如有大量石英出现，说明是酸性岩；如果有大量橄榄石存在，则表明是超基性岩；如果只有微量或根本没有石英和橄榄石，则属中性岩或基性岩。假如岩石中以正长石为主，同时所含石英又很多，就可判定是酸性岩；倘若以斜长石为主，暗色矿物又多为角闪石，则属于中性岩；若暗色矿物多为辉石，则属基性岩。对于岩石中凡能用肉眼识别的矿物均要进行描述，首要的是描述主要矿物形态、大小及其性质，其次要对次要矿物作简略描述。

4）为岩浆岩定名。在肉眼观察和描述的基础上确定岩石名称。注意在岩石名称前面冠以颜色和结构，如可将某岩石定名为浅灰色粗粒花岗岩。

另外，还要注意查明岩浆岩体的产状，即岩体的空间分布位置、规模大小及其与围岩的接触关系等，结合岩石的结构与构造，推断岩石的形成环境。也要注意不同侵入体或同一侵入体之间的岩性变化、时间顺序及相互关系。

(3) 变质岩的观察与描述

1) 根据岩石构造和结构特征，初步确定其类别。如板状构造者称板岩，千枚构造者称千枚岩等。

2) 根据矿物成分含量和特有矿物进一步详细定名。要注意岩石中暗色与浅色矿物的比例，以及浅色矿物中长石和石英的比例。例如，某岩石以浅色矿物为主，而浅色矿物中又以石英居多且不含或含有较少长石，就是片岩；若某岩石成分以暗色矿物为主，且含长石较多，则属片麻岩。

关于板岩和千枚岩，因其矿物成分较难辨识，板岩可按"颜色+所含杂质"的形式命名，如可称黑色板岩、炭质板岩；千枚岩可据其"颜色+特征矿物"命名，如可称银灰色千枚岩、硬绿泥石千枚岩等。

为变质岩定名时，应本着"特征矿物+片状（或柱状）矿物+基本岩石名称"的原则，如可将某岩石定名为蓝晶石黑云母片岩。

【工作任务考评】（见表1-7）

表1-7 工作任务考评表

考评项目	配分		考评内容
素质目标	20	6	遵章守纪情况
		7	认真听讲情况、积极主动情况
		7	团结协作情况、组内交流情况
知识目标	40	20	熟悉岩石、岩石分类等基本知识
		20	熟悉常见岩石的肉眼鉴定特征
技能目标	40	10	明确任务方案，工具使用正确
		15	操作程序正确、鉴定方法运用得当，并有自己的见解
		15	能独立且正确地完成岩石鉴定任务

课题三 古生物化石鉴定与地层划分

【工作任务描述与分析】

古生物化石鉴定是地层划分的基础，也是进行地层对比的基础，煤系地层的划分和煤层层位的确定离不开古生物化石鉴定。本课题主要对古生物化石肉眼鉴定，地层划分、对比及地质年代表等内容进行了介绍。通过本课题的实施，学生可熟悉常见古生物化石的特征、地层单位、地层对比方法；在此基础上，能够识别常见古生物化石，运用地层学工作方法进行初步煤、岩层的对比分析。

【知识学习】

一、古生物化石肉眼鉴定

保存在岩层中的动植物的遗体和它们的遗迹叫做化石。煤系常见化石如下。

1. 蜓类

蜓类一般个体不大,外形多呈中间粗、两端细的纺锤形,所以又称纺锤虫,也可见透镜状或球状,大小一般在3cm左右。蜓类生活在浅海底,其化石(图1-13)在石灰岩中保存得最多。始于早石炭世晚期,于早二叠世达到极盛,晚二叠世开始衰落,二叠纪末全部绝灭。蜓类化石是石炭、二叠纪的重要标准化石。

2. 腕足类

腕足类为温暖海底栖的单体动物,具有两瓣外壳,每瓣左右对称,两壳大小不等,大的为背,小的为腹。腕足类最早出现于寒武纪,在整个古生代都很繁盛,中生代开始衰退,现代海洋中仍有少数遗存。腕足类化石如图1-14所示。

3. 瓣鳃类

瓣鳃类生活在海水、半咸水或淡水中,多数在近岸浅水底栖生活。本类生物具有互为对称的两瓣外壳,但每瓣壳无对称面,这是它与腕足类生物的重要区别之一。其壳面光滑或具放射状、同心状、网状纹饰;腹部具有斧状足,可从两壳之间伸出用以爬行和掘泥沙,故又称斧足类。瓣鳃类最早见于晚寒武世,中生代至现在为繁盛期,其化石如图1-15所示。

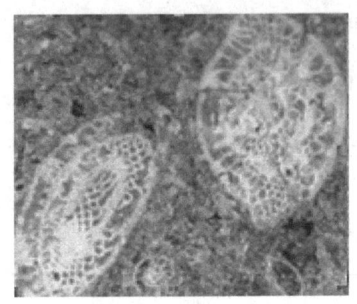
图1-13 蜓类化石

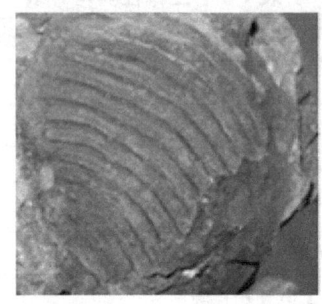
图1-14 腕足类化石

图1-15 瓣鳃类化石

4. 蕨类植物

蕨类植物是高等陆生孢子植物,主要有石松植物、楔叶植物和真蕨植物等。

(1)石松植物 大多数为高大乔木,茎为二叉式分枝,茎及枝上遍布着呈螺旋状或直行状排列的小叶。叶脱落后,茎上留下的印痕称叶座。石松植物繁盛于晚古生代,以石炭纪最为繁盛,二叠纪后期开始衰退。主要代表有鳞木和封印木(图1-16)。

(2)楔叶植物 又称节蕨植物,以高大乔木为主,其特点是茎分节,枝、叶轮生于节上,石炭纪、二叠纪最盛,中生代衰退为草本。楔叶植物的生态及主要化石如图1-17所示。

(3)真蕨植物 过去又称羊齿植物,具有大型羽状复叶,叶脉呈羽状、网状及平行脉、弧形脉等。始现于中泥盆世,直至现今仍存在。其中,中—晚石炭世至二叠纪极发育,但大部分在二叠纪末灭绝,中生代时又出现许多新种属,并进入另一个繁盛时期。真蕨植物化石如图1-18所示。

5. 裸子植物

裸子植物是种子植物的一类,其种子无果实包被,呈裸露状态。裸子植物都是多年生木本植物,最早出现于泥盆纪,石炭—二叠纪时,其原始类型曾一度繁盛;至中生代达到极度发育,在当时的植物界占统治地位,故称中生代为裸子植物时代。裸子植物有以下两类代表。

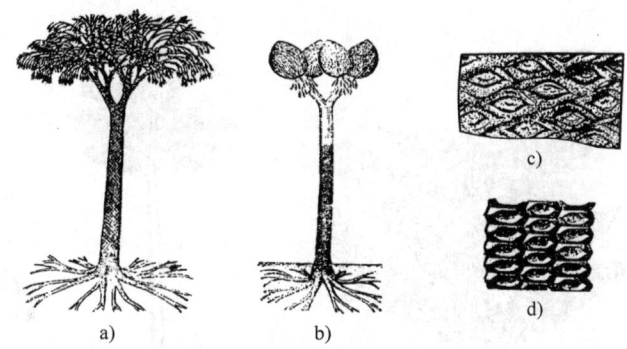

图 1-16 石松植物的生态及主要化石

a) 鳞木复原图　b) 封印木复原图　c) 猫眼鳞木（C_3—P）　d) 封印木（C—P_1）

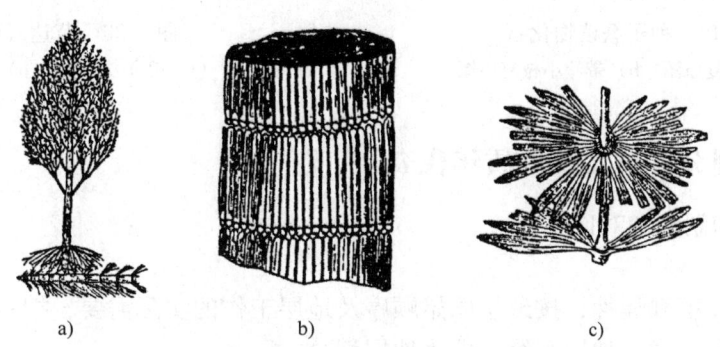

图 1-17 楔叶植物的生态及主要化石

a) 锥叶蕨（J_1—K_1）　b) 网脉蕨（T_3—J_1）　c) 枝脉蕨（P—K）

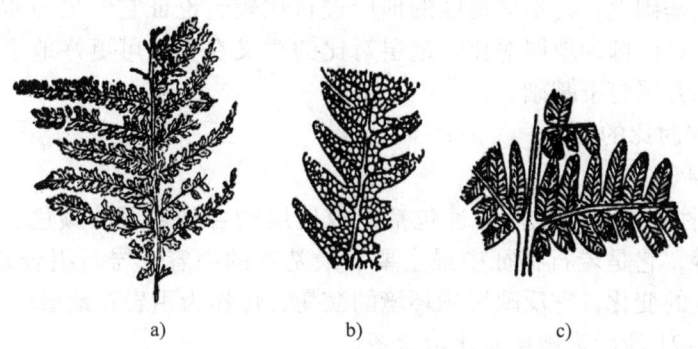

图 1-18 真蕨植物化石

a) 锥叶蕨（J_1—K_1）　b) 网脉蕨（T_3—J_1）　c) 枝脉蕨（P—K）

（1）种子蕨植物　它是裸子植物中最原始的一类。为小乔木或灌木，分枝很少，具大型羽状复叶，种子生长在羽轴上或叶的尖端、边缘。始现于晚泥盆世，石炭纪至早二叠世极盛，少数延续到中生代。种子蕨植物化石如图 1-19 所示。

（2）苛达植物　多为高大乔木，高达 20~30m，茎粗一般不超过 1m。茎上部分枝，枝上长着螺旋状排列的单叶，叶大，长达 1m，呈带形或舌形，叶脉平行。始现于晚泥盆世，晚石炭世至早二叠世最盛，与鳞木、封印木并称晚古生代三大造煤植物，三叠纪以后绝灭。苛达植物的代表为苛达（图 1-20）。

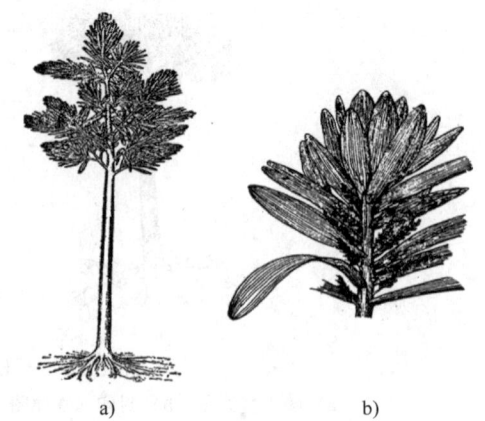

　　a)　　　　　　　b)　　　　　　　　　　　　　a)　　　　　　　　b)

　　　图 1-19　种子蕨植物化石　　　　　　　　　图 1-20　苛达（C—P）
　　a）植物体复原图　b）带叶小枝复原图　　　a）脉羊齿（C—P_1）复原图　b）栉羊齿（P_1）复原图

二、地层划分、对比及地质年代表

（一）地层的划分和对比

1. 地层划分

根据地层的特征和属性，按地层原始顺序及地层工作的实际需要，把一个地区的地层划分成各种地层单位，建立地层系统，即为地层划分。

2. 地层对比

在地层划分的基础上，将不同地区的地层进行比较，论证它们的地质时代、地层特征、地层层位的对应关系，即为地层对比。地层对比的意义在于，可更好地了解地层分布规律，为矿产资源勘查和开采打下基础。

3. 地层划分和对比的方法

（1）岩石地层学方法

1）岩性及岩性组合分析法。岩性包括组成地层的各种岩石的颜色、矿物成分、结构、构造、化石特点等，它是岩石特征中最主要、最基本的内容。岩石组合是指一个地质剖面中，自下而上岩性的变化，它反映沉积环境的演变，可作为用岩石地层学方法划分对比地层的基本依据。图 1-21 所示为地层对比示意图。

2）标志层法。所谓标志层是指岩性稳定、分布范围广、厚度不大、特征明显、易于识别的岩层或矿层。如凝灰岩、煤系中的石灰岩、砂砾岩等。利用标志层划分和对比地层是一种行之有效的方法。

3）旋回结构法。旋回结构（图 1-22）是指在地层垂直剖面上，一套岩性或岩相多次有规律地交替。由于地壳运动和沉积环境改变具有一定区域性，因此，地层剖面中的旋回结构常可作为区域性地层划分和对比的依据。

（2）生物地层学方法

1）标准化石法。通过地层中的标准化石进行地层对比的方法。在生物地层学研究中，标准化石演化快速，因而生存时间短，在地层中的垂直分布时限短，便于较精确地进行地层划分和等时对比。

2）生物组合法。在缺乏最典型、最精确的生物标志时，多门类的生物群组合可以提供很多有用的生物地层学信息。

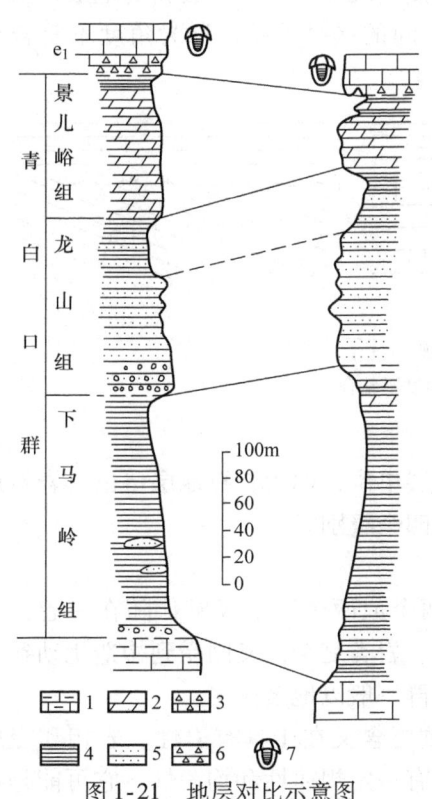

图 1-21　地层对比示意图

1—泥质灰岩　2—白云岩　3—角砾灰岩　4—页岩
5—砂岩　6—角砾岩　7—三叶虫

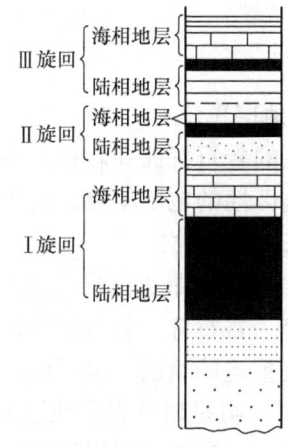

图 1-22　旋回结构

（3）地层间接触关系分析法　在地壳运动的作用下，地层的连续沉积过程将受到影响，致使地层在上、下层之间产生不同的构造现象。地层间的接触关系有以下几种：

1）整合接触。当某个地区在某一地质时期内，地壳处于连续下沉，或者虽然是在上升，但没有超过侵蚀基准面，致使这个地区地壳的升、降运动与沉积作用处于相对平衡状态，沉积连续进行。形成的上、下两套新老地层在岩性和古生物演化上基本上是连续而逐渐过渡的，在岩层产状和构造形态上，则基本上是一致的。这种新、老两套地层之间的接触关系，称为整合接触（图 1-23a）。

2）假整合接触。假整合接触又称为平行不整合接触。当某个地区的地壳下沉并接受一段时间的沉积后，地壳又平缓上升，已沉积的地层遭到较长时间的剥蚀，出现了明显的沉积间断，但并没有发生明显的倾斜、褶皱和断裂变动，后来地壳又重新下沉，接受新的沉积。这种新、老两套地层之间的接触关系，称为假整合接触（图 1-23b）。

想一想

整合接触与假整合接触有什么异同？

3）角度不整合接触。当某个地区，在下伏较老地层形成之后，地壳并非平缓上升，而是发生较为强烈的倾斜、褶皱或断裂变动，甚至伴随有岩浆活动和变质作用，致使地壳隆起，遭受剥蚀，造成沉积间断。而后，地壳又下沉，接受沉积，形成一套新的地层覆盖在下伏不同时代的较老地层之上。这种新、老两套地层之间的接触关系，称为角度不整合接触（图1-23c）。

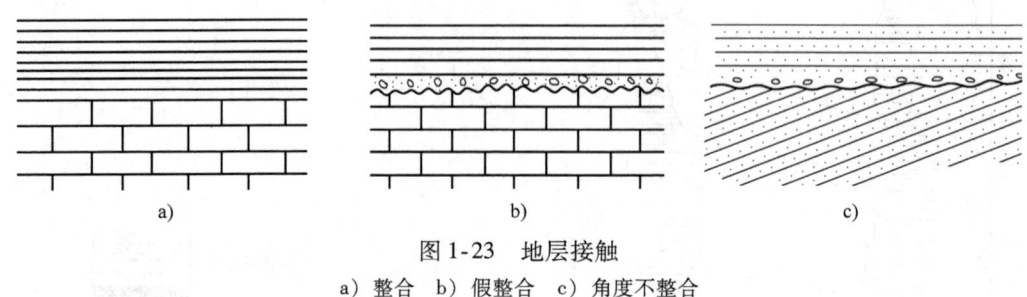

图1-23　地层接触
a）整合　b）假整合　c）角度不整合

（二）地层单位

以地层的岩石特征和岩石类别作为划分依据的地层单位，称为岩石地层单位。岩石地层单位属于地区性的地层单位，它包括群、组、段、层四个级别。

1. 岩石地层单位

（1）群　群是最大的岩石地层单位。群一般由两个或两个以上经常伴随在一起，而又具有某些统一岩石特征的组联合构成；一套厚度巨大、岩类复杂，又因受到构造扰动致使原始层序无法重建的地层，也可以视为一个特殊的群。群一般以地名命名。

（2）组　组是划分岩石地层的基本单位。组的重要含义在于具有岩性、岩相和变质程度的一致性。它完全根据岩性来划分，岩性上表现为有一定规律性和均一性，它可能是某类岩石，也可能是几类岩石的组合，还可能以复杂的岩石组合为一个组的特征，而与其他比较单纯的组相区别。组一般以地名命名。

（3）段　段是组次一级的岩石地层单位，段代表组的一部分，并以明显的岩石特征区别于组的其他部分，可以作为次一级单位。如华北石炭系太原组自下而上划分为晋祠段、毛儿沟段及东大窑段等。

（4）层　层是最小的岩石地层单位，是指组内或段内一个特殊的具有明显标志的岩层或矿层，如燧石层、黏土层、煤层等。

2. 年代地层单位

年代地层单位是在特定的地质时间间隔内形成的岩石体。年代地层单位在全球范围内严格等时。按地史中生物演化的阶段，可建立六个级别的年代地层单位，分别是宇、界、系、统、阶、时间带。相对应的地质年代单位是宙、代、纪、世、期、时。

（1）宇　最大的年代地层单位，是宙的期间内形成的地层。按地史中的生物演化，将年代地层分为隐生宇和显生宇。

（2）界　大于系、小于宇的年代地层单位，是在一个代的期间内形成的全部地层。例如按生物演化的重大阶段，把显生宇分为古生界、中生界和新生界。

（3）系　大于统、小于界的年代地层单位，是在一个纪的期间内形成的全部地层。

（4）统　小于系的年代地层单位，是在一个世的期间内形成的全部地层。一个系可分为两个或两个以上的统。

（5）阶　比统小一级，是统的再划分，是在一个期的时间内形成的全地层。阶一般适用于一个大区。

（6）时间带　年代地层单位中级别最低的一个正式单位，是一个时的时期内形成的全部地层。它是根据生物属种的延限带建立起来的地层单位。

（三）年代地层表与地质年代表

年代地层表是根据岩石的不同特征或属性，将岩层层序划分为各类单位（宇、界、系、统、阶、时间带）所组成的地层表。地质年代表则是以地质时间单位（宙、代、纪、世、期、时）组成时间表。前者表示地层，后者表示时间，两者之间具有严格的对应关系。把年代地层与地质年代结合起来形成一个表，称为地质年代表，见表1-8。

表1-8　中国区域地质年代简表（古生界以来的地层）

宇（宙）	界（代）	系（纪）	统（世）	同位素地质年龄/Ma（百万年）
显生宇（宙）PH	新生界（代）Kz	第四系（纪）Q	全新统（世）Q_h	
			更新统（世）Q_p	2.6
		新近系（纪）N	上新统（世）N_2	
			中新统（世）N_1	23.3
		古近系（纪）E	渐新统（世）E_3	
			始新统（世）E_2	
			古新统（世）E_1	65
	中生界（代）M_z	白垩系（纪）K	上（晚）白垩统（世）K_2	
			下（早）白垩统（世）K_1	137
		侏罗系（纪）J	上（晚）侏罗统（世）J_3	
			中侏罗统（世）J_2	
			下（早）侏罗统（世）J_1	205
		三叠系（纪）T	上（晚）三叠统（世）T_3	
			中三叠统（世）T_2	
			下（早）三叠统（世）T_1	250
	古生界（代）P_z	二叠系（纪）P	上（晚）二叠统（世）P_3	
			中二叠统（世）P_2	
			下（早）二叠统（世）P_1	295
		石炭系（纪）C	上（晚）石炭统（世）C_2	
			下（早）石炭统（世）C_1	354
		泥盆系（纪）D	上（晚）泥盆统（世）D_3	
			中泥盆统（世）D_2	
			下（早）泥盆统（世）D_1	410
		志留系（纪）S	顶（末）志留统（世）S_4	
			上（晚）志留统（世）S_3	
			中志留统（世）S_2	
			下（早）志留统（世）S_1	438
		奥陶系（纪）O	上（晚）奥陶统（世）O_3	
			中奥陶统（世）O_2	
			下（早）奥陶统（世）O_1	490
		寒武系（纪）∈	上（晚）寒武统（世）$∈_3$	
			中寒武统（世）$∈_2$	
			下（早）寒武统（世）$∈_1$	543

注：本表参考2001年版《中国地层指南》整理。

【工作任务实施】

1. 鉴定场地

在自然透光的古生物实训室中进行鉴定,配备操作台和椅子,其中操作台可供 2~3 人共同使用。

2. 实施组织方式

以操作台为单位分组,每组观察、鉴定一套标本,期间小组内人员可就标本特征相互探讨,并共同完成一份标本鉴定表。鉴定表完成后由指导教师负责检查并给出评价。

3. 鉴定用具

放大镜等。

4. 鉴定用标本

观察珊瑚、三叶虫、鳞木、轮叶、羊齿、芦木化石,并记录肉眼鉴定特征。

【工作任务考评】(见表1-9)

表1-9 工作任务考评表

考评项目	配分		考评内容
素质目标	20	6	遵章守纪情况
		7	认真听讲情况、积极主动情况
		7	团结协作情况、组内交流情况
知识目标	40	20	熟悉古生物分类、地层单位等基本知识
		20	熟悉常见古生物肉眼鉴定特征
技能目标	40	10	明确任务方案,工具使用正确
		15	操作程序正确、鉴定方法运用得当,并有自己的见解
		15	能独立且正确地完成古生物鉴定任务

课题四 地质构造

【工作任务描述与分析】

原始沉积的岩层呈水平或近水平状态。由于地壳运动造成地层变形或移位,形成的褶曲或断裂等构造形迹,称为地质构造。地质构造是地壳中常见的地质现象,是影响煤矿生产的重要地质因素。本课题介绍岩层产状,重点介绍了褶皱和断层构造及其类型。通过本课题的学习,学生可熟识地质构造及其类型,并初步具备煤矿井下地质构造的研判和处理能力。

【知识学习】

一、岩层的产状

岩层在地壳中的空间位置和产出状态,称为岩层的产状。

（一）岩层产状要素

岩层的产状通常用岩层面的走向、倾向和倾角来表示。

1. 走向

岩层的走向表示岩层在空间中的水平延伸方向。岩层面与水平面的交线称为走向线，如图1-24中的AOB。走向线两端所指的方向为岩层的走向。岩层的走向有两个，两者相差180°。

2. 倾向

倾向表示岩层的倾斜方向，倾斜平面上与走向线垂直的直线称为倾斜线，如图1-24中的OD。倾斜线在水平面上的投影称为倾向线（图1-24中的OD′），倾向线所指的层面的下倾方向即为倾向。倾向有真倾向与视倾向之分（图1-25），其中，垂直于走向指向岩层下倾方向的倾向为真倾向（图1-25中的OG），与走向斜交的倾向为视倾向（图1-25中的OC、OD）。

3. 倾角

倾角表示岩层的倾斜程度，它是岩层层面与水平面的夹角，其大小等于倾向线与倾斜线之间的夹角。由于倾向有真倾向与视倾向之分，因而倾角有真倾角与视倾角（又称假倾角、伪倾角）之分，如图1-25所示。视倾角有无数个，真倾角只有一个，而且真倾角恒大于视倾角。

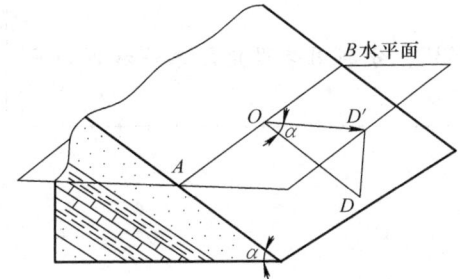

图1-24　倾斜平面的产状要素

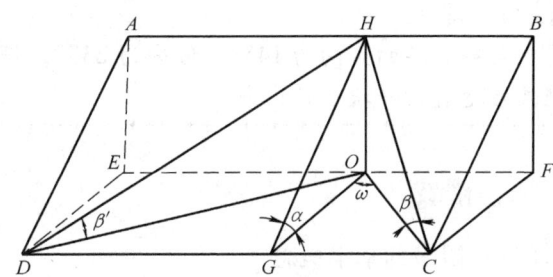

图1-25　真倾角与视倾角关系图

真倾角α与视倾角β之间的关系为

$$\tan\beta = \tan\alpha\cos\omega$$

式中　ω——视倾角所在的剖面方向与倾向的夹角；
　　　α——真倾角；
　　　β——视倾角。

在实际工作中，经常涉及真倾角和视倾角的换算问题。例如，沿较陡煤层作伪斜上山时，需要确定伪斜上山的起点位置和方向，在斜交岩层走向的剖面图上，应绘制相应剖面方向的视倾角。

> 📖 练一练
>
> 煤层的真倾角为50°，倾向为45°，问煤层在145°方向的剖面上的伪倾角是多少？

（二）岩层产状的表达方法

1. 方位角记录法

方位角记录法是目前常用的岩层产状表达方法，它是以正北方向为0°，按顺时针方向将坐标方位分为360°，如图1-26a所示。此法只记倾向和倾角，如135°∠30°。

2. 象限角记录法

象限角记录法是以地球子午线的南、北两端为0°，东、西记为90°，划分出四个象限，如图1-26b所示。例如，岩层走向为北偏东或南偏西45°，向南东倾斜，当倾角为25°时，记为N45° E∠25°SE或S45° W∠25°SE（图1-26）。

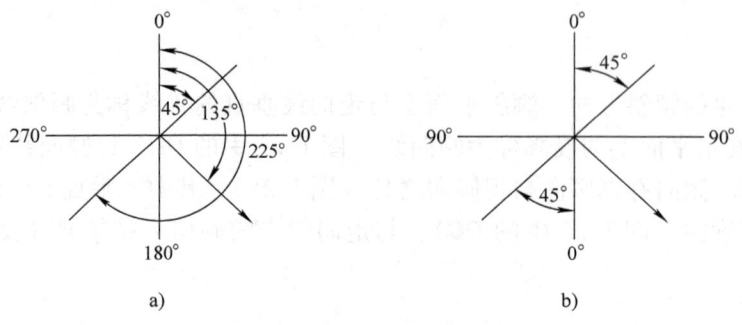

图1-26 岩层产状的表达方法
a）方位角记录法 b）象限角记录法

> 📖 **练一练**
> 某砂岩层的走向为145°，倾向为235°，倾角为43°，分别用象限角记录法和方位角记录法把岩层产状表示出来。

二、褶皱

（一）褶皱的基本概念

1. 褶皱的基本类型

岩层或岩体在应力的长期作用下形成的波状弯曲变形称为褶皱。褶皱在地壳中分布广泛，形态各异，规模大小相差悬殊，大者延伸几十至几百公里，小者可在手标本上见到，甚至表现为显微构造。

褶皱岩层中的一个弯曲称为褶曲，它是褶皱构造的基本单位。岩层向上弯拱，核部岩层老、两侧新，且对称重复出现，两翼岩层一般反向的褶曲称为背斜（图1-27）；岩层向下弯拱，核部新、两侧老，且对称重复出现，两翼岩层一般相对倾斜的褶曲称为向斜（图1-27）。

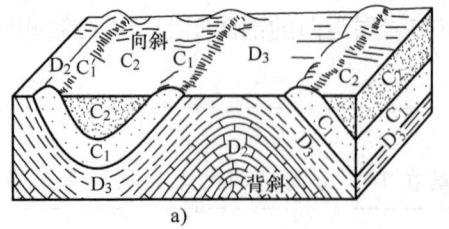 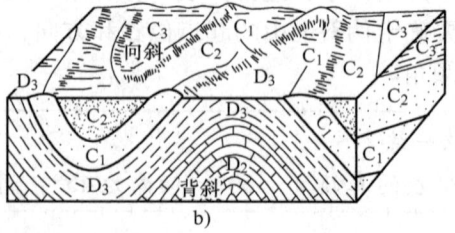

图1-27 背斜和向斜在平面和剖面上的图示
a）水平褶皱 b）倾伏褶皱

2. 褶曲要素

褶曲要素是指褶曲的基本组成部分，主要有下列几种（图1-28）：

（1）核 褶曲的中心部位为核部。背斜的核部是老岩层，向斜的核部为新岩层。

（2）翼 褶曲核部两侧的岩层为翼部。

（3）翼角 两翼岩层与水平面的夹角，即翼部岩层的倾角。

（4）转折端 从一翼过渡到另一翼的转折部位称为转折端。

（5）轴面 通过褶曲核部，平分褶曲两翼的假想面称为轴面，轴面可以是平面或曲面，它可以是直立的、倾斜的或水平的。

（6）轴线和轴迹 褶曲轴面与水平面的交线称为轴线，轴面与地表面的交线称为轴迹。

（7）枢纽 枢纽指褶曲中同一岩层面与轴面的交线。其产状可以是水平的、倾斜的，也可以是波状起伏的，甚至是直立的。

（8）高点及鞍部 背斜隆起的最高部位称为高点。有的背斜可以有几个高点，同一背斜相邻两高点之间的相对低洼部分称为鞍部，如图1-29所示。

（9）脊线和槽线 脊线是指背斜中同一褶曲层面上各最高点的连线，槽线则指向斜中同一褶曲层面上各最低点的连线。

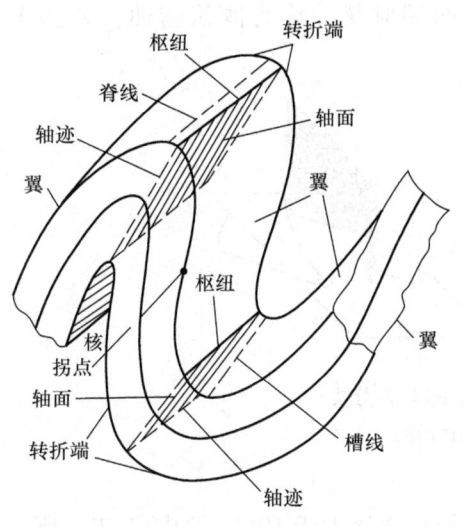

图1-28 褶曲要素示意图

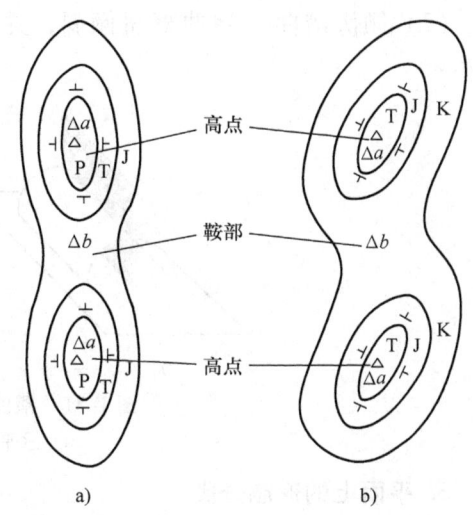

图1-29 高点及鞍部示意图

（二）褶曲的分类

1. 横剖面上的形态分类

（1）直立褶曲 褶曲的轴面直立，两翼岩层倾向相反，翼角近于相等，如图1-30a所示。

（2）斜歪褶曲 褶曲的轴面倾斜，两翼岩层倾向相反，翼角不相等，如图1-30b所示。

（3）倒转褶曲 轴面倾斜，两翼倾向相同，翼角不一定相等，层序一翼正常，另一翼倒转，如图1-30c所示。

（4）平卧褶曲 轴面近于水平，两翼岩层产状平缓，一翼岩层层序正常，另一翼岩层层序倒转，如图1-30d所示。

(5) 翻卷褶曲　轴面弯曲的平卧褶曲，如图 1-30e 所示。

(6) 挠曲　在水平或缓倾斜岩层中，某段岩层倾角突然增大而形成的膝状弯曲。

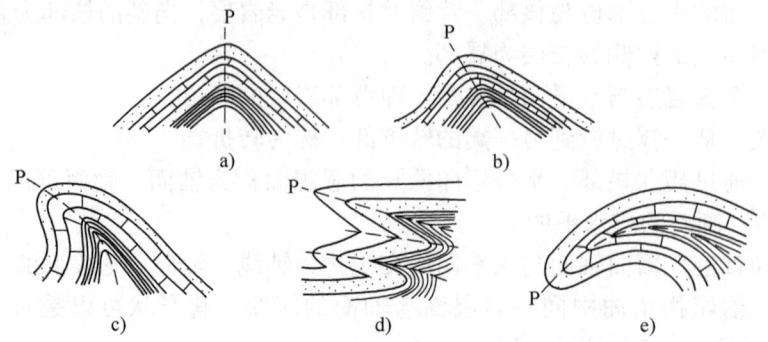

图 1-30　褶曲在横剖面上的形态分类
a) 直立褶曲　b) 斜歪褶曲　c) 倒转褶曲　d) 平卧褶曲　e) 翻卷褶曲

2. 纵剖面上的形态分类

(1) 水平褶曲　褶曲枢纽水平或近于水平，统称为水平褶曲，如图 1-31a 所示。

(2) 倾伏褶曲　褶曲枢纽倾斜，并向一端或两端倾伏，称为倾伏褶曲，如图 1-31b 所示。

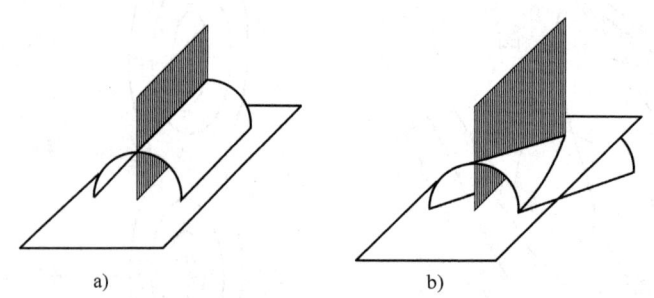

图 1-31　褶曲在纵剖面上的形态分类
a) 水平褶曲　b) 倾伏褶曲

3. 平面上的形态分类

(1) 线形褶曲　褶曲在平面上延伸很远，其长与宽之比大于 10∶1，如图 1-32a 所示。

(2) 短轴褶曲　向两端延伸不远即倾伏，其长宽比为 10∶1～3∶1，如图 1-32b 所示。

(3) 穹窿和构造盆地　褶曲的长与宽之比小于 3∶1，背斜称为穹窿（图 1-32c），向斜称为构造盆地（图 1-32d）。

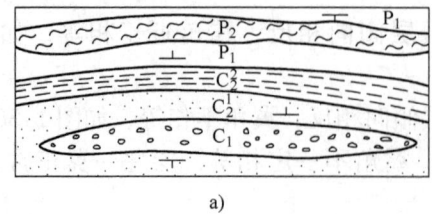 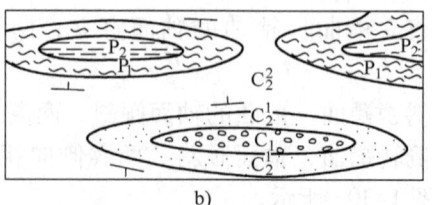

图 1-32　褶曲在平面上的形态分类
a) 线形褶曲　b) 短轴褶曲

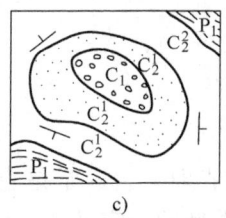 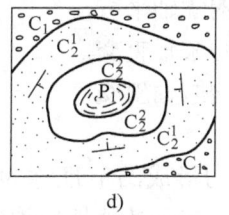

图 1-32　褶曲在平面上的形态分类（续）

c）穹窿　d）构造盆地

想一想

直立背斜与斜歪背斜、平卧背斜与翻卷背斜有什么区别？

三、断裂构造

组成地壳的岩层或岩体在受力后，不仅会发生塑性变形而形成褶皱，也可能在所受应力达到或超过岩石的强度极限时发生脆性变形形成大小不一的破裂和错动，使岩石的完整性受到破坏，这种岩石脆性变形的产物称为断裂构造。断裂构造可分为节理和断层两类。

（一）节理

岩层受力后发生断裂，若断裂后两侧岩层没有发生显著位移，则称为节理。节理的分类方法如下。

1. 按节理产状分类

（1）按节理与岩层产状的关系分类（图 1-33）

走向节理：节理面的走向与岩层的走向一致。

倾向节理：节理面的走向与岩层的走向垂直。

斜向节理：节理面的走向与岩层的走向斜交。

顺层节理：节理面的走向与岩层层面大致平行。

（2）按节理与褶皱轴的关系分类（图 1-34）。

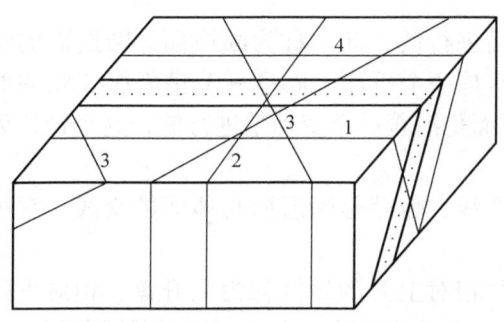 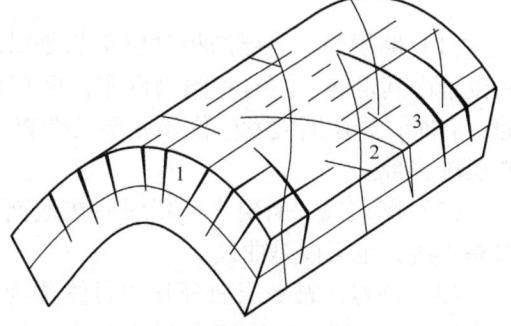

图 1-33　按节理与岩层产状的关系分类

1—走向节理　2—倾向节理　3—斜向节理　4—顺层节理

图 1-34　按节理与褶皱轴的关系分类

1—纵节理　2—斜节理　3—横节理

纵节理：节理走向与褶皱轴平行。
横节理：节理走向与褶皱轴直交。
斜节理：节理走向与褶皱轴斜交。

2. 按力学性质分类

（1）张节理　由张应力形成的节理称为张节理。它通常是直立的或近于直立的，且规模较大。局部性张节理则分布于其他地质构造类型的一定部位。例如，在褶曲核部坚硬岩层的转折端和枢纽急剧倾伏部位，张应力集中，常形成楔形张节理。

（2）剪节理　受构造运动所产生的切应力的作用而形成的节理，称为剪节理。节理面与最大切应力的方向一致。剪节理常成对出现，称为共轭剪节理，构成共轭"X"型节理系。这种节理系广泛发育于褶皱岩层中，其产状稳定、延伸较远、平行排列，节理面光滑平直。

（二）断层

若岩层受力后发生断裂，且断裂后两侧岩层发生了显著的位移，则称为断层。可见，断层是破裂面两侧的岩石有明显相对位移的一种断裂构造。

1. 断层要素

断层要素是断层基本组成部分的总称，是用以描述断层空间形态特征的几何要素。断层要素主要包括断层面、断层线、断盘、交面线、断煤交线、断距等，如图 1-35 所示。

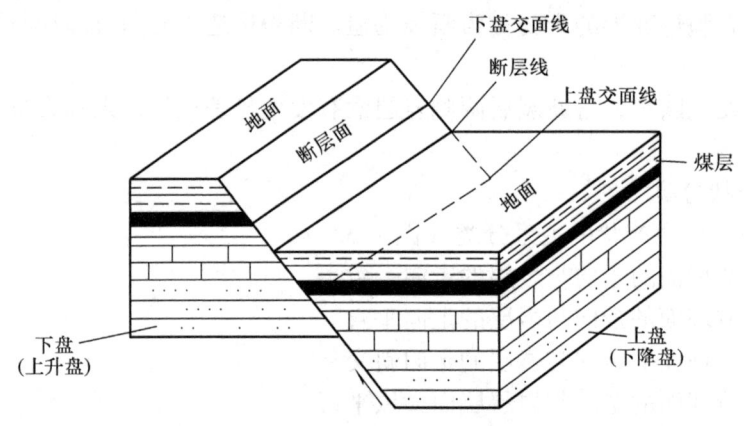

图 1-35　断层要素示意图

（1）断层面　岩层的相对位移总是沿着破裂面进行的，此面称为断层面。断层面的空间位置由其走向、倾向和倾角确定。断层面往往不是一个平面，而是一个呈舒缓波状的曲面。有时，岩层断裂发生位移并不是沿着一个面，而是沿着一个变动带进行的，这个带称为断层破碎带。

（2）断层线　断层线是断层面在地面上的出露线，也就是断层面与地面的交线。它可以是直线，也可以是曲线。

（3）断盘　被断层面分开的岩体称为断盘，其相对上升的岩体称为上升盘，相对下降的岩体称为下降盘。当断层面倾斜时，位于断层面上方的岩块称为上盘，位于断层面下方的岩块称为下盘；当断层面直立时，则无上、下盘之分，这时，可根据断层走向和两盘的相对位置予以命名，如东盘和西盘、北盘和南盘等。

(4) 交面线　断层面与岩层面的交线称为交面线。

(5) 断煤交线　断层面与煤层面的交线称为煤层交面线，又称断煤交线。其中，断层面与上盘煤层面的交线称为上盘断煤交线，与下盘煤层面的交线称为下盘断煤交线。交面线的形态取决于断层面和岩层面的形态，它可以是两条直线或曲线。断煤交线必然向两端收敛消失。

(6) 断距　断层两盘相对移动的距离称为断距。

1) 在垂直于岩层走向的剖面上，可直接测得的断距如下：

地层断距：两盘上对应（煤）岩层面之间的垂直距离，如图 1-36 中的 ho。

铅直地层断距：两盘上对应（煤）岩层面之间的铅直距离，如图 1-36 中的 hg。

水平地层断距：断层两盘上对应（煤）岩层面之间的水平距离，如图 1-36 中的 hf。

以上三种断距之间的关系可用下列公式表示

$$ho = hg\cos\alpha$$
$$ho = hf\sin\alpha$$
$$hg = hf\tan\alpha$$

式中　α——（煤）岩层的倾角；
　　　ho——地层断距；
　　　hg——铅直地层断距；
　　　hf——水平地层断距。

2) 在垂直于断层走向的剖面上，可直接测得的断距如下：

斜断距：两盘对应地质界线点之间的距离，如图 1-37 中的 ee'。它反映了沿断层倾斜线错开的倾斜距离，因此也称倾向断距。

铅直断距（落差）：两盘对应地质界线点之间的高程差，如图 1-37 中的 em。

水平断距（平错）：两盘对应地质界线点之间的水平距离，如图 1-37 中的 me'。

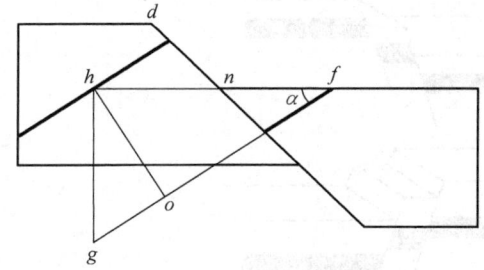
图 1-36　垂直于岩层走向的剖面上的断距

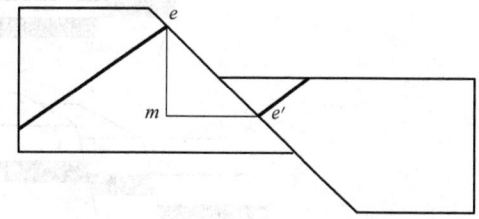
图 1-37　垂直于断层走向的剖面上的断距

2. 断层分类

(1) 按断层两盘的相对运动分类（图 1-38）

正断层：断层上盘相对于下盘沿断层面向下滑动的断层。

逆断层：断层上盘相对于下盘沿断层面向上滑动的断层。

平移断层：断层两盘沿断层面平移的断层。

(2) 按断层与有关构造的几何关系分类

1) 根据断层走向与褶皱轴向或区域构造线的方向之间的关系分类。

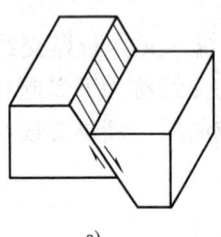 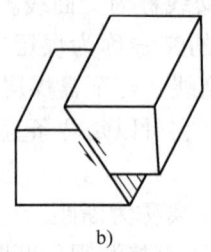 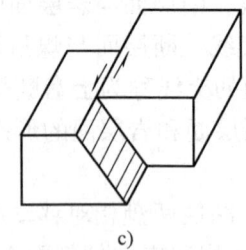

图 1-38　按断层两盘的相对运动分类
a）正断层　b）逆断层　c）平移断层

纵断层：断层走向与区域构造线基本一致。
横断层：断层走向与区域构造线直交。
斜断层：断层走向与区域构造线斜交。
2）根据断层走向与岩层走向之间的关系分类。
走向断层：断层走向与岩层走向一致。
倾向断层：断层走向与岩层走向垂直。
斜向断层：断层走向与岩层走向斜交。
顺层断层：断层面与岩层面基本一致。
（3）断层的组合形式　断层可以单条发育，也可以成群出现。常见的组合形式如下：
1）地堑和地垒。地堑是指走向大致平行，具有共同下降盘的两条以上的断层组合，如图1-39a 所示；地垒是指走向大致平行，具有共同上升盘的两条以上的断层组合，如图1-39b所示。

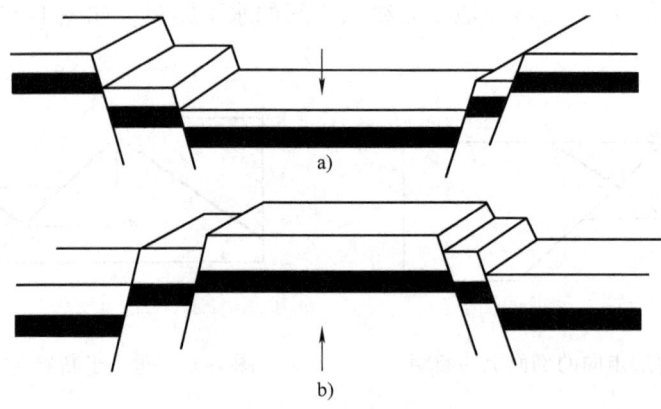

图 1-39　地堑和地垒
a）地堑　b）地垒

2）阶梯状构造。阶梯状构造是由数条产状大致相同的正断层组成的。从剖面上看，各个断层的上盘向同一方向依次下降，使岩层或煤层成阶梯状，如图 1-40 所示。
3）叠瓦状构造。叠瓦状构造是由数条产状大致相同的逆断层组成的，其上盘均向同一方向依次逆冲形成，如图 1-41 所示。

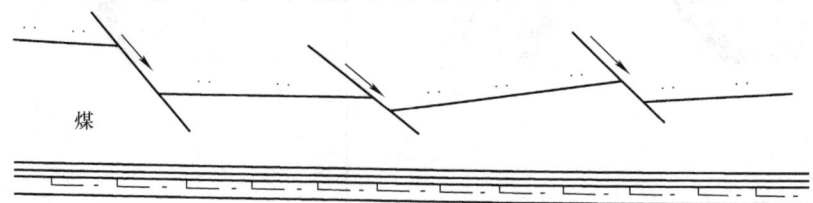

图 1-40 阶梯状构造

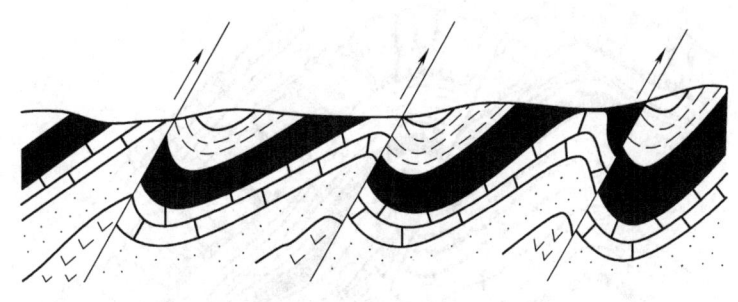

图 1-41 叠瓦状构造

【工作任务实施】

1. 工作场所

普通教室

2. 实训资料

1）图 1-42 所示是某地褶皱构造的横剖面示意图，请判断其中哪个是向斜？哪个是背斜？并根据褶曲横剖面形态分类给出各褶曲的正确名称，绘出褶曲的完整形态（被剥蚀部分用虚线，埋藏部分用实线）。

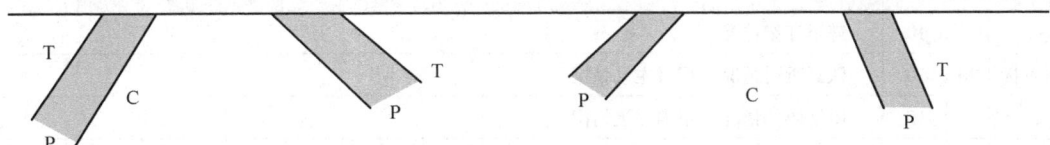

图 1-42 某地褶皱构造的横剖面示意图

2）图 1-43 所示为剖面示意图，在地表出现了三处同一煤层的露头。根据岩层产状变化，有人判断 A 处是背斜构造，B 处是向斜构造，但在 B 处施工钻孔时未见到煤层。请解释其中的原因，并总结判断背斜、向斜构造的方法。

3）图 1-44 所示为实测剖面示意图，试根据现场收集的资料，分析图中有哪些地质构造，各属于什么类型。

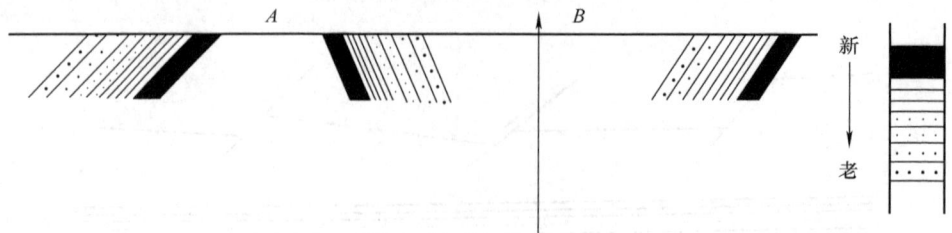

图 1-43 剖面示意图

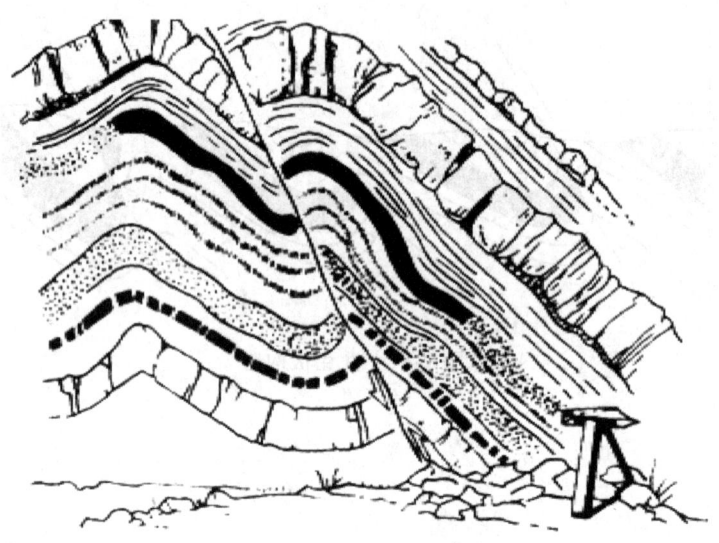

图 1-44 实测剖面示意图

【工作任务考评】（见表 1-10）

表 1-10 工作任务考评表

考评项目	配分		考评内容
素质目标	30	10	遵章守纪情况
		10	认真听讲情况、积极主动情况
		10	团结协作情况、组内交流情况
知识目标	70	20	熟悉岩层产状的基本知识
		50	熟悉褶皱、断层要素及其分类等基本知识

【习题】

一、填空题

1. 矿物的颜色是矿物对可见光反射情况的表现，通常有三种类型，即_____、_____和_____。

2. 根据形态，层理一般可以分为_____、_____、_____、_____和块状层理。

3. 按地史中生物演化的阶段可建立六个级别的年代地层单位，分别是_____、_____、_____、_____、_____和时间带。

4. 岩层的产状通常用岩层面的_____、_____和_____来表示。

5. 根据横剖面上的形态，可以将褶曲划分成_____、_____、_____、_____、翻卷褶曲和挠曲等类型。

二、单选题

1. 常见矿物石英的硬度是_____。
   A. 5　　　　　　B. 6　　　　　　C. 7　　　　　　D. 8

2. 单层厚度在 0.1～0.5m 的岩层称为_____。
   A. 厚层　　　　　B. 中厚层　　　　C. 薄层　　　　　D. 块状层

3. "群"是_____。
   A. 生物地层单位　B. 年代地层单位　C. 岩石地层单位　D. 时间地层单位

4. 走向大致平行，具有共同下降盘的两条以上的断层组合称为_____。
   A. 阶梯状构造　　B. 叠瓦状构造　　C. 地垒　　　　　D. 地堑

5. _____的倾向和岩层走向方向一致。
   A. 走向断层　　　B. 倾向断层　　　C. 同向断层　　　D. 斜向断层

三、是非题

1. 矿物标本不透明，不代表该种矿物不透明。（　　）
2. 流动构造是沉积岩的常见构造。（　　）
3. 年代地层单位在全球范围内严格等时。（　　）
4. 只有在轴面直立和地面水平的情况下，轴迹和轴线才重合为一条线。（　　）
5. 背斜隆起的最高部位称为高点，所以背斜只能有一个高点。（　　）

四、简答题

1. 在野外工作时，如何简单判定矿物的硬度？
2. 如何区分白云岩和石灰岩？
3. 什么是标志层？它有什么地质意义？
4. 如何记录岩层的产状？

第二单元 煤资源及地质勘查

【单元学习目标】

本单元由煤与含煤岩系和煤炭地质勘查两个课题组成。通过本单元的学习,学生应熟悉煤的组成和性质、煤的工业分类、含煤岩系和煤田的概念、煤炭地质勘查阶段及工作程度要求、煤炭地质勘查方法,并能够用肉眼区别煤岩类型和煤种。

课题一 煤与含煤岩系

【工作任务描述与分析】

煤是一种可燃的有机岩,是由大量有机物质和少量无机物质组成的混合物。由于成煤原始物质、转变条件和成煤作用的不同,导致了煤的组成、结构、性质及种类的复杂性和多样性。为了合理地开发和利用煤炭资源,有必要了解和掌握煤及含煤岩系的一些基本知识,如煤的形成、煤的有关性质和煤资源聚集、分布规律等。本课题主要对成煤作用、煤的组成和性质、煤的工业分类和综合利用途径、含煤岩系和煤田进行介绍,通过本课题的实施,学生可以熟悉煤的性质、煤的工业分类、含煤岩系和煤田的概念等内容。在此基础上,学会运用煤岩肉眼鉴别技能区别煤岩组分和煤种。

【知识学习】

一、成煤作用

(一)成煤植物

煤是由植物遗体堆积转化而成的,由高等植物转变成的煤称为腐植煤,由低等植物转变成的煤称为腐泥煤。由于成煤原始物质的不同,导致了煤在物质组成和性质上的差异,也是影响煤质的重要因素之一。

(二)成煤的必要条件

煤炭资源的聚集与分布在时空上都是不均匀的。不同地质时期,有的时代有煤,有的时代则没有煤形成；同一地质时期，有的地区有煤，有的地区则没有煤的分布。由此可见，煤的形成是受一定条件限制的。归纳起来，煤的形成必须具备以下条件。

1. 植物条件

植物是成煤的原始物质。从晚泥盆世开始到晚二叠世早期，是高等植物发育、发展和演化的最重要时期，植物的大量繁衍对成煤十分有利。因此，出现了地质上重要的聚煤期，即石炭二叠纪聚煤期、侏罗白垩纪聚煤期及第三纪聚煤期。

2. 气候条件

气候直接影响植物的生长和分解，只有在温暖、潮湿的气候条件下，植物才能大量生长繁衍。同时，也只有在积水的沼泽等地带，植物遗体才能免遭完全氧化分解而逐渐堆积起来。沼泽的发育也要求潮湿的气候。因此，温暖、潮湿的气候是形成煤的重要条件。

3. 自然地理条件

要形成分布面积较广的煤层，必须有既适宜植物大量繁殖，又能使植物遗体得以保存的自然地理环境。自然界中，只有沼泽等地具备这种条件。因此，形成煤必须有适于发育大面积沼泽化的自然地理环境。

4. 地壳运动条件

要形成具有工业价值的煤层，必须有很厚的泥炭层。首先，泥炭层的堆积要求地壳不断缓慢地沉降，其沉降的速度最好与植物遗体堆积的速度大致平衡，这种平衡持续的时间越长，形成的泥炭层越厚。其次，泥炭层的保存也需要地壳不断沉降。

总之，植物、气候、自然、地理、地壳运动都是成煤的必要条件，缺一不可。其中，地壳运动是主导因素，起控制作用，它在区域上可以影响到一定范围内的海进、海退和海岸线的迁移，影响地理景观的变化。在局部，可以影响聚煤盆地的微地貌和水文条件，同时控制了沉积与补偿的关系、沉积厚度以及含煤性的变化。一个地区同时具备以上四个条件的时间越长，越有利于成煤。

（三）成煤作用

煤是植物遗体经过复杂的生物化学、物理化学作用转变而成的。从植物死亡、堆积到转变成煤，经过了一系列的演变过程，这个过程称为成煤作用。成煤作用大致可分为两个阶段：第一阶段为泥炭化或腐泥化阶段，第二阶段为煤化作用阶段。

1. 泥炭化或腐泥化阶段

（1）泥炭化作用　生长在沼泽中的高等植物死亡之后，其遗体首先堆积在沼泽水体的浅部，由于水介质、氧和微生物的参与，发生氧化分解、生物分解和水解，使植物有机组成中的一部分被彻底破坏，变为气体和水分；剩余部分则转化为简单的、化学性质活泼的化合物。随着沼泽覆水程度的增强及植物遗体的不断堆积加厚，使已部分遭受分解的植物遗体转入沼泽深部，逐渐与空气中的氧隔绝，在厌氧细菌的作用下，植物遗体中的分解产物之间以及分解产物与未分解的物质之间相互合成和作用，形成了新的化合物——腐植酸、沥青质等。这些物质与少量泥砂等物质混合在一起，即形成了泥炭。高等植物遗体转化为泥炭的过程称为泥炭化作用。

（2）腐泥化作用　腐泥化作用是指低等植物和浮游生物遗体在生物化学作用下转变为腐泥的过程。生活在湖泊、浅海等水体中的低等植物和浮游生物死亡之后，其在水体表层和下沉到水底的过程中，先遭受一定程度的氧化分解；沉向水底后，由于水层和随后沉积物的覆盖，转入缺氧的还原环境，在厌氧细菌的作用下，低等植物中的蛋白质、脂肪等遭到分解；然后经过化学合成作用，形成一种含水很多的棉絮状胶体物质（富含沥青质）。这些物质与泥砂混合后进一步发生变化，即形成了腐泥。

2. 煤化作用阶段

泥炭或腐泥形成后，由于地壳下降，泥炭或腐泥被泥砂等沉积物覆盖掩埋，在长期地热及上覆沉积物静压力的作用下，它们分别转变为腐植煤或腐泥煤，这一过程称为煤化作用。

煤化作用又可分为煤的成岩作用和煤的变质作用两个阶段。

(1) 煤的成岩作用 泥炭形成后，由于地壳运动的影响，使其沉降到地壳较深处，在上覆泥砂等沉积物压力的作用下，泥炭逐渐被压紧、脱水和固结而趋于致密。同时，泥炭中有机质的分子结构和化学成分也会发生一定变化，其中碳含量增加、氢氧含量减少、腐植酸含量降低，泥炭转变为褐煤，这一过程称为煤的成岩作用。

(2) 煤的变质作用 褐煤形成后，当地壳继续下降时，使其沉降到地壳更深处，在温度和压力的作用下，褐煤内部的分子结构、物理性质、化学性质等发生变化，碳含量进一步增加，氢氧含量继续减少，光泽增强，密度增大，挥发分逐渐减少，腐植酸完全消失。褐煤转变为烟煤、无烟煤，这一过程称为煤的变质作用。

二、煤的组成和性质

煤有不同的用途，这主要是由它的物质组成和性质所决定的。因此，研究煤的物质组成和性质，对于评价煤质和确定煤的综合利用范围，都具有重要的实际意义。

(一) 煤的岩石组成和物理性质

1. 宏观煤岩组分与宏观煤岩类型

(1) 宏观煤岩组分 腐植煤宏观煤岩组分是指用肉眼或放大镜可以区分的煤的基本组成单位，包括镜煤、亮煤、暗煤和丝炭四种宏观煤岩组分。

1) 镜煤。为煤中颜色最深、最黑、光泽最强的成分，表面反光，明亮如镜。其结构均一，具贝壳状断口；内生裂隙特别发育，性脆易碎，容易破碎成棱角状小块，密度小。在煤层中，常呈厚度为几毫米到几厘米的透镜状、条带状，有时呈线理状夹在亮煤或暗煤中。

2) 亮煤。颜色为黑色，光泽较强，仅次于镜煤，较脆易碎，内生裂隙较发育，密度较小，有时也具贝壳状断口，均一程度较镜煤差，表面隐约可见微细的纹理。在煤层中，亮煤常呈较厚的分层或呈透镜状出现。

3) 暗煤。颜色灰黑，光泽暗淡，致密坚硬，韧性较大，密度大，内生裂隙不发育，有时呈粒状结构。在煤层中，暗煤常呈较厚的分层或单独成层。

4) 丝炭。颜色灰黑，具明显的纤维状结构和丝绢光泽，外观似木炭，疏松多孔，性脆易碎，易染指。其空腔中常被矿物质所充填，变得致密坚硬，密度增大。在煤层中，丝炭一般含量不多，常沿煤层层面以扁平、不连续的透镜状分布，厚度仅为几毫米。

(2) 宏观煤岩类型 宏观煤岩类型是指用肉眼观察时，根据煤的平均光泽、煤岩成分的数量比例和组合情况所划分出的岩石类型。宏观煤岩类型有光亮型煤、半亮型煤、半暗型煤及暗淡型煤四种。

1) 光亮型煤。光泽最强，主要由镜煤和亮煤（>80%）组成，煤岩组分简单，具贝壳状断口，内生裂隙发育，脆度较大，容易破碎。

2) 半亮型煤。光泽较强，仅次于光亮型煤。主要以亮煤为主，有时由镜煤、亮煤和暗煤组成，也可能夹有丝炭，镜煤和亮煤的含量为50%～80%。其最大的特点是条带状结构明显，内生裂隙较发育，较易破碎，常具阶梯状或棱角状断口。半亮型煤是最常见的一种煤岩类型。

3) 半暗型煤。光泽较弱，由暗煤和亮煤组成，常以暗煤为主，有时夹有镜煤和丝炭的线理、细条带和透镜体，条带状结构较明显，内生裂隙不发育，较坚硬，韧性较大，密度较大，常具参差状断口。

4) 暗淡型煤。光泽十分微弱，主要由暗煤组成，有时夹有少量镜煤、丝炭或矸石透镜体。其呈致密块状，质地坚硬，韧性大，密度大，断口粗糙，矿物质含量较高，煤质差。

应当指出，上述煤岩类型是根据煤的平均光泽强弱划分的，所以只有变质程度相同的煤，才能比较和划分煤岩类型。因为变质程度不同的煤，其同一种煤岩类型的绝对光泽强度是不同的，如长焰煤中的光亮型煤与无烟煤中的光亮型煤，其光泽强度是不同的。因此，不能在不同变质程度的煤层之间比较和划分煤岩类型。实际工作中，一般在各煤层中划分煤岩类型。

2. 煤的物理性质

煤的物理性质与成煤的原始物质、聚积环境及煤的变质程度、煤岩组分等有关。

(1) 颜色和条痕　煤的颜色是指煤新鲜表面的自然色彩。煤的颜色与成煤的原始物质、变质程度等有关。腐植煤的颜色随煤的变质程度的增高而变化，如褐煤为褐色、深褐色、黑褐色；烟煤为黑色；无烟煤为灰黑色，常带古铜色或钢灰色彩。

煤研成粉末的颜色称为条痕，也称粉末色。煤的条痕略浅于颜色，但变化又较颜色固定。腐植煤的条痕随煤的变质程度的增高而加深，如褐煤为棕色，烟煤为棕色到黑色，无烟煤为灰黑色。

(2) 光泽　煤的光泽是指煤新鲜表面的反光能力，是肉眼鉴定煤的主要标志之一。煤的光泽与成煤的原始物质、煤岩组分及变质程度等有关。腐植煤随变质程度的增高，其光泽增强，如褐煤无光泽或为暗沥青光泽；烟煤为沥青光泽、玻璃光泽到金刚光泽；无烟煤为似金属光泽。

(3) 硬度　煤的硬度是指煤抵抗外来机械作用的能力。按摩氏硬度计，煤的硬度介于1～4之间。腐植煤的硬度随煤的变质程度的增高而变化，从长焰煤到焦煤，硬度逐渐减小；而从焦煤到无烟煤，硬度逐渐增大。褐煤和焦煤的硬度为2～2.5；无烟煤的硬度最大，接近于4。

(4) 脆度和韧性　煤的脆度是指煤受外力作用时容易破碎的程度，韧性与脆度相反。腐植煤的脆度随煤变质程度的不同而变化，一般中变质的肥煤、焦煤、瘦煤的脆度最大；无烟煤的脆度最小；长焰煤和气煤的脆度较小。在腐植煤的煤岩组分中，镜煤和丝炭的脆度最大，亮煤次之，暗煤的脆度最小。腐泥煤的脆度较小，韧性大。

(5) 密度　煤的密度是指单位体积煤的质量，单位为g/cm^3。煤的密度取决于煤岩组分、煤化程度及煤中所含矿物杂质的成分和含量。按测定方法不同，煤的密度可分为真密度和视密度。真密度体积不包括煤内部的孔隙，视密度体积则包括煤内部的孔隙。

煤的视密度是煤炭资源储量估算的参数之一。一般褐煤的视密度为$1.05～1.20g/cm^3$，烟煤的视密度为$1.20～1.40g/cm^3$，无烟煤的视密度为$1.35～1.80g/cm^3$。

（6）裂隙　煤中裂隙按成因可分为内生裂隙和外生裂隙两种。

1）内生裂隙。内生裂隙是在煤化作用过程中形成的一种裂隙。内生裂隙垂直或大致垂直于层理面，裂隙面较平坦光滑，通常有大致垂直或斜交两组。

2）外生裂隙。外生裂隙是煤层形成后，受构造应力的作用而产生的一种裂隙。外生裂隙以各种角度与煤层层面相交，裂隙面往往有滑动痕迹，裂隙内有时可见到次生矿物或煤屑的充填。

（7）导电性　导电性是指煤传导电流的能力，通常用电阻率的大小来表示。煤的导电性与煤的变质程度有关。一般褐煤的电阻率小；烟煤的电阻率较大，为不良的导体；无烟煤的电阻率很小，为良好的导体。

此外，煤的导电性还与煤中灰分、水分、煤岩组分及孔隙度等有关，如烟煤中灰分增高时，电阻率减小；无烟煤中灰分增高时，电阻率则增大。褐煤中由于有大量的水分，所以电阻率较小。

以上所述煤的物理性质中，颜色、条痕（粉末色）、光泽及内生裂隙随煤变质程度的增高，其变化特征明显（表2-1），利用它们可以在宏观上大致确定煤的变质程度。

表 2-1　不同变质阶段煤的主要鉴定标志

鉴定标志 煤化阶段	颜　色	条　痕	光　泽	内生裂隙
褐煤	褐色、深褐色、黑褐色	浅棕、深棕色	无光泽或暗沥青光泽	不发育
		深棕色	沥青光泽	
长焰煤	黑色带褐色	棕黑色	强沥青、弱玻璃光泽	不发育到较发育
气煤	黑色	黑色带棕色	玻璃光泽	很发育
肥煤			强玻璃光泽	
焦煤、瘦煤		黑色		
贫煤	黑色，有时带灰色		金刚光泽	较发育
无烟煤	灰黑色、带古铜、钢灰色	灰黑色	似金属光泽	不发育

（二）煤的化学组成和工艺性质

1. 煤的化学组成

煤主要是由碳、氢、氧、氮、硫、磷等元素构成的。其中，碳、氢、氧的总和占有机质的95%以上，还有少量的氮、硫、磷及其他元素。

（1）碳（C）　碳是煤中有机质的主要成分，也是煤燃烧过程中产生热量的重要元素。燃烧时，每千克碳能发出34.11MJ的热量。因此，一般煤中碳含量越高，煤的发热量就越大。煤中碳含量随煤的变质程度的增高而增加，如褐煤中碳的质量分数一般为60%~77%，烟煤中碳的质量分数一般为75%~92%，无烟煤中碳的质量分数达90%以上。

（2）氢（H）　氢是煤中有机质的重要成分，也是煤中重要的可燃物质。燃烧时，每千克氢能发出143.25MJ的热量，大约相当于碳发热量的4.2倍。煤中氢含量与成煤的原始植物有关，腐泥煤中氢的质量分数较高，一般均大于6%，有时高达11%；腐植煤中氢的质量分数较低，一般均小于6%，最低为1%左右。煤中氢含量一般随煤的变质程度的增高而减少。

(3) 氧（O）　氧是煤中的不可燃成分。一般氧的含量也随煤的变质程度的增高而减少，如褐煤中氧的质量分数为15%～30%，烟煤中氧的质量分数为2%～15%，无烟煤中氧的质量分数为1%～3%。

(4) 氮（N）　氮也是煤中的不可燃成分，它是煤中唯一完全以有机状态存在的元素。其质量分数为0.4%～2.6%，随煤的变质程度的增高而略趋减少，但规律性不明显。

(5) 硫（S）　硫是煤中的主要有害元素之一。煤中的硫按其存在状态，可分为有机硫和无机硫两大类。有机硫是与煤的有机质相结合的硫，主要来源于成煤植物和微生物的蛋白质。有机硫在煤中分布均匀，难以分离。无机硫是煤中矿物质所含的硫，主要是硫化物中的硫，如黄铁矿FeS_2等中的硫。

根据煤中干燥基全硫含量，将煤分为6级（GB/T 15224.2—2010），见表2-2。

表2-2　根据煤中干燥基全硫含量对煤进行分级（摘自 DZ/T 0215—2002）

级别名称	代号	干燥基全硫分（$S_{t,d}$）范围（%）
特低硫煤	SLS	≤0.50
低硫分煤	LS	0.51～1.00
低中硫煤	MLS	1.01～1.50
中硫分煤	MS	1.51～2.00
中高硫煤	MHS	2.01～3.00
高硫分煤	HS	>3.00

(6) 磷（P）　磷也是煤中的有害成分，煤中的磷主要是无机磷。

(7) 其他元素　煤是一种组成极为复杂的有机物和无机物的混合物。煤中除上述元素外，还含有锗（Ge）、镓（Ga）、钒（V）、铀（U）、锂（Li）等稀有元素及放射性元素，这些元素统称伴生元素。

2. 煤的工业分析

煤的工业分析又称技术分析或实用分析，包括测定煤的水分、灰分、挥发分和计算固定碳四个项目。其测定和计算结果是评价煤质的基本依据。

(1) 煤中的水分（M）　煤中含有水分，其含量与煤化程度和外界条件等有关。水分在泥炭中可达40%～50%；褐煤中约为10%～40%；烟煤一般为1%～8%；在无烟煤中有增加的趋势，这是因为无烟煤中的孔隙增多。

根据水分的测定方法或测定条件，煤中的水分可分为外在水分（M_f）和内在水分（M_{inh}）两种。外在水分（M_f）是指在40～50℃的测定条件下，煤样与周围空气达到湿度平衡时失去的水分。内在水分（M_{inh}）是指在100～110℃的测定条件下，煤样达到干燥状态时失去的水分。外在水分和内在水分的总和称为煤的全水分（M_t），它是煤炭供销双方评定煤质优劣的指标之一。

(2) 煤的灰分产率（A）　煤的灰分是煤完全燃烧后，煤中的矿物质发生分解、化合等形成的残留物。煤中的矿物质按来源可分为内在矿物质和外来矿物质两种。内在矿物质是成煤过程中，植物本身含有的矿物质及由河流等带入的矿物质参与成煤形成的，这些矿物质很难洗选。外来矿物质是采煤过程中，混入煤中的岩石碎块，这些矿物质容易除去。

煤的干燥基灰分是工业上衡量煤质的重要指标之一。根据煤的干燥基灰分产率（A_d），将煤分为4级（GB/T 15224.1—2010），冶炼用炼焦精煤的灰分分级见表2-3。

表2-3 冶炼用炼焦精煤的灰分分级

级别名称	代　号	灰分（A_d）范围（%）
特低灰煤	SLA	≤6.00
低灰煤	LA	6.01~9.00
中灰煤	MA	9.01~12.00
高灰煤	HA	>12.00

一般来说，矿物质或灰分是煤中的有害成分，灰分越高，煤质越差。煤燃烧时，灰分降低煤的发热量；炼焦用煤时，灰分影响焦炭的质量。但煤灰渣可用作建材原料，也可从煤灰中提取聚合铝、氯化铝和稀有分散元素等。

（3）煤的挥发分产率（V）　在隔绝空气的条件下，将煤在（900±10）℃的温度下加热7min，用煤中有机物在特定条件下热分解挥发出来的产物减去煤中的水分，即为该煤样的挥发分产率。煤中的挥发分产率随煤化程度的增高而有规律地变化，煤变质程度的越高，挥发分产率越少。

由于挥发分产率随煤的变质程度的增高而有规律地降低，所以，它是我国煤炭分类的第一指标。

（4）固定碳（F_C）　在测定挥发分时，残留在坩埚中的固态产物称为焦渣。焦渣减去灰分即为固定碳。固定碳不是煤中固有的成分，而是有机质热分解的残余物。

根据焦渣的形状和特征，能初步鉴定煤的黏结性。因此，焦渣也可作为评价煤质的依据。例如：褐煤和无烟煤的焦渣不黏结，呈粉末状，说明其不适于炼焦；大部分烟煤，特别是肥煤、焦煤，焦渣黏结且膨胀，呈块状，说明其适于炼焦。

3. 煤的工艺性质

（1）煤的发热量（Q）　煤的发热量是指单位质量的煤完全燃烧时所产生的全部热量，单位为兆焦耳/千克（MJ/kg）。

煤发热量的大小主要与煤的变质程度有关，但也受其他因素的影响，如水分和灰分的增加均可降低煤的发热量。一般煤的发热量，从褐煤到焦煤随变质程度的增高而增大；从焦煤到无烟煤，则随变质程度的增高而略有减小。这是因为煤的发热量不仅与碳含量有关，还受氢含量的影响。

（2）煤的黏结性和结焦性　煤的黏结性是指在隔绝空气加热后，煤粒（直径一般小于0.2mm）相互黏结或黏结外加惰性物质的能力。煤的结焦性是指煤粒隔绝空气受热后，能否生成优质焦炭的性质。煤的黏结性强是煤的结焦性好的必要条件。结焦性好的煤，其黏结性必然好；但黏结性好的煤，其结焦性不一定好。

煤的黏结性是评价炼焦用煤的主要指标，也是评价低温干馏、气化和动力用煤的指标之一。

三、煤的工业分类和综合利用途径

（一）煤的工业分类

现行的中国煤炭分类国家标准（表2-4），根据煤的煤化程度，将煤分为褐煤、烟煤和无烟煤,对褐煤、烟煤和无烟煤采用不同的分类指标分别进行分类。中国煤炭分类国家标准所采用的分类指标有干燥无灰基挥发分(V_{daf})、烟煤黏结指数($G_{R \cdot I}$)、烟煤胶质层最大厚度(Y)、烟煤奥阿膨胀度(b)、低煤阶煤透光率(P_M)及恒湿无灰基高位发热量($Q_{gr,maf}$)六个指标。

表 2-4　中国煤炭分类国家标准（摘自 GB/T 5751—2009）

类别	符号	编码	分类指标					
			V_{daf}（%）	$G_{R \cdot I}$	Y/mm	b（%）	P_M（%）	$Q_{gr,maf}$/(MJ/kg)
无烟煤	WY	01, 02, 03	≤10.0					
贫煤	PM	11	>10.0～20.0	≤5				
贫瘦煤	PS	12	>10.0～20.0	>5～20				
瘦煤	SM	13, 14	>10.0～20.0	>20～65				
焦煤	JM	24	>20.0～28.0	>50～65	≤25	≤150		
		15, 25	>10.0～28.0	>65				
肥煤	FM	16, 26, 36	>10.0～37.0	>85	>25			
1/3焦煤	1/3JM	35	>28.0～37.0	>65	≤25	≤220		
气肥煤	QF	46	>37.0	>85	>25	>220		
气煤	QM	34	>28.0～37.0	>50～65	≤25	≤220		
		43, 44, 45	>37.0	>35				
1/2中黏煤	1/2ZN	23, 33	>20.0～37.0	>30～50				
弱黏煤	RN	22, 32	>20.0～37.0	>5～30				
不黏煤	BN	21, 31	>20.0～37.0	≤5				
长焰煤	CY	41, 42	>37.0	≤35			>50	
褐煤	HM	51	>37.0				≤30	≤24
		52	>37.0				>30～50	

注：1. 在 $G_{R \cdot I}$ >85 的情况下,用 Y 值或 b 值来区分肥煤、气肥煤与其他煤类。当 Y >25.0mm 时,根据 V_{daf} 的大小可划分为肥煤或气肥煤；当 Y ≤25.00mm 时,根据 V_{daf} 的大小可划分为焦煤、1/3焦煤和气煤。按 b 值划分类别时,当 V_{daf} ≤28.0% 时,b >150% 的为肥煤；当 V_{daf} >28.0% 时,b >220% 的为肥煤或气肥煤。如按 b 值和 Y 值划分的类别有矛盾时,以 Y 值划分的类别为准。

2. 对 V_{daf} >37.0%,G ≤5 的煤,再以透光率 P_M 来区分其为长焰煤或褐煤。

3. 对 V_{daf} >37.0%,P_M >30%～50% 的煤,再测 $Q_{gr,maf}$,如其值大于 24MJ/kg,应划分为长焰煤,否则为褐煤。

（二）各类煤的主要特征

1. 无烟煤（WY）

无烟煤是煤化程度最高的煤,其燃点高,燃烧时不冒烟,因此称为无烟煤。无烟煤的颜色常带有古铜色或钢灰色色彩,条痕为灰黑色,似金属光泽,碳含量最高,密度最大,无黏结性。无烟煤常作为民用燃料,也可作为制造合成氨、电石、电极等的工业原料。

2. 贫煤（PM）

贫煤是煤化程度较高的烟煤。它无黏结性或具有微弱黏结性,加热时不产生胶质体,因此称为贫煤。其颜色为灰黑色，条痕为黑色，金刚光泽。贫煤主要作为发电厂的燃料，也用作民用和工业锅炉的掺烧煤。

3. 贫瘦煤（PS）

贫瘦煤是介于贫煤和瘦煤之间的过渡煤种，其黏结性较弱，结焦性比典型瘦煤差。贫瘦煤一般作为发电、民用及锅炉燃料，也可作为炼焦配煤。

4. 瘦煤（SM）

加热时仅能产生少量的胶质体，因此称为瘦煤。瘦煤一般呈黑色，条痕为黑色，强玻璃光泽，黏结性中等。单独炼焦时，能得到块度大、裂纹少、抗碎强度较高的焦炭。瘦煤可作为炼焦用煤（配煤）。

5. 焦煤（JM）

焦煤属于中等煤化程度的烟煤。其颜色为深黑色，条痕为棕黑色，强玻璃光泽，黏结性很强，加热时能产生热稳定性很高的胶质体。炼焦时能得到优质焦炭，因此称为焦煤。单独炼焦时能得到块度大、裂纹少、抗碎强度高的焦炭，耐磨强度也高，但推焦困难。焦煤常作为炼焦用煤（配煤）。

6. 1/3 焦煤（1/3JM）

1/3 焦煤是介于焦煤、肥煤和气煤之间的过渡煤种，单独炼焦时能得到熔融性良好、强度较高的焦炭。1/3 焦煤常作为炼焦用煤（基础煤）。

7. 肥煤（FM）

肥煤是中等煤化程度的烟煤。其颜色为深黑色，条痕为棕黑色，玻璃光泽，黏结性很强。它在加热时能产生大量的胶质体，因此称为肥煤。单独炼焦时能得到熔融性好、强度高的焦炭；但单独炼焦时，焦炭上有较多的横向裂纹。肥煤常作为炼焦用煤（基础煤）。

8. 气肥煤（QF）

气肥煤是介于肥煤和气煤之间的过渡煤种。其单独炼焦时能产生大量的气体和液体化学产品，黏结性强。气肥煤可作为炼焦用煤（配煤）或气化用煤。

9. 气煤（QM）

气煤是低煤化程度的烟煤。其颜色为黑色，条痕为棕黑色，强沥青或弱玻璃光泽，黏结性较强。它在加热时能产生大量的气体和较多的焦油，因此称为气煤。单独炼焦时所得到的焦炭呈细长条，易碎，有较多的纵裂纹，抗碎强度和耐磨强度均比其他炼焦煤差。气煤可作为炼焦配煤或气化用煤。

10. 1/2 中黏煤（1/2ZN）

1/2 中黏煤的黏结性中等。单独炼焦时所得到的焦炭，一部分具有一定的强度，另一部分强度差。1/2 中黏煤一般作为气化用煤或动力用煤，也可作炼焦配煤。

11. 弱黏煤（RN）

弱黏煤在加热时仅产生少量胶质体，其黏结性很弱，因此称为弱黏煤。弱黏煤一般作为气化原料和电厂、机车及锅炉的燃料。

12. 不黏煤（BN）

不黏煤加热时不产生胶质体，无黏结性，因此称为不黏煤。不黏煤一般作为气化原料或动力和民用燃料。

13. 长焰煤（CY）

长焰煤是煤化程度最低的烟煤。其颜色为褐黑色，条痕为深棕色，沥青光泽，黏结性差。它在燃烧时能发出长长的火焰，因此称为长焰煤。长焰煤通常作为气化原料或动力燃料。

14. 褐煤（HM）

褐煤的颜色为褐色，因此称为褐煤。其条痕为棕色，无光泽或暗沥青光泽；水分高，在空气中易风化；碳含量低，故发热量也较少；密度最小，无黏结性。褐煤一般作为动力或民用燃料，也可作为化工及气化原料。

（三）煤的综合利用途径

煤不仅是最常用的燃料，也是很宝贵的原料。目前，煤不仅作为动力燃料，更主要的是作为炼焦、气化等冶金和化学工业的重要原料。随着近代工业和科学技术的发展，对煤的利用日趋广泛。因此，探索煤的综合利用途径，有着广阔的前景。

1. 炼焦用煤

炼焦是煤在1000℃的高温下进行干馏的热加工过程，可获得优质冶金焦炭，以及煤气、煤焦油等一系列化学产品。

炼焦用煤主要包括贫瘦煤、瘦煤、焦煤、1/3焦煤、肥煤、气肥煤、气煤、1/2中黏煤。

2. 气化用煤

气化是煤在高温并有氧、水蒸气、二氧化碳等发生作用的情况下，转变为可燃气体的过程。煤的气化产物（煤气）可作为工业及民用燃料。

气化用煤主要包括无烟煤、贫煤、贫瘦煤、1/3焦煤、气肥煤、气煤、1/2中黏煤、弱黏煤、不黏煤、长焰煤、褐煤。

3. 低温干馏用煤

低温干馏是煤在500~600℃的温度下进行干馏的过程，用来制取低温焦油以及半焦炭和低温焦炉煤气。

低温干馏用煤包括气煤、长焰煤和烟煤。

4. 加氢液化用煤

加氢液化是煤在高温高压和催化剂的作用下，使煤中的有机质与氢作用转变成低分子液态和气态产物的过程，用来获得液体燃料。

加氢液化用煤主要包括气肥煤、气煤、长焰煤和褐煤。

5. 燃烧用煤

燃烧用煤用作工业或民用燃料，工业上主要用于发电及各种锅炉燃料。

燃烧用煤的煤种一般为较劣质煤和不宜炼焦、气化等的工业用煤，如贫煤和褐煤等。

四、含煤岩系和煤田

（一）含煤岩系

1. 含煤岩系的概念

含煤岩系是指一套含有煤层并在成因上有共生联系的沉积岩系。含煤岩系也称含煤沉积、含煤建造或含煤地层，简称煤系。

含煤岩系最主要的特征是含有煤层。含煤岩系与非含煤岩系主要是以沉积岩中是否含有达到最低可采厚度的煤层作为区分标准。含煤岩系常以地区名称加上含煤岩系形成的时代来命名，如华北石炭~二叠纪含煤岩系；也可以按古地理环境进行命名，如近海型含煤岩系和内陆型含煤岩系等。

2. 含煤岩系煤层的特征

（1）煤层的顶底板　含煤岩系中位于煤层上、下一定距离内的岩层，称为煤层的顶、底板。煤层顶、底板的岩石特征、性质及厚度等，对采掘工作有着直接的影响。研究它们有助于确定顶板管理和巷道支护的方法。

1）顶板。直接覆于煤层上部一定距离内的岩层称为顶板。根据顶板岩层岩性、厚度，以及采煤时顶板变形特征和垮落的难易程度，可将顶板分为伪顶、直接顶及基本顶三种，如图2-1所示。

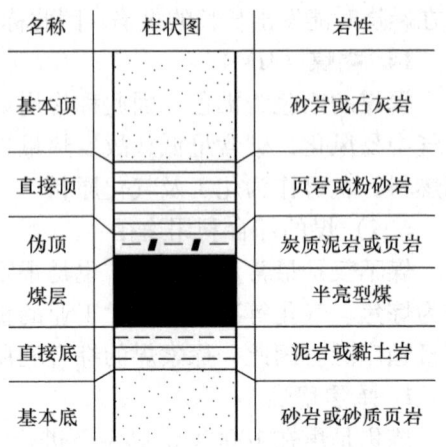

图2-1　煤层顶底板示意图

① 伪顶。直接位于煤层之上，厚度仅为几厘米到几十厘米，岩性多为炭质泥岩或炭质页岩等。采煤时极易垮落，常随采随落混杂在原煤里，增加了煤的含矸率。

② 直接顶。位于伪顶之上，由较易垮落的一层或几层岩石组成，常为数米厚的砂岩、粉砂岩和泥岩等。经常是煤采出后不久便自行垮落，充填在采空区内，少数砂岩层需要进行人工放顶。

③ 基本顶。俗称"老顶"，位于直接顶之上，为不易垮落的坚硬岩层。其厚度较大，岩性为粗砂岩、砂砾岩或石灰岩等。通常在煤采出后较长时间内不垮落，往往只是发生大面积的缓慢下沉。

值得注意的是，并不是所有煤层的顶板都可以分为伪顶、直接顶和基本顶。有的煤层没有伪顶，只有直接顶和基本顶；有的煤层甚至没有伪顶和直接顶，煤层上面直接覆盖着基本顶，如山东肥城矿区的8煤层之上直接为石灰岩基本顶。还有一种顶板中夹有煤线，生产上称之为复合顶，这种顶板巷道在掘进后，其煤线下部的岩层会冒落，因此对巷道支护和煤质影响较大。

2）底板。直接位于煤层下部一定距离内的岩层称为底板。底板可以分为直接底和基本底两种，如2-1所示。

① 直接底。直接位于煤层之下，厚度不大，常为数十厘米，岩性为泥岩等。因是沼泽地生长植物的土壤，所以其中往往含有植物根部化石，一般越靠近煤层，植物根部化石越多。

② 基本底。俗称"老底"，位于直接底之下，厚度较大，岩性常为砂岩、粉砂岩等。

（2）煤层的结构　根据煤层中有无较稳定的岩石夹层（夹矸），可将煤层分为简单结构煤层和复杂结构煤层两种。

1）简单结构煤层。煤层中没有呈层状出现的较稳定的夹矸层，但可以夹有不少较小的矿物质透镜体，如图2-2所示。简单结构煤层反映当初成煤时，沼泽中植物遗体的堆积基本上是连续的。厚度较小的煤层往往是简单结构煤层。

2）复杂结构煤层。煤层中含有较稳定的夹矸层，少者1~2层，多者几层甚至十余层，如图 2-3 所示。复杂结构煤层反映当初成煤时，沼泽中植物遗体堆积曾发生一次或多次间歇。厚煤层和巨厚煤层往往是复杂结构煤层。

煤层中夹矸的岩性可以是多种多样的，最常见的是炭质泥岩、泥岩及粉砂岩，也有油页岩、石灰岩及细砂岩等。夹矸的厚度不一，从数厘米到数十厘米，呈薄层状或似层状。

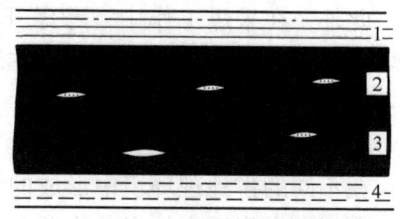

图 2-2 简单结构煤层
1—顶板 2—透镜体 3—煤层 4—底板

应当指出，同一煤层的结构并不是固定不变的，不仅在不同的井田内煤层的结构可能有变化，甚至在同一井田内，煤层的结构也可能有变化，夹矸层数有增有减，夹矸层厚度和岩性也可能发生变化。

（3）煤层的厚度　煤层厚度是指煤层顶、底板之间的垂直距离。根据煤层的结构，煤层厚度可分为总厚度、有益厚度及可采厚度，如图 2-4 所示。

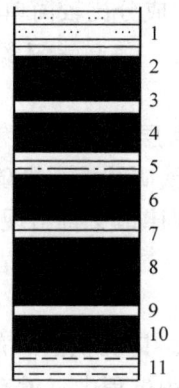

图 2-3　复杂结构煤层
1—顶板　2、4、6、8、10—煤分层
3、5、7、9—夹矸层　11—底板

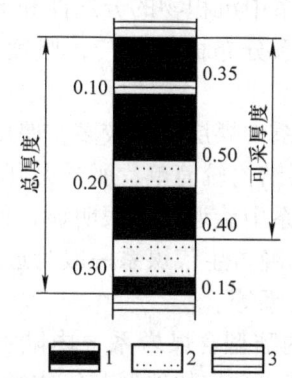

图 2-4　煤层厚度示意图（单位：m）
1—煤分层　2—夹矸层　3—顶底板

① 煤层总厚度。是指煤层顶、底板之间各煤分层和夹矸层厚度的总和。

② 煤层有益厚度。是指煤层顶、底板之间各煤分层厚度的总和。

③ 煤层可采厚度。是指在现代经济技术条件下，可以开采的煤层厚度或煤分层厚度的总和。

煤层最低可采厚度是按照国家目前有关政策，根据煤种、产状、开采方法和不同地区的资源情况等所规定的可采厚度的下限标准。表 2-5 所列是目前我国一般地区煤层的最低可采厚度标准（井下开采）。对于缺煤地区，可根据当地需要另行规定。

表 2-5　我国一般地区煤层最低可采厚度标准（井下开采）　　　　　　　　（单位：m）

产状 厚度 煤类	倾角		
	<25°	25~45°	>45°
炼焦用煤	0.70	0.60	0.50
非炼焦用煤	0.80	0.70	0.60
褐煤	1.50	1.40	1.30

此外，在采煤工作中，考虑开采方法，煤层按厚度又可分为极薄煤层（0.3～0.5m）、薄煤层（0.5～1.3m）、中厚煤层（1.3～3.5m）、厚煤层（3.5～8.0m）和特厚煤层（>8.0m）。

3. 含煤岩系的类型

在不同的古地理环境中形成的含煤岩系，其特征往往是不同的。根据其形成时的沉积环境，可将含煤岩系大体上分为两大类型，即近海型和内陆型含煤岩系。

（1）近海型含煤岩系　近海型含煤岩系形成于近海地区，其沉积区一般为滨海平原、滨海三角洲平原、泻湖、海湾及浅海等，它们的地形较为平坦，距侵蚀区较远，受海水进退影响很大。随着地壳的升降运动，时而被海水淹没，成为浅海；时而又成为陆地，发育着大片沼泽。因此，煤系中既有海相沉积物，又有陆相沉积物。

近海型含煤岩系的特点如下：

1）煤系由陆相、过渡相及海相岩层组成，岩层中常含有动、植物化石。

2）煤系中沉积物的分选性和磨圆度较好，粒度通常较细，成分比较简单。

3）煤系分布面积较广，厚度较小，岩性、岩相比较稳定，标志层较多，煤岩层容易对比。

4）煤系中煤层层数较多，厚度不大，多为薄煤层或中厚煤层。煤层较稳定，厚度变化不大，煤层结构较简单，所含夹矸层数不多。煤层中常含有黄铁矿结核，含硫量较高。

5）煤系中旋迴结构很明显，即不同特征的岩性、岩相有规律地交替出现。

我国的晚古生代煤系一般为近海型含煤岩系，如华北石炭～二叠纪含煤岩系及华南晚二叠世含煤岩系等。

（2）内陆型含煤岩系　内陆型含煤岩系形成于大陆地区，其沉积区一般为内陆盆地、山间盆地等，它们的地形起伏较大，距侵蚀区较近。在煤系沉积过程中，没有发生过海水侵入，因此，煤系全部由陆相沉积物组成，看不到海相及过渡相沉积物。所以，内陆型含煤岩系又称为陆相含煤岩系。

内陆型含煤岩系的特点如下：

1）煤系由陆相岩层组成，岩层中常含有植物化石。

2）煤系中沉积物的分选性和磨圆度较差，粒度通常较粗，成分比较复杂。

3）煤系分布面积较小，厚度较大。

4）煤系中煤层层数较多，厚度较大，多为中厚煤层，有时为巨厚煤层。煤层不稳定，厚度变化较大，分叉尖灭现象相当普遍。煤层结构较复杂，夹矸层数较多。

5）煤系中旋迴结构不明显，岩性、岩相变化较大，煤岩层不易对比。

我国中生代煤系一般为内陆型含煤岩系，如华北大同、北京及辽宁北票等地的早中侏罗世含煤岩系等。

（二）煤田

1. 煤田的概念

煤田是指在同一地史发展过程中形成的含煤岩系，经后期改造所保留下来的、分布比较连续的广大地区。煤田的面积可由数十平方千米至数千平方千米，储量可由数千万吨至数百亿吨。煤田内由于后期构造而分割的一些单独部分，或面积和储量均较小的煤系分布区，称为煤产地（或煤矿区）。煤田或煤产地又可划分为若干井田。

只含有一个聚煤期的煤田称为单纪煤田（如辽宁抚顺煤田只有第三纪煤系），含有两个或两个以上聚煤期的煤田称为双纪煤田（如山西大同煤田含石炭～二叠纪煤系及侏罗纪煤系）或多纪煤田（如湖南涟邵煤田兼有早石炭世、晚二叠世和早侏罗世三个煤系）。按煤系的掩盖程度，可分为暴露式煤田和半暴露式煤田和掩盖式煤田。

2. 我国煤资源概述

煤是世界上一次能源中资源量最大的资源。煤炭资源的分布无论是在时间上，还是在空间上都是不均匀的。从时间上看，聚煤时间主要为石炭纪（24.3%）、二叠纪（31.7%）、侏罗纪（16.8%）、白垩纪（13.3%）和第三纪（13.5%）。根据世界能源会议公布的数字，上述五个聚煤期的资源量占世界煤炭资源总量的99.6%。从空间上看，世界煤炭资源在地理分布上也不均匀，其中，北半球占煤炭资源总量的92.2%，南半球仅占7.8%。在北半球，近80%的煤炭资源分布在北纬30°～70°地带中。全世界约有80个国家和地区拥有煤炭资源，我国是世界上煤炭资源最丰富的国家之一，其资源量仅次于俄罗斯和美国，位居世界第三。

根据全国第三次煤炭资源预测的研究成果，全国垂深2000m以浅煤资源总量为55697.49亿t。就成煤时代而言，侏罗纪的煤炭资源最多，其次为石炭～二叠纪。根据大地构造的特点，结合各地区的地质情况、地理位置，将我国分为六大聚煤区，即东北聚煤区、华北聚煤区、华南聚煤区、西北聚煤区、滇藏聚煤区和台湾聚煤区。按煤区排序，华北位居首位，其次是西北。我国煤资源在地理上分布广泛，除上海市外，其余省（市）、自治区均有分布，总体上是北方多、南方少，西部丰富、东部贫乏。各省（区）按煤炭资源量排名，新疆、内蒙古和山西是煤炭资源最丰富的三个省区，其次是陕西、贵州、宁夏、甘肃、河南、安徽、河北、云南、山东、四川、青海、黑龙江、辽宁等。

我国煤炭品质优良、品种齐全。

【工作任务实施】

观察煤岩组分、煤种，并掌握其鉴定特征。

1. 鉴定场地

在自然透光的煤岩鉴定实训室中，配备操作台和椅子，其中，一台操作台可供2～3人共同使用。

2. 实施组织方式

以操作台为单位分组，每组观察、鉴定一套标本，小组成员可就标本特征进行探讨和商议，并且共同完成一份标本鉴定表。鉴定表完成后，由指导教师负责检查并给出评价。

3. 鉴定用具

放大镜、煤岩标本、典型煤种标本等。

4. 鉴定用的常见煤岩标本

煤岩组分标本：镜煤、亮煤、暗煤和丝炭。

煤种标本：褐煤、长焰煤、气煤、肥煤、焦煤、瘦煤、贫煤、无烟煤。

5. 要求

仔细观察煤岩组分、各煤种标本，把观察到的数据记录下来，并总结各煤岩组分之间的特征和煤种之间的区别。

【工作任务考评】（见表2-6）

表2-6　工作任务考评表

考评项目	配分		考评内容
素质目标	20	6	遵章守纪情况
		7	认真听讲情况、积极主动情况
		7	团结协作情况、组内交流情况
知识目标	40	20	熟悉煤的组成和性质、煤的工业分类和综合利用途径等基本知识
		20	熟悉含煤岩系和我国煤田分布情况
技能目标	40	10	熟悉任务方案，工具使用正确
		15	操作程序正确、方法运用得当
		15	独立完成煤岩组分和煤种鉴定任务且正确

课题二　煤炭地质勘查

【工作任务描述与分析】

　　煤炭地质勘查的目的是寻找、查明煤炭资源，为合理地开发煤炭资源提供可靠的地质资料。本课题主要介绍煤炭地质勘查阶段及工作程度要求、煤炭地质勘查类型和矿井物理勘探技术手段等内容，通过本课题的实施，使学生了解地质勘查的相关知识。

【知识学习】

一、煤炭地质勘查阶段及工作程度要求

　　寻找和查明煤炭资源是逐步深入、循序渐进的，是一个由浅入深、由简单到复杂、由感性到理性、由定性的一般了解到定量的精确控制，并逐步掌握煤炭资源赋存规律的过程。实践证明，煤炭地质勘查工作只有分阶段进行，遵循由概略了解到详细研究的原则，才能够减少不必要的地质勘查工程量，提高地质勘查工作效率，按质按量完成各项任务。煤炭地质勘查可为煤炭建设远景规划、矿区总体发展规划、矿井（露天）初步设计提供地质资料。煤炭地质勘查报告是其最终成果，作为建井设计与施工的地质依据。

　　（一）煤炭地质勘查阶段划分

　　按照地质勘查的工作任务及其工作程度要求，煤炭地质勘查分为预查、普查、详查和勘探四个阶段。煤炭地质勘查工作应该按照四个阶段顺序进行，但也可以根据工作区的具体情况合并或跨越某个勘查阶段，还可以根据探矿权人即勘查投资者，如国家、煤矿企业、业主、建设单位、地质勘查单位等的要求对勘查阶段予以调整。

　　从矿井建设开始到开采结束所进行的一切勘查，称为矿井地质勘查。矿井地质勘查是煤炭地质勘查的延续与补充，它是为矿井建设与生产服务的。矿井地质勘查按其目的的不同，可分为矿井资源勘查、矿井补充勘查、生产勘查和矿井工程勘查四类。

（二）煤炭地质勘查的工作程度

煤炭地质勘查阶段不同，其工作任务与工作程度不同。

1. 预查阶段

预查的任务是寻找煤炭资源，预查要对勘查区的煤炭资源是否有进一步地质工作价值作出评价。预查发现工作区有进一步工作价值时，便进入普查阶段。预查工作程度的一般要求为：

1）初步确定工作地区地层层序，确定含煤地层时代。了解含煤地层分布的范围、煤层层数、煤层的一般厚度和埋藏深度；了解煤类和煤质的一般特征及其他有益矿产情况。

2）了解工作地区的地质构造形态。

3）估算煤炭预测资源量。

2. 普查阶段

普查的任务是对工作区煤炭资源的经济意义和开发建设可能性作出评价，为煤矿建设远景规划提供依据。普查工作程度的一般要求为：

1）确定勘查区的地层层序，详细划分含煤地层，研究其沉积环境特征和聚煤特征。

2）大致查明可采煤层层位、厚度和主要可采煤层的分布范围；大致确定可采煤层煤类和煤质特征；初步评价勘查区可采煤层的稳定程度。

3）大致查明勘查区的构造形态，初步评价勘查区构造复杂程度。

4）调查勘查区自然地理条件，第四纪地质和地貌特征；了解勘查区水文地质条件；调查环境地质现状；大致了解勘查区开发建设的工程地质条件和开采技术条件。

5）估算各可采煤层的推断和预测资源量。

3. 详查阶段

详查的任务是为矿区总体发展规划提供地质依据。需要划分井田和编制矿区总体发展规划的地区，应进行详查；不涉及井田划分的地区、面积不大的单个井田，以及不需要编制矿区总体发展规划的地区，应在普查的基础上直接进入勘查阶段。详查工作程度的一般要求为：

1）基本查明勘查区构造形态，控制勘查区的边界和勘查区内可能影响井田划分的构造，评价勘查区的构造复杂程度。

2）基本查明可采煤层层位、层数、厚度和可采范围，控制主要可采煤层露头位置；了解对破坏煤层连续性和影响煤层厚度的岩浆侵入、古河流冲刷、古隆起等，并大致查明其范围；评价可采煤层的稳定程度和可采性。

3）基本查明可采煤层的煤质特征和工艺性能，确定可采煤层煤类，评价煤炭的工业利用方向；初步确定主要可采煤层的风化带界线；评价可采煤层的煤质变化程度。

4）基本查明勘查区的水文地质条件；了解主要可采煤层顶、底板的地质特征，煤层瓦斯、地温等开采技术条件；对可能影响矿区开发建设的水文地质条件和其他开采技术条件作出评价；初步评价勘查区的环境地质条件。

5）对勘查区内可能有利用前景的地下水资源作出初步评价。

6）了解其他有益矿产的赋存情况，对其作出有无工业价值的初步评价。

7）估算各可采煤层的控制、推断和预测的资源储量，其中控制的资源储量分布应符合矿区总体发展规划的要求。

4. 勘探阶段

勘探的任务是为矿井建设可行性研究和初步设计提供地质资料。勘查范围以井田为单位，勘查重点地段是矿井的先期开采地段和初期采区。勘查成果要满足确定井筒、水平运输巷、总回风巷的位置，划分初期采区，确定开采工艺的需要；要保证井田边界和矿井设计能力不因地质情况而发生重大变化，保证不致因煤质资料影响煤的洗选加工和既定的工业用途。

根据拟建矿井的井型大小、机械化程度的高低及其他开采技术条件，勘查工作程度的一般要求分四种情况。

（1）拟建中型和中型以上机械化程度较高的矿井的工作程度要求

1）控制井田边界构造，其中与矿井先期开采地段有关的边界构造线的平面位置，应控制在 150m 以内。

2）查明先期开采地段内落差大于或等于 30m 的断层；查明初期采区内落差大于或等于 20m 的断层，对于地层倾角平缓、构造简单、地质条件好的初期采区，应查明落差在 10～15m 范围内的断层；对小构造的发育程度、分布范围及其对开采的影响作出评述。

3）控制先期开采地段范围内主要可采煤层的底板等高线。当煤层倾角小于 10°时，应控制初期采区内等高距为 10～20m 的煤层底板等高线。

4）查明可采煤层层位及厚度变化，控制先期开采地段内各可采煤层的可采范围（包括煤层因受岩浆侵入、古河流冲刷、古隆起、陷落柱等的影响，使煤层厚度和可采性发生的变化）。对于厚度变化较大的主要可采煤层，应控制煤层等厚线。

5）严密控制与先期开采地段或初期采区有关的主要可采煤层的露头位置，在掩盖区，隐蔽煤层露头线在勘查线上的平面位置应控制在 75m 以内。控制先期开采地段范围内主要可采煤层的风氧化带界线。

6）查明可采煤层的煤类、煤质特征及其在先期开采地段范围内的变化。着重研究与煤的开采、洗选、加工、运输等有关的煤质特征和工艺性能，并作出相应的评价。

7）查明井田水文地质条件，评价矿井充水因素，预算先期开采地段涌水量；预测开采过程中发生突水的可能性及地段；评述开采后水文地质、工程地质和环境地质条件的可能变化；评价利用矿井水的可能性及途径。

8）详细研究先期开采地段和初期采区范围内主要可采煤层顶、底板的工程地质特征，煤层瓦斯、煤的自燃趋势等开采技术条件，并作出相应的评价。

9）详细调查老窑、小煤矿和生产矿井的分布和开采情况，划出采空范围。

10）估算各可采煤层的探明、控制和推断的资源储量。在先期开采地段范围内，探明和控制的比例应符合表 2-7 的要求。在初期采区范围内，主要可采煤层一般应全部为探明的。

表 2-7 勘查阶段先期开采地段资源储量比例表

地质及开采条件	简单			中等			复杂	
井型	大型	中型	小型	大型	中型	小型	中型	小型
先期开采地段探明的和控制的资源储量占本地段资源储量总和的比例（%）	≥80	≥70	≥50	≥70	≥60	≥40	不作具体规定	
先期开采地段探明的资源储量占本地段资源储量总和的比例（%）	≥60	≥40	≥20	≥50	≥30	不作具体规定	不要求	

在煤炭地质勘查中要注意：

1）由于煤炭地质勘查的特殊情况，虽然规范中明确了各勘查阶段的资源储量比例要求，但其比例原则上由勘查投资者确定。当投资者无明确要求时，可参照各级资源储量比例要求来确定。

2）普查阶段推断的资源储量一般应占总资源储量的30%~40%，可以理解为在普查区范围内，有1/3左右的资源应达到普查程度的要求。勘探阶段提高了先期开采地段探明的比例，取消了对全井田比例的要求。

3）在含煤岩系中，与煤共生或伴生的还有多种其他有益矿产，如油页岩、菱铁矿、赤铁矿、黄铁矿等。在煤炭地质勘查的各个阶段，均应按照以煤为主、综合勘查、综合评价的原则，认真做好其他有益矿产的地质勘查和评价。

（2）拟建中型以上机械化程度较高的露天矿的工作程度要求

对于拟建中型以上机械化程度较高的露天矿，其勘查工作程度除应参照拟建中型和中型以上机械化程度较高的矿井的工作程度要求外，根据露天开采的特点，还应符合下列要求：

1）复煤层按分煤层基本对比清楚。

2）严格控制先期开采地段煤层露头的顶、底界面及煤层露头被剥蚀后的形态。露天开采的最下一个煤层的露头，其底板深度的误差应控制在5m以内。

3）查明先期开采地段内落差大于10m的断层；控制褶曲产状，褶曲轴部的高程应控制在10m以内。查明作为露天边界的断层，以及露天煤矿边界以外可能影响露天边坡稳定性的断层。

4）查明各煤层的夹矸层数、厚度、岩性，对不能分层剥离的夹矸和在开采时可能混入煤中的顶、底板岩石，均应了解其灰分、硫分、发热量、真密度及视密度等质量特征。

5）了解剥离岩层中赋存的其他有益矿产。对具有工业价值的其他矿产，应提出必要的地质资料。

6）查明露天开采的最下一个可采煤层顶板以上各含水层，以及煤层底板以下的直接充水含水层的分布、厚度及水文地质特征；计算露天开采第一水平的正常涌水量和最大涌水量；评价露天疏干的难易程度。

7）初步查明露天边坡各岩层的岩性、厚度、物理力学性质和水理性质；详细了解软弱夹层的层位、厚度、分布及其物理力学特征，评价影响边坡稳定性的主要地质因素；初步查明露天剥离物的岩性、厚度、分布及其物理力学性质。

8）先期开采地段探明的和控制的资源储量比例，应比矿井开采的要求提高10%。

（3）拟建小型矿井的工作程度要求 根据矿井建设的实际需要，参照拟建中型和中型以上机械化程度较高的矿井的工作程度要求，加以简化和调整，确定出勘查的工作程度。

（4）生产矿井改扩建的工作程度要求 为了扩大现有生产矿井的井田范围，对于超出原已批准的地质报告范围的部分，其工作程度应视扩大区所处的井田部位，依据矿井改扩建设计对扩大（延深）范围的要求，由探矿权人与地质勘查单位商定。

二、煤炭地质勘查类型

为了合理布置勘查工程，选择勘查手段，确定勘查程度，预算勘查成本，经济地查明地质情况和开采技术条件，获得煤炭储量，为煤矿设计和生产建设提供必需的地质资料，在进行地质勘查前，必须首先确定地质勘查类型。影响勘查类型划分的因素主要有地质构造复杂程度和煤层稳定程度。

（一）构造类型

井田（勘查区）构造类型的划分，是根据构造复杂程度和岩浆岩的发育情况确定的。构造复杂程度的分类，取决于断层和褶曲的发育情况，以及岩浆岩侵入对煤层的破坏程度。

1. 简单构造

含煤地层沿走向、倾向的产状变化不大，断层稀少，没有或很少受岩浆岩的影响，如图 2-5 所示。简单构造主要包括：

1）产状接近水平，很少有缓波状起伏。
2）缓倾斜至倾斜的简单单斜、向斜或背斜。
3）为数不多和方向单一的宽缓褶皱。

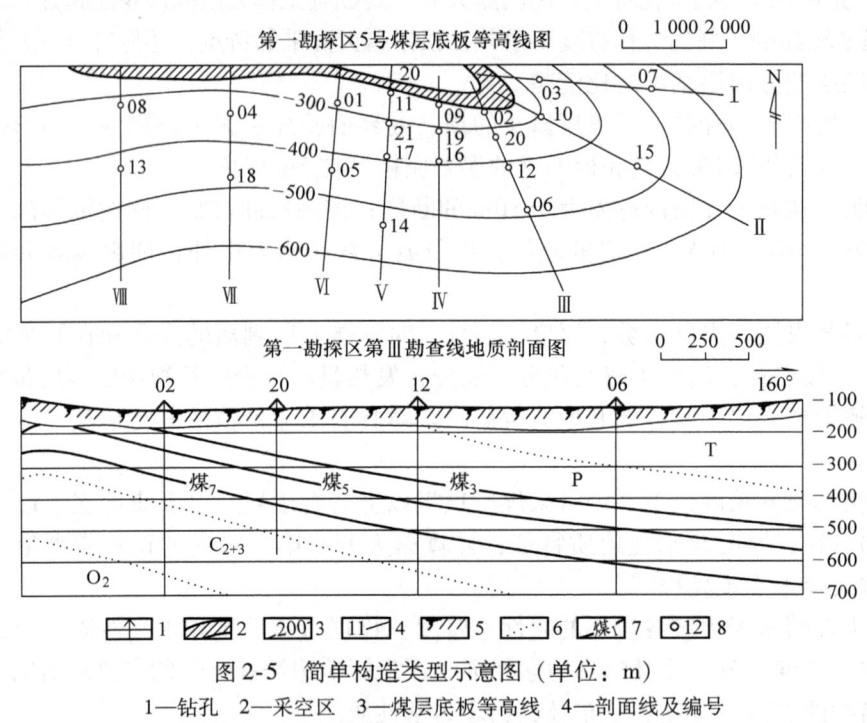

图 2-5　简单构造类型示意图（单位：m）
1—钻孔　2—采空区　3—煤层底板等高线　4—剖面线及编号
5—冲积层　6—地质界线　7—煤层　8—钻孔及编号

2. 中等构造

含煤地层沿走向、倾向的产状有一定变化，断层较发育，局部有时受岩浆岩的一定影响，如图 2-6 所示。中等构造主要包括：

1）产状平缓，沿走向和倾向均发育的宽缓褶皱，或伴有一定数量的断层。
2）简单的单斜、向斜或背斜，伴有较多断层；或局部有小规模的褶曲及倒转。
3）急倾斜或倒转的单斜、向斜和背斜；或形态简单的褶皱，伴有稀少断层。

3. 复杂构造

含煤地层沿走向、倾向的产状变化很大，断层发育，有时受岩浆岩的严重影响，如图 2-7 所示。复杂构造主要包括：

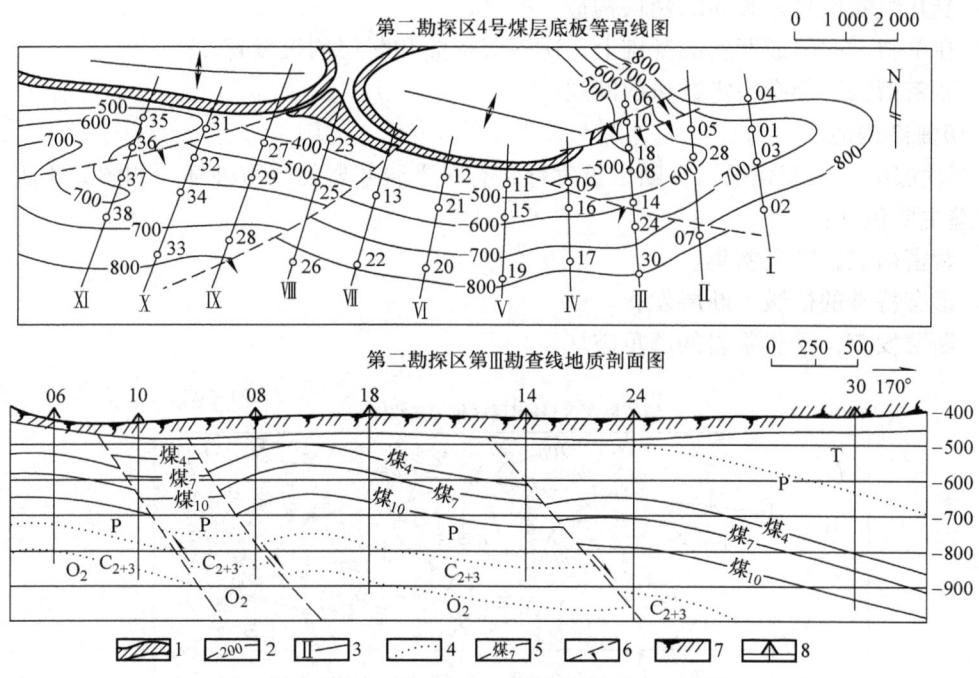

图 2-6 中等构造类型示意图（单位：m）

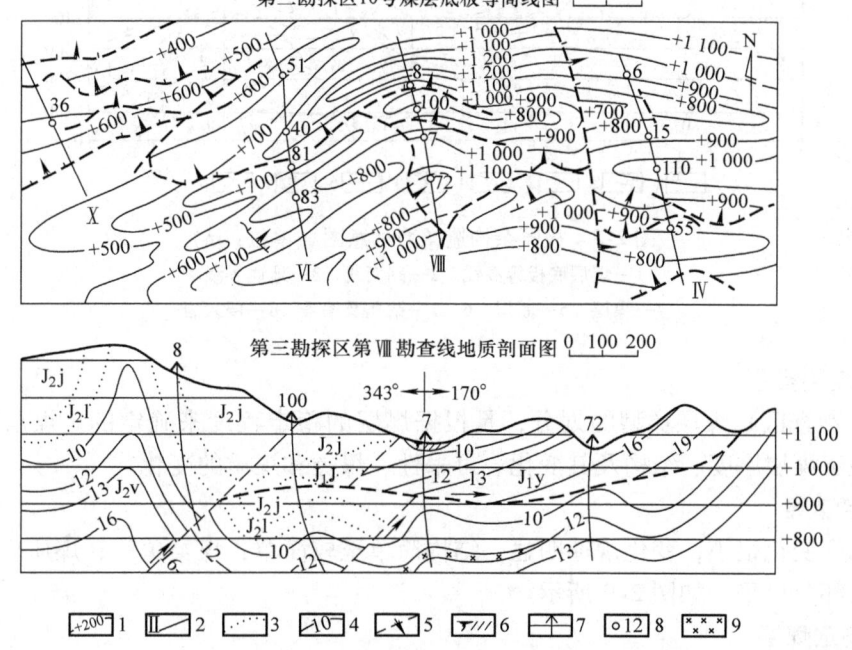

图 2-7 复杂构造类型示意图（单位：m）

1—煤层底板等高线 2—剖面线 3—地质界线 4—煤层
5—断层 6—冲积层 7、8—钻孔及孔号 9—侵入岩

1）受几组断层严重破坏的断块构造。
2）在单斜、向斜或背斜的基础上，次一级褶曲和断层均很发育。
3）紧密褶皱，伴有一定数量的断层。

4. 极复杂构造

含煤地层的产状变化极大，断层极发育，有时受岩浆岩的严重破坏，如图2-8所示。极复杂构造主要包括：

1）紧密褶皱，断层密集。
2）形态特殊的褶皱，断层发育。
3）断层发育，受岩浆岩的严重破坏。

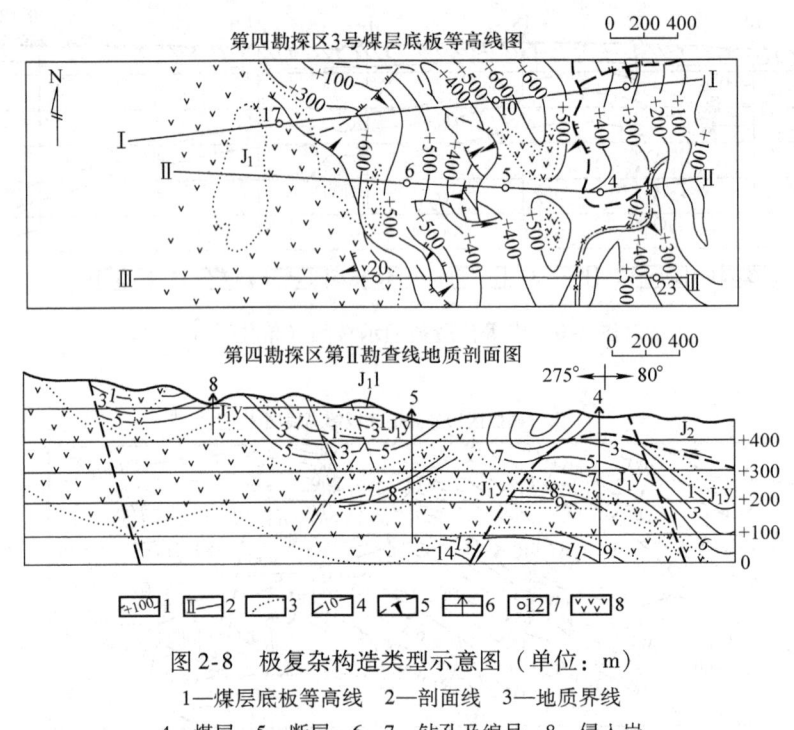

图 2-8　极复杂构造类型示意图（单位：m）
1—煤层底板等高线　2—剖面线　3—地质界线
4—煤层　5—断层　6、7—钻孔及编号　8—侵入岩

（二）煤层类型

井田（勘查区）煤层类型的划分，是根据煤层的稳定程度来确定的。煤层稳定程度的分类，取决于煤层厚度、结构及其变化、可采性、煤类和煤质的变化。

1. 稳定煤层

煤层厚度变化很小，变化规律明显，结构简单至较简单；煤类单一，煤质变化很小；全区可采或大部分可采，如图2-9所示。

2. 较稳定煤层

煤层厚度有一定变化，但规律性较明显，结构简单至复杂；有两个煤类，煤质变化中等；全区可采或大部分可采，可采范围内的厚度及煤质变化不大，如图2-10所示。

3. 不稳定煤层

煤层厚度变化较大，无明显规律，结构复杂至极复杂；有三个或三个以上煤类，煤质变

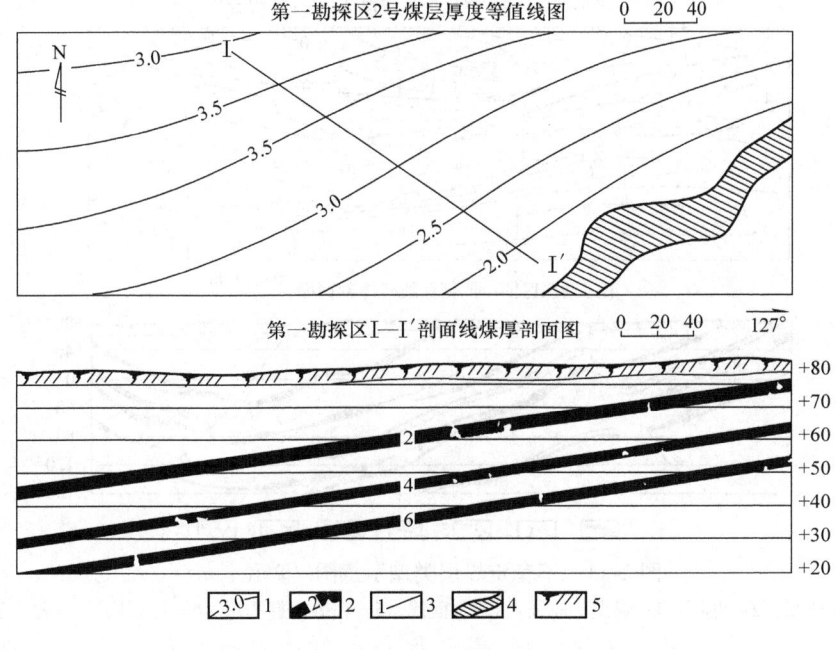

图 2-9 稳定煤层类型示意图（单位：m）

1—煤层等厚线 2—煤层 3—剖面线及其编号 4—采空区 5—冲积层

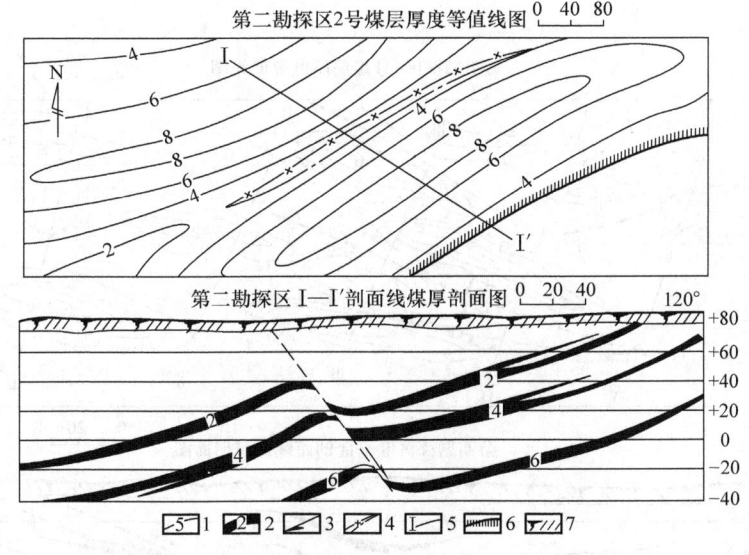

图 2-10 较稳定煤层类型示意图（单位：m）

1—煤层等厚度 2—煤层 3、4—断层 5—剖面线 6—煤层露头线 7—冲积层

化大，如图 2-11 所示。不稳定煤层包括：

1）煤层厚度变化很大，且有突然增厚、变薄现象，全部可采或大部分可采。

2）煤层呈串珠状、藕节状，一般不连续，局部可采，可采边界不规则。

3）难以进行分层对比，但可进行层组对比的复煤层。

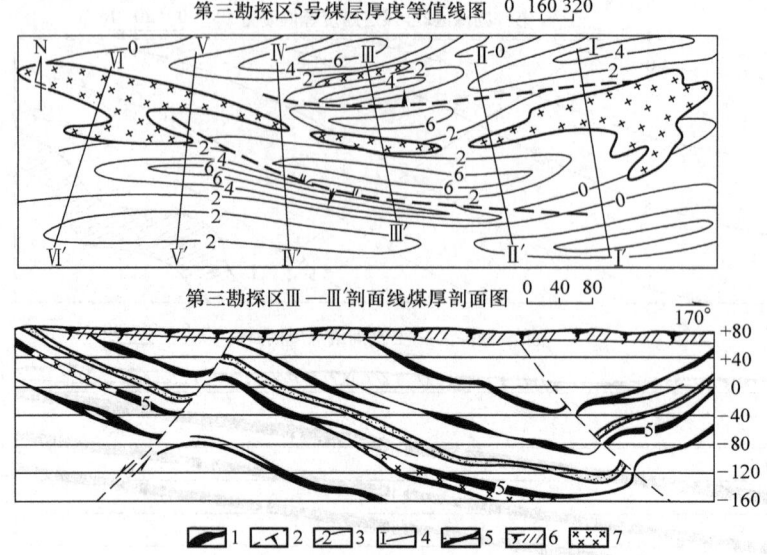

图 2-11 不稳定煤层类型示意图（单位：m）

1—煤层　2—断层　3—煤层等厚线　4—剖面线　5—粗砂岩标志层　6—冲积层　7—侵入岩

4. 极不稳定煤层

煤层厚度变化极大，呈透镜状、鸡窝状，一般不连续，很难找出规律，可采块段分布零星；或无法进行煤分层对比，且层组对比也有困难；煤质变化很大，且无明显规律，如图 2-12 所示。

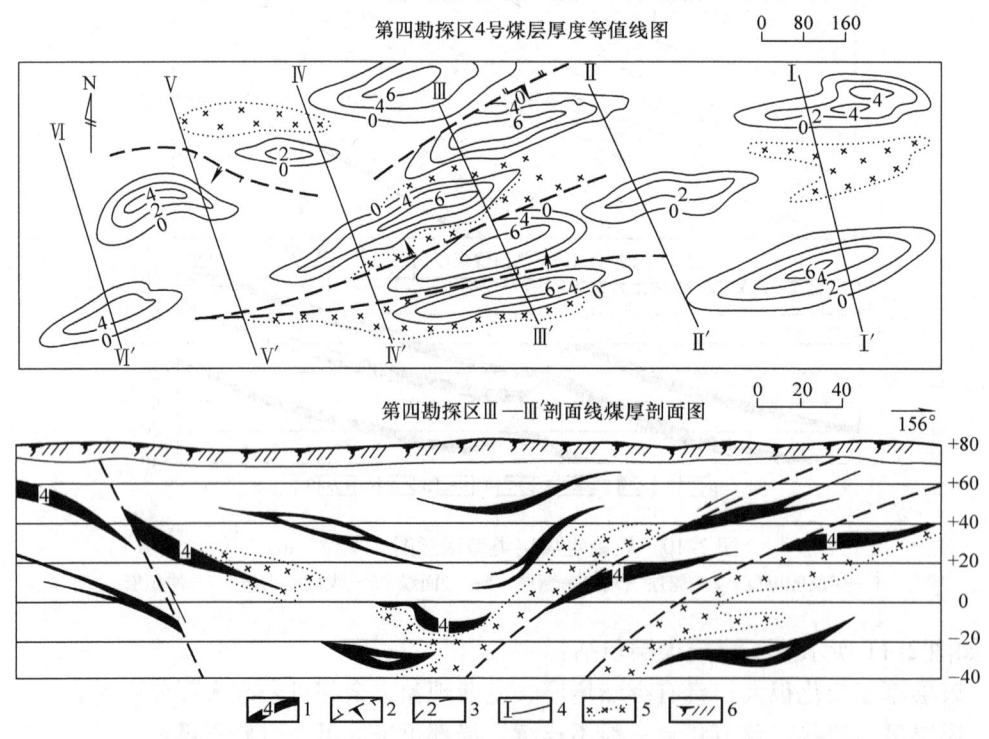

图 2-12 极不稳定煤层类型示意图（单位：m）

1—煤层　2—断层　3—煤层等厚线　4—剖面线　5—侵入体　6—冲积层

三、煤炭地质勘查技术手段

在煤炭资源勘查中，采用的勘查技术手段主要有地质填图、遥感地质调查、坑探工程、钻探工程和地球物理勘探等。为了保证优质、高效、全面、经济地完成各阶段勘查任务，必须正确、合理地选用各种勘查技术手段。

（一）地质填图

地质填图又称地质测量，是地质工作的基本技术手段。它是运用地质学的理论和方法进行野外地质调查研究，收集各种地质资料，填绘地形地质图、地质剖面图等图件和地质报告的综合性地质工作。其中，最主要的一项是填绘地形地质图。地质填图对划分地层、建立完整的地层剖面，以及研究地质构造和煤层分布等都有重要意义。

在基岩裸露或半掩盖地区，各个勘查阶段均须首先做好相应比例尺的地质填图工件。近年来，煤炭地质勘查部门已运用航空摄影方法，在基岩暴露地区进行地质填图，加速了地质填图的进程，并提高了其准确程度。

（二）遥感地质调查

遥感是指借助各种探测仪器设备，远距离探查、测量或侦察地球上、大气中及其他星球上的目标物。这种不与目标物直接接触而获取有关目标信息的技术方法称遥感。遥感的基本原理主要是利用各种物体反射或发射电磁波的性能，由飞机、卫星、宇宙飞船等航空、航天运载工具上的传感器，从遥远距离接收或探测目标物的电磁波信息。这种方法由于受地面障碍限制小、覆盖面积大、获取信息速度快、而被广泛应用于自然资源调查、环境动态检测、气象及军事等领域。

遥感技术根据电磁波来源，分为主动遥感和被动遥感。主动遥感又称有源遥感，是采用人工电磁辐射源，向目标物发射一定能量的电磁波（微波或激光），再由传感器接收和记录从目标物反射回来的电磁波，通过分析反射波的特征来识别目标物，其特点是可昼夜工作，如普通雷达、激光雷达。被动遥感又称无源遥感，是由传感器接收和记录从远距离目标物所反射的太阳辐射电磁波及物体自身发射的电磁波（主要是红外辐射），如多光谱遥感、摄影遥感等。

遥感技术的出现，为地质、水文等勘查工作提供了新的手段，为找矿、找油、找水、找天然气和调查地热资源等创造了宏观研究的有利条件。遥感技术在资源地质调查过程中的具体应用，就是对含有丰富图像信息和数字信息的航空相片或卫星相片进行判读，是进行地质填图、地质构造解释、找矿标志判别及动态分析的有效技术手段。

（三）坑探工程

坑探工程又称山地工程。在地质填图过程中，当工作区被较薄的表土层覆盖时，为了查明表土层下的煤系、煤层、煤质及地质构造，利用人工方法揭露这些地质现象的工程称为坑探工程。坑探工程主要包括剥土、探槽、探井、探巷，以及老煤窑清理和生产小煤窑的调查等，如图2-13所示。其中，剥土和探槽常用于配合地质填图，揭露被不厚的浮土所掩盖的地质现象；探井和探巷等主要在地形条件复杂、钻探施工困难的山区，或构造复杂、煤层不稳定以及其他勘查手段效果很差的地区，用来获得有关煤层、煤质、构造、水文地质和开采技术条件等方面的资料。

1. 剥土

剥土即简单地扒去地表的浮土，用于浮土厚度只有几厘米至几十厘米的情况，没有规格要求。

2. 探槽

在表土较薄（一般为 3~5m）、岩层倾角较陡或较平缓，但地形切割比较强烈、表土稳定坚实且含水不多的地段，垂直岩层走向或构造线方向挖掘一条槽沟，称为探槽。对槽沟所揭露的地质现象进行直接测量和描述，据此绘制出剖面图及其他图件。探槽是坑探工程中使用最普遍的技术手段之一，它常配合地质填图使用。

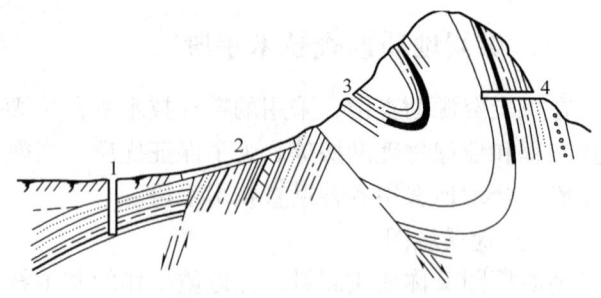

图 2-13 各种坑探工程示意图
1—探井　2—探槽　3、4—探巷

3. 探井

探井是一种从地表垂直向下挖掘的勘查工程。利用探井可以揭露部分含煤岩系（图 2-14），了解煤层厚度和结构，追溯煤层露头，采取煤样及揭露断层等。

探井通常用于岩层产状较平缓（小于 25°）、表土厚度为 3~5m 的情况。当岩层倾角较陡、表土较厚时，可配合石门揭露煤系和煤层，如图 2-15 所示。布置探井时，应尽量选择地势较高、浮土岩性稳定和较薄处，以防止坍塌或地表水淹井事故。

4. 探巷

有时为了揭露煤系，了解煤层厚度和结构，确定煤层风氧化带的深度，并在风氧化带下采集煤样，需要直接从地面挖掘井硐，称为探巷（硐）。探巷根据需要可垂直或平行煤层走向掘进，可为斜井（图 2-16）、平硐（图 2-17）和石门。

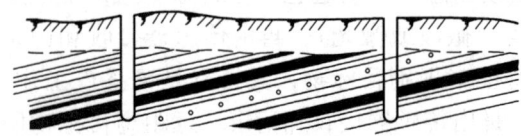

图 2-14 利用探井揭露部分含煤岩系

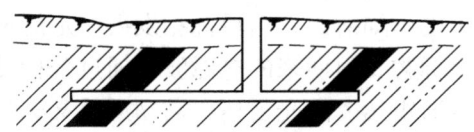

图 2-15 探井配合石门揭露煤系和煤层

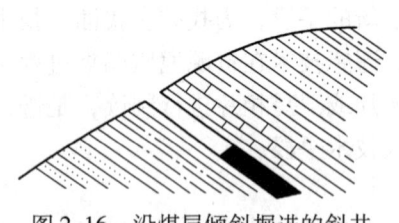

图 2-16 沿煤层倾斜掘进的斜井

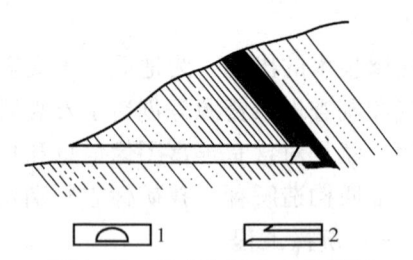

图 2-17 垂直岩层走向的平硐

5. 生产小窑和老窑的清理与调查

从地质勘查的角度来讲，当前正在开采的小煤矿（小窑）和以往开采过的废弃矿井（老窑）都可以被视为已挖掘的探巷。通过对老窑及小窑的井下调查，可以了解煤层厚度、结构、煤质、地质构造、煤层顶底板、瓦斯和水文地质特点等，所取得的资料要比钻探资料更加准确和全面。另外，经过调查可掌握老煤窑的分布、开采深度、采空区范围及其积水情况等，对于储量估算和矿井的设计、生产有重要作用。

（四）钻探工程

钻探工程是利用机械碎岩方式向地下岩层钻进的一种地质勘查方法。通过机械回转钻进或冲击钻进，向地下钻出直径小而深度大的圆孔，即钻孔，并从孔内取得岩、煤芯及其他地质资料。钻探工程是当前煤炭资源勘查中使用得较普遍的技术手段。

钻探工程由地表往地下钻进的一系列钻孔，其在地表呈网络布置，称为勘查网，由若干钻孔连成的线称为勘查线。这就实现对地质构造及煤层等赋存规律及变化由点到线再到面的控制，如图2-18所示。

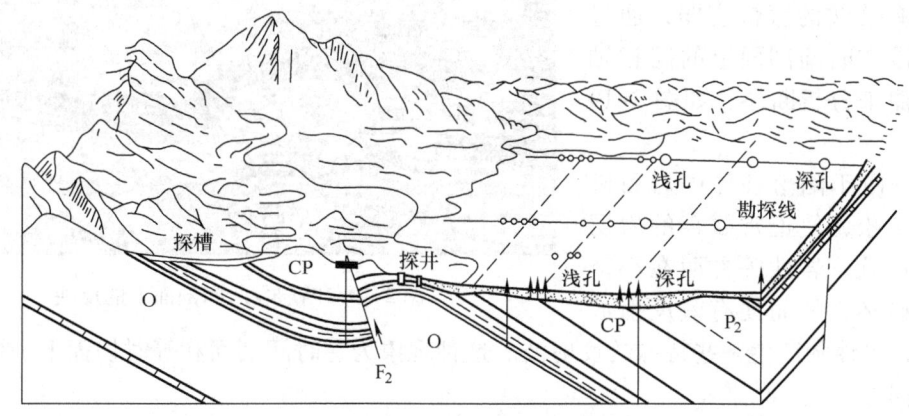

图2-18 勘查网布置示意图

用从钻孔中取出的岩芯编绘钻孔柱状图，用勘查线上的若干钻孔柱状绘制勘查线剖面图，然后据此编制煤层底板等高线图等其他地质图件，以了解和掌握煤层在地下的赋存状态。

钻探工程适用于任何地区，尤其是在表土覆盖很厚的地区，是探测深部岩层、煤层的主要手段。钻探工程不仅在煤炭勘查的各个阶段都有使用，在矿井建设和生产时期也常使用。

（五）地球物理勘探

地球物理勘探简称物探。它是根据不同地质体（岩层、煤层）所具有的物理特征（密度、磁性、电性、弹性和放射性）不同，利用各种仪器来寻找勘探煤矿床和了解其构造的一种手段。

物探是当前煤炭资源勘查及矿井生产采用的先进手段之一。由于传统地质工作技术的局限性，因此难以查出对生产具有潜在威胁的隐伏小型地质构造和煤厚变化等。实践证明，矿井物探技术用于煤矿生产的超前地质工作不但是必需的，而且是可行的。

矿井常用的物探方法有三维地震勘探法、坑道无线电波透视法、槽波地震勘探法、地质雷达法和瑞利波探测法等。以下重点介绍其中三种煤矿常用的物探方法。

1. 三维地震勘探

三维地震勘探技术是将地震测网按一定规律布置成方格状或环状的地震勘探方法，其应用目的是使地下目标的图像更加清晰，位置预测得更加可靠。三维地震勘探技术是从二维地震勘探技术的基础上逐步发展起来的，是地球物理勘探中最重要的方法。随着煤矿高产高效的需要，对精细地质勘探的要求越来越高。三维地震勘探以其数据量大、纵横向分辨率高、有利于对复杂构造和小构造的揭示，而成为煤田地质勘探中一种技术含量高、成本较低的新方法。

三维地震勘探技术的物理基础是地震波在介质中的传播理论，即用人工的方法（如爆炸冲击）引起地壳的振动产生地震波，地震波由震源出发向各个方向传播，在岩性不同的分界面上产生反射和折射，然后返回地面引起地面的振动。通过地面上的检波器与地震仪，即可记录地壳的振动，得到地震记录（时间剖面），根据记录中出现的有效波的振幅、相位、形状、时间等特点，进而测定出目的层的深度和倾角、岩石成分等，达到勘探的目的。

由于介质中构造界面的存在，三维地震勘探的有效波被折射或屏蔽，使得有效波的振幅变弱，通过分析有效波在时间剖面上的同相轴的错断扭曲来分析断层，如图 2-19 所示。

另外，由于陷落柱体内岩石破碎、结构疏松，使正常赋存的岩层连续性、产状、岩性等方面在小范围内受到破坏，从而使有效反射波产生突变，且伴随产生一些特殊的反射波。这种现象为在时间剖面和等时切面上识别陷落柱提供了依据。

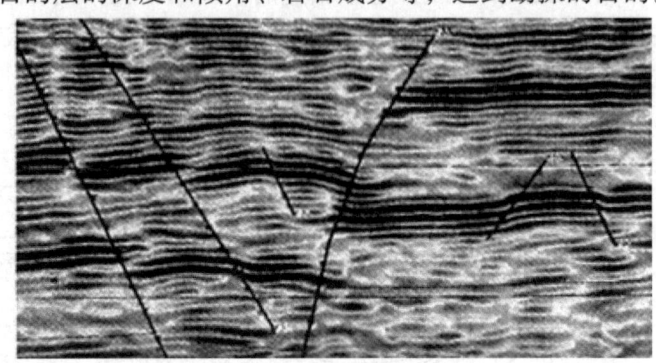

图 2-19　断层在时间剖面上的反映

2. 坑道无线电波透视法

坑道无线电波透视法简称坑透法，它是煤矿生产中使用较早的矿井物探方法，也是众多矿井物探方法中应用较为广泛、效果较好的一种。

坑道无线电波透视法是一种地下电磁波法。这种方法是将高频发射机置于坑道中，由它发射的高频电磁波在地下岩层中传播时，由于各种煤和岩层的电性（电阻率 ρ、介电常数 ε 等）不同，因此它们对电磁波能量的吸收作用有一定差异，电阻率低的物质对电磁波能量的吸收作用大；相反，则吸收作用小。另外，断层界面、岩石断裂面能够对电磁波产生折射、反射和散射等作用，也会造成电磁能量的损耗；导水断裂带还能强烈吸收电磁波。根据上述物理前提，用一个固定频率的电磁波发射器向被探测地质体发射无线电波，在该地质体的另一端接收透过被测地质体的电磁波信号，就能凭借该信号能量的衰减情况，推断出地质异常体是否存在。因此，如果在发射机与接收机之间电磁波穿越煤层的途中，存在与煤层电性不同的地质体，如陷落柱、断层或其他地质构造，电磁波能量就会被其吸收或完全屏蔽，信号将显著减弱甚至接收不到，形成透视异常（或称"阴影区"）。通过变换发射机与接收机的位置，测得同一异常的"阴影区"，这些"阴影区"交会的地方，就是地质异常体的位置如图 2-20 所示。

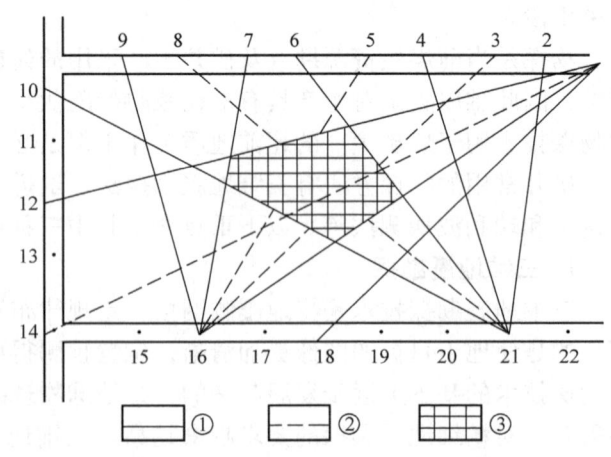

图 2-20　坑道无线电波透视法示意图

研究煤层、各种岩石及地质构造对电磁波传播的影响所造成的各种异常，进行地质推断解释，这就是坑道无线电波透视法的基本原理。

多年来的实践证明，应用坑道无线电波透视法能够圈定正常区和异常区，能够发现和探明引起电性发生变化的多种地质构造，尤其是高、中电阻率煤层中的地质异常体。具体包括：较准确圈定工作面中陷落柱的位置、形状和大小；圈定工作面中断层的分布范围及尖灭点的位置；探测工作面内煤层厚度的变化范围及某些岩浆岩体等。其中，探测陷落柱的准确率达90%以上，断层和煤层变薄带的探测准确率达80%以上。目前，许多煤矿企业已明文规定，综采、机采工作面必须有无线电波透视资料才能批准生产，说明坑道无线电波透视法已成为煤矿生产管理中必不可少的技术手段。

【案例1】

陷落柱是由煤系底部灰岩溶洞发育，上部岩层失稳塌陷而形成的。其内电阻率比正常煤层低得多，而且陷落柱附近常有裂隙和小断层伴生，因而其对电磁场能量具有很强的吸收作用。当电磁波传播通过陷落柱时，由于受到强烈的吸收作用，实测场强曲线及衰减曲线将呈现明显的漏斗形或"U"字形，接近陷落柱边界处，η值开始减小，至陷落柱中心减至最小。据实测，陷落柱内$\eta<0.1$（-20dB），在煤层与陷落柱交界面上，η曲线有一个拐点。在$\ln Hr - r$曲线（H为场强，Hr为r位置处的实际场强上），陷落柱的特点是：接近陷落柱时，曲线开始变陡；进入陷落柱时，曲线近于直立；离开陷落柱后，随着距离r的增加，$\ln Hr - r$曲线又上升。

山西西山矿区西铭矿井4201工作面在探测陷落柱时，该工作面的通信运输系统尚未正式形成，只有切眼、4203回风巷及总回风巷可供利用。在总回风巷20点发射，沿切眼9点至4203回风巷40点接收（图2-21a），获得的综合曲线如图2-21b所示；在切眼的12点发射，沿4203回风巷40点至切眼6点接收，获得的透视综合曲线如图2-21c所示。根据这两条曲线，确定出该工作面存在一个陷落柱（图2-21a）。

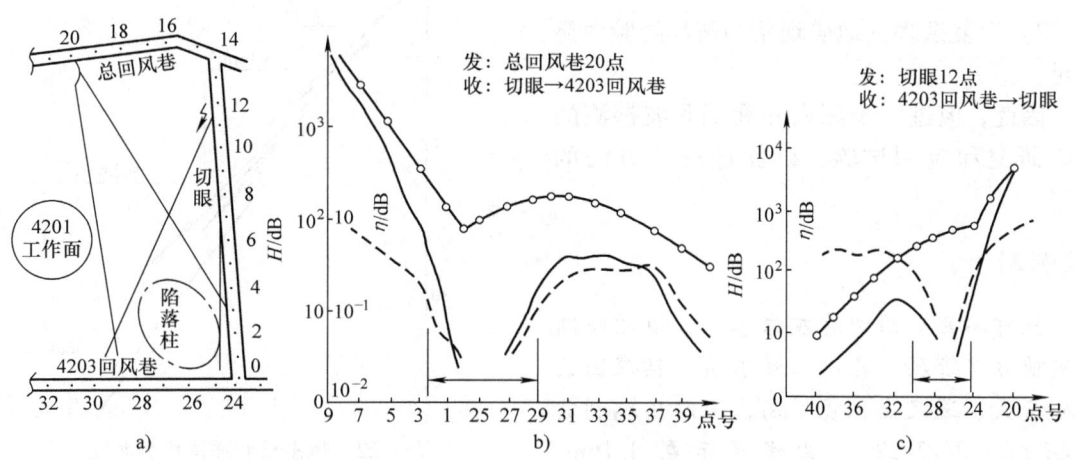

图2-21　西铭矿井4201工作面陷落柱探测

a）测点布置及探测结果　b）总回风巷20点发射时的综合曲线　c）切眼12点发射时的综合曲线

经切眼和4203回风巷三个钻孔的核实，证实了陷落柱的存在，及时采取了有效的生产补救措施。该矿的602工作面原准备上综采机组，为探明工作面内有无陷落柱，地测部门准备采用钻探，这一探测方案不仅投资大、时间长，而且不能保证探测准确性。后来利用无线电波透视法，两天就查明了西部是无陷落柱正常区，东部存在陷落柱。这一结论被生产部门所采用，既节约了钻探费用（10万元），又确保了综采机组提前三个月下井，获得了很大的经济效益。

3. 瑞利波探测法

瑞利波探测法是地震勘探的一个分支，它是20世纪80年代发展起来的一种新的浅层勘探手段。其实质是根据不同振动频率的瑞利波沿深度方向衰减的差异，通过测量各频率成分（反映不同深度）瑞利波的传播速度，探测不同深度煤、岩层及其中的断层、空洞、老窑、喀斯特洞穴等地质异常体。它的物理基础是随着煤层、煤层的顶底板岩层及其他地质异常体的密度和弹性模量等物理参数的不同，将导致瑞利波传播速度的差异，特别是喀斯特、断裂和空洞等，因其不具备瑞利波传播条件，瑞利波在传播到这些位置时会突然消失，从而可以比较容易地识别这些地质异常体。

瑞利波探测技术的优点在于：

1）它是一种从地面至地下几十米范围内，或煤矿井下从探测面往前几十米的浅层弹性波无损探测方法，既可用于分层探测，又可用于构造探测。

2）施工面积小，移动方便，适合在煤矿井下（包括独头巷道）探测使用。

3）既可进行垂直方向的探测，又可进行水平方向的探测（如工作面前方的超前探测）。

4）抗干扰能力强。

5）探测精度较高，误差一般在5%以内。

其不足之处是：

1）对瑞利波探测技术的理论研究尚不够深入。

2）对复杂多变地质现象的解释经验尚显不足。

因此，应进一步深入开展瑞利波探测的理论研究和应用试验，以促进这种方法的发展。

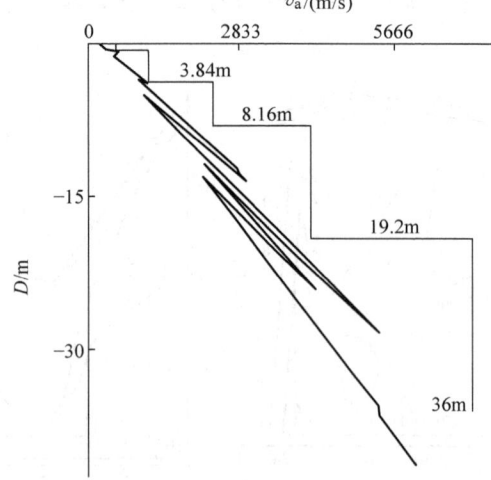

图2-22 瞬态瑞利波法探测曲线

【案例2】

焦作冯营矿西副巷灰岩巷道，地质推断掘进前方有断层，具体位置不清。钻探因岩层硬度大、进尺慢、费用高，而改用瑞利波法探测（图2-22）。曲线显示在8.16m、19.2m和36m处有构造存在。掘进结果证明，8m和20m处为松散破碎带，36m处是一条断层。

【工作任务考评】（见表2-8）

表2-8　工作任务考评表

考评项目	配分		考评内容
素质目标	20	10	遵章守纪情况
		10	认真听讲情况、积极主动情况
知识目标	40	20	熟悉地质勘查类型、技术手段等基本知识
		20	熟悉地质勘查阶段和工作要求
技能目标	40	40	能够理解案例并能正确阐述个人观点

【习题】

一、填空题

1. 成煤的四个必要条件是_____、_____、_____和_____。
2. 伴随植物界的飞跃，出现了地史上重要的聚煤期，即_____聚煤期、_____聚煤期及_____聚煤期。
3. 成煤作用大致可分为两个阶段，即_____和_____。
4. 腐植煤宏观煤岩组分包括_____、_____、_____和_____。
5. 宏观煤岩类型划分为_____、_____、_____及_____四种。
6. 《煤、泥炭地质勘查规范》将资源地质勘探划分为_____、_____、_____和_____四个阶段。
7. 影响煤矿勘查难易程度和划分勘查类型的因素很多，其中最主要的是地质因素。地质因素体现在两个方面，一是煤矿床的_____，二是_____。
8. 井田（勘查区）构造类型划分为_____、_____、_____和_____。

二、单选题

1. _____为腐植煤宏观煤岩组分中颜色最深黑、光泽最强的成分。
   A. 镜煤　　　　　　B. 丝炭　　　　　　C. 亮煤
2. 按摩氏硬度计，煤的硬度介于1～4之间，_____的硬度最大，接近于4。
   A. 气煤　　　　　　B. 焦煤　　　　　　C. 无烟煤
3. _____是煤中有机质的主要成分，也是煤燃烧过程中产生热量的重要元素。
   A. 氧　　　　　　　B. 碳　　　　　　　C. 氢
4. 煤层按厚度可分为不同的级别，井田开采时，厚度_____为厚煤层。
   A. =1.3～3.5m　　　B. =3.5～8.0m　　　C. >8.0m
5. 我国是世界上煤炭资源最丰富的国家之一，其资源量位居世界_____。
   A. 第一　　　　　　B. 第二　　　　　　C. 第三
6. 预查发现工作区有进一步工作价值时，便进入_____阶段。
   A. 勘查　　　　　　B. 详查　　　　　　C. 普查
7. 详查的任务是为_____提供地质依据。
   A. 煤矿建设远景规划　　B. 矿区总体发展规划

  C. 矿井建设可行性研究和初步设计

  8. 地质填图中最主要的一项是填绘_____。

  A. 地层综合柱状图 B. 地质剖面图 C. 地形地质图

三、是非题

  1. 成煤的四个必要条件缺一不可，其中，地壳运动条件是主导因素，起控制作用。（ ）

  2. 褐煤转变为烟煤、无烟煤，这一过程为煤的变质作用，所以煤属于变质岩。（ ）

  3. 一般煤的发热量从褐煤到焦煤，随变质程度的增高而增大；从焦煤到无烟煤，则随变质程度的增高而略有减少。（ ）

  4. 每层煤都具有伪顶、直接顶和基本顶。（ ）

  5. 探槽的布置应尽可能与岩层走向或构造线走向一致。（ ）

  6. 钻探工程适用于任何地区，尤其是表土覆盖很厚的地区。（ ）

  7. 物探是当前煤炭资源勘查中必须采用的先进技术之一。（ ）

四、简答题

  1. 宏观煤岩组分的肉眼鉴定特征是什么？

  2. 宏观煤岩类型的肉眼鉴定特征是什么？

  3. 煤层顶、底板的构成及特征是怎样的？

  4. 煤炭资源勘查中采用的主要技术手段有哪些？

  5. 井田（勘查区）构造类型划分构造的复杂程度取决于哪些方面？

  6. 什么叫坑探工程？坑探工程包括哪些工程？

第三单元

影响矿井生产的地质因素

【单元学习目标】

本单元由褶皱和断裂构造、煤层厚度变化的处理、岩浆侵入体及岩溶陷落柱四个课题组成。查明影响煤矿生产的各种地质因素，是矿井地质工作的一项重要任务。对矿井褶皱、断裂构造和煤层厚度变化的研判与处理，对大多数矿井具有普遍意义；岩浆侵入体和岩溶陷落柱等因素，对某些矿井来说也是非常重要的。通过本单元的学习，学生能够运用所学知识对褶皱、断裂构造、煤层厚度变化、岩浆侵入体和岩溶陷落柱等进行初步研判，并在此基础上提出处理方法。正确地判断和处理这些地质问题，是保证煤矿安全生产、煤炭资源合理开发与利用，以及提高煤矿企业经济效益的关键。

课题一　褶皱和断裂构造

【工作任务描述与分析】

褶皱构造使煤、岩层的产状和形态发生了变化，断裂构造则破坏了煤层的延续性和完整性，这些地质构造的存在给采掘生产带来了很大影响。通过本课题的实施，学生可以了解褶皱、断裂构造对煤矿生产的影响，熟悉各种构造的研判特征；在此基础上，初步学会运用各种地质构造的处理方法，为煤矿安全生产和高产高效"保驾护航"。

【知识学习】

一、地质构造对煤矿生产的影响

（一）褶皱构造对煤矿生产的影响

1. 大型褶曲

大型褶曲在勘探阶段已查明，它的规模、方向和位置影响到井田的划分和矿井开拓方式及开拓系统的部署，是矿井设计要考虑的主要问题。

2. 中型褶曲

中型褶曲对整个矿井的开拓部署影响不大，但与采区的布置关系密切，它影响到采区的大小和采区巷道的布置。

3. 小型褶曲

小型褶曲一般是在采准巷道中揭露的幅度和长度为几米到几十米的褶曲。它影响煤层平巷的掘进方向,从而影响工作面长度,给机械化开采、顶板管理带来了一定困难。

小型褶曲往往还会引起煤层厚度的变化,使生产条件复杂化。小型褶曲特别发育时,甚至会使煤层变为不可采。

如图3-1所示,某矿在背斜轴和向斜轴之间设计了一个斜长85m的工作面,并按设计开掘了运输石门、溜煤眼等工程。但后来发现,向斜轴部有几个次一级小褶曲而无法开采,只好缩短工作面,重开溜煤眼和溜子道。

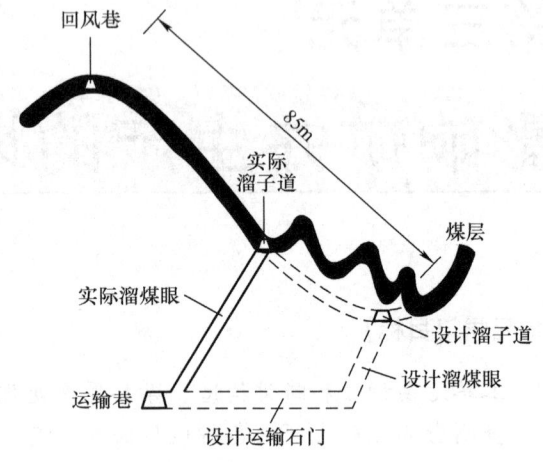

图3-1 小型褶曲影响生产示意图

(二)节理对煤矿生产的影响

1. 影响炮眼爆破效果

当岩石中节理发育时,炮眼方向如与主要节理组平行,则不仅易卡钎子,而且爆破时易沿裂隙面漏气,致使爆破效果大大降低。

2. 影响回采效率

当工作面推进方向与煤层中一组主要裂隙的倾向一致时,可提高回采效率。

3. 影响顶板控制方法

煤层顶板岩石裂隙发育时,工作面顶板支护一般不能用顶柱,而要采用顶梁,并且顶梁不能平行于主要裂隙组方向,应与主要裂隙组有一定交角,以防止顶板沿裂隙面冒落,如图3-2所示。

当煤层倾角小、顶板裂隙发育时,放顶距离要小,且回柱放顶方向应根据顶板主要裂隙组方向确定,以保证回柱放顶工作的安全性。

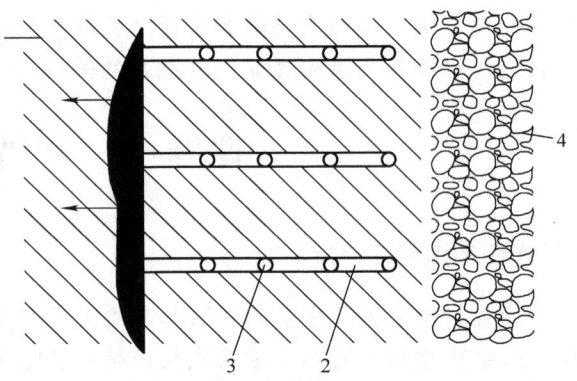

图3-2 顶梁不能平行于主裂隙组方向
1—主裂隙 2—顶梁 3—支柱 4—采空区垮落岩石

4. 影响工作面布置

当煤层顶板节理发育时,回采工作面布置要考虑节理的方向,以利于顶板支护。如果工作面平行于主要裂隙组方向,则容易发生冒顶事故。因此,工作面布置最好与主要节理组方向有一定交角或接近垂直。

5. 其他方面的影响

节理发育的地段是地下水和矿井瓦斯的良好通道。如果工作面采前要进行瓦斯抽放,一般应使回采准备巷道与主要节理组方向成一定角度。为了保证回采的安全性,应在采前查明节理的发育程度及其与水源的导通情况。

（三）断层构造对煤矿生产的影响

断层破坏了煤层的连续性和完整性，对煤矿生产有很大的影响。断层规模不同，对煤矿生产的影响也不同。

1. 影响井田划分

大型断层对井田划分影响较大。大型断层位于井田中央，将井田一分为二，造成井田开拓布置复杂化。

2. 影响井田开拓方式

若井田内存在大型断层，则煤层必然被截割成若干不连续的块段，断层附近煤层倾角加大，井田内煤层产状变化复杂，使开拓方式的选择受到了限制。

3. 影响采区和工作面布置

井田内中、小型断层的存在，会给回采、运输、顶板管理和正规作业循环等造成困难，使煤矿生产的水平划分、采区划分和工作面布置受到不同程度的影响。

4. 影响安全生产

由于断层带岩石破碎，岩石强度降低，容易聚集瓦斯，导通地下水和地表水，引发矿井突水、瓦斯突出和坍塌冒顶事故。

5. 增加煤炭损失量

断层越多，断层两侧留设的煤柱造成的损失量就越大。

6. 增加巷道掘进量

在掘进巷道过程中遇到断层，可能引起生产设计方案的调整和增加寻找断失煤层的工作，导致巷道掘进量增加，甚至造成废巷。

7. 影响煤矿综合经济效益

煤层内断层的破坏程度与煤矿劳动生产率，以及吨煤成本、千吨掘进率、煤炭损失率和机械化开采水平等有着密切的关系，并直接影响着煤矿企业的综合经济效益。

二、褶曲构造的研判与处理

（一）褶曲构造的识别

矿井中褶曲构造存在的识别，主要是根据煤岩层产状的规则变化和岩层层序的对称出现两大标志。

当构造简单、煤岩层对比标志比较明显时，若在石门掘进中，岩层对称重复出现，则岩层相向倾斜为向斜，相背倾斜为背斜，如图3-3所示。

掘进煤层平巷时，如果出现煤层走向的急剧变化而导致巷道转弯，则表明有褶曲存在，如图3-4所示。

当地质构造复杂时，矿井中的褶曲形态较为复杂，褶曲构造的识别主要依据岩层层序及其新老关系。要特别注意层位的对比及煤岩层顶板、底板的鉴定，不要把倒转褶曲和等斜褶曲误认为单斜构造，如图3-5所示。

（二）褶曲构造观测分析的内容与方法

1. 褶曲构造观测分析的内容

（1）褶曲形态的确定　依据煤岩层产状、煤岩层层序及煤岩层新老关系，查明褶曲的存在，确定褶曲的形态。

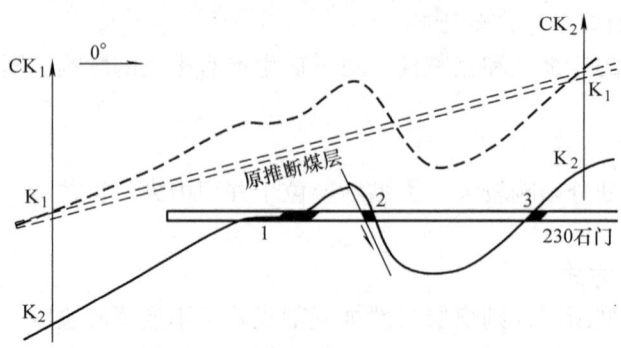

图 3-3 石门掘进中确定褶皱的存在

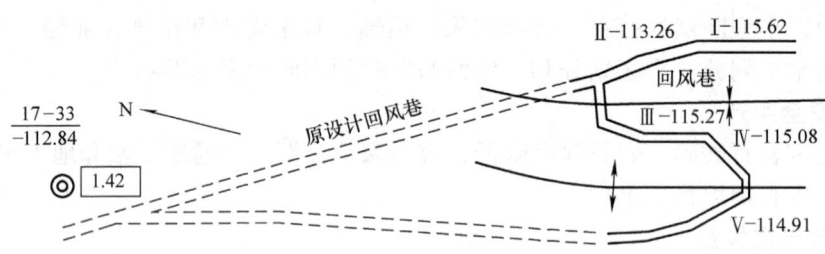

图 3-4 煤层平巷掘进中确定褶曲存在示意图

（2）确定褶曲轴的位置及产状 对于在巷道中能看到全貌的小褶曲，应系统观测褶曲的位置、煤岩层的产状和褶曲轴的延伸方向。对于中型褶曲，在巷道中不能观测到全貌，应注意观测分析观测点处的煤层、岩层层位及其顶底面的顺序、岩层产状、煤层厚度的变化及其伴生的次一级小构造，如层面擦痕和小褶皱。

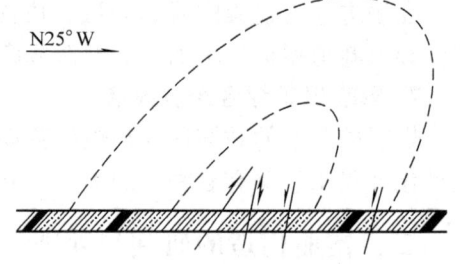

图 3-5 根据巷道中岩层层序确定等斜褶曲

1）层面擦痕。层面擦痕是岩层受力发生弯曲变形时，上、下岩层沿层面进行剪切滑动而在层面上留下的摩擦痕迹。在褶曲枢纽水平的部位，层面擦痕的方向与枢纽近于垂直；在枢纽倾伏的部位，层面擦痕，方向与枢纽斜交。

2）层间小褶皱。又称拖拉褶皱，为不对称的小褶皱，多发育在两层坚硬岩层之间的软弱岩层中。层间小褶皱是在主褶曲形成过程中，由相邻岩层中的上部岩层向上滑动，下部岩层相对向下滑动所产生的力偶作用形成的。这种褶曲主要发育在主褶曲的翼部；轴线与主褶曲轴平行，轴面与岩层面斜交，所夹锐角尖端指向相邻岩层相对滑动的方向，如图3-6和图3-7所示。据此可判定主褶曲翼部岩层产状的正常或倒转，确定主要褶曲的形态特征。

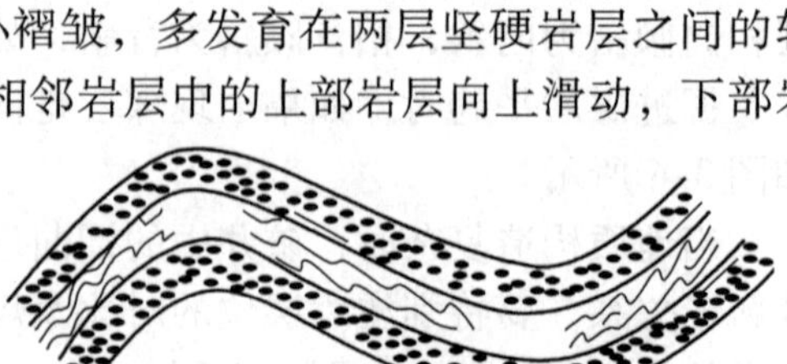

图 3-6 层间小褶皱

2. 褶曲构造观测分析的方法

褶曲构造观测分析的目的是查明褶曲的存在，确定褶曲轴的位置和方向。根据井下观测分析的内容，可采用以下方法：

（1）巷道中实测与作图外推相结合　对于构造简单的矿井，可以实测并描述褶曲两翼岩层的产状、褶曲宽度和幅度，以及延展变化和向深部的延伸趋势。也可以根据巷道中所见岩层产状和层间距，用作图法确定褶曲轴的位置。对于下部拟开采的煤层，可以根据上部已揭露的地层资料，用下延法确定褶曲轴的位置。

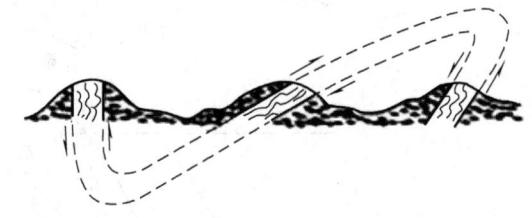

图 3-7　利用层间小褶皱确定主褶曲的形态特征

关于褶曲轴方向的确定，若是小型褶曲，当石门巷道两壁都有褶曲轴部出露时，在两壁褶曲轴相同高程的位置拉测绳，用罗盘测量其方向，即为褶曲轴的方向。若是中型褶曲，则在水平切面图上，将同一褶曲不同巷道揭露的褶曲轴位置连接起来，即可确定褶曲轴的方向。对于构造复杂的矿井，将所观测收集到的资料投绘到平面图和剖面图上，结合邻近钻孔和已采区的数据进行综合分析，推断褶曲形态，确定褶曲轴的位置和延展方向。

（2）根据区域构造线方向推断　在新区资料较少的情况下，可以根据个别点上褶曲轴的数据，结合区域构造线方向，来推断褶曲轴的延伸方向。

（三）褶曲构造的探测

对褶曲构造的观测分析，有时可根据已有资料，通过作图分析，判断褶曲轴的位置、方向和展布，但这常带有推断性。这种推断，对于一些构造形态不是很清楚的部位，往往不能作为指导生产的依据，因此，有必要进一步探测。褶曲构造的探测，通常采用钻探和巷探等手段来查明褶曲轴的位置、方向和褶曲两翼煤层、岩层的产状变化，以决定工作面的巷道布置。

1. 钻探

当石门揭露的褶曲资料不足以控制褶曲的基本形态，而生产上又要求准确控制煤层褶曲轴的位置和高程时，可在石门中的相应位置施工钻孔进行控制。

2. 巷探

巷探布置的总原则是既要探明地质变化，又要考虑探巷后期的利用。一般是能用煤巷探查的不用岩巷，能用副巷探查的不布置专门的巷探，并采用副巷先行，主巷滞后的送巷方法。

（四）生产上对褶曲构造的处理

通过对褶曲的观测分析和探测，可基本查明它的位置、方向及产状变化。在此基础上，可对褶曲采取一定的措施进行处理。当然，不同规模的褶曲，其处理方法也不相同。

1. 大型褶曲

（1）大型褶曲轴线作为井田边界　有些大型向斜，由于其轴部埋藏较深，开采困难，多作为井田边界，其两翼分别由两个或几个井田开采。而有些大型宽缓背斜，两翼煤层距离较远，井下难以形成统一的生产系统，也可以褶曲轴为界，两翼分别由两个井田开采。

（2）大型褶曲在井田开拓部署中的处理方法　不是所有的大型褶曲轴都必须作为井田边界，有的井田内也可以有大型褶曲存在。若在井田内有大型背斜构造，则开拓系统中常把总回风巷道布置在背斜轴附近，以便开采两翼煤层均可利用，如图 3-8 所示。

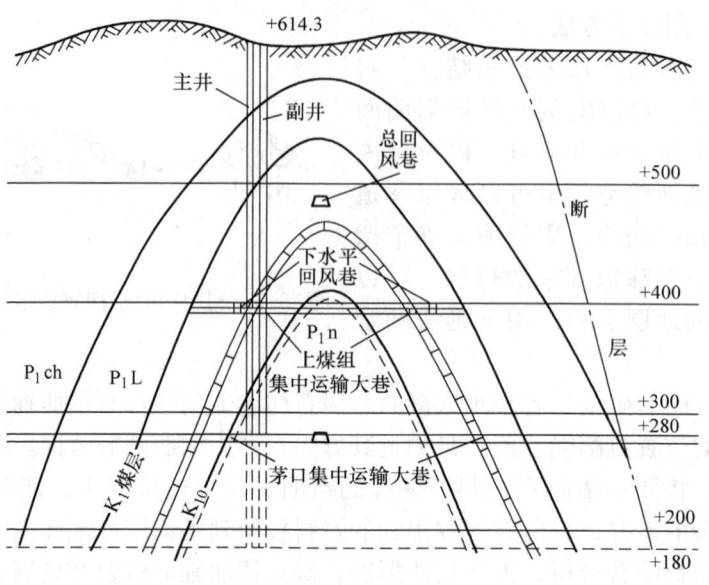

图 3-8 总回风巷道布置在背斜轴附近（单位：m）

有些位于向斜构造处的矿井，常把运输巷道布置在向斜轴部附近，用一条运输巷道解决向斜两翼的运输问题。如果利用立井或斜井开拓，则井筒位置最好不要布置在向斜轴附近，因为这种井筒须留设较大的保护井筒的煤柱，会损失煤炭资源。大型向斜轴部煤层顶板的压力常有增大现象，必须加强支护，否则极易发生垮塌事故。在高瓦斯矿井中，若岩层透气性差，则背斜轴部常是瓦斯突出危险区，应给予足够的重视。

2. 中型褶曲

（1）以褶曲轴线作为采区中心　　对于开阔平缓的褶曲，以褶曲轴作为采区中心布置采区上山或下山，向两翼布置回采工作面，采区走向长可达1000m以上，如图3-9所示。

（2）以褶曲轴作为采区边界　　在紧闭褶曲轴部，次一级构造较发育，常以褶曲轴作为采区边界，如图3-10所示。

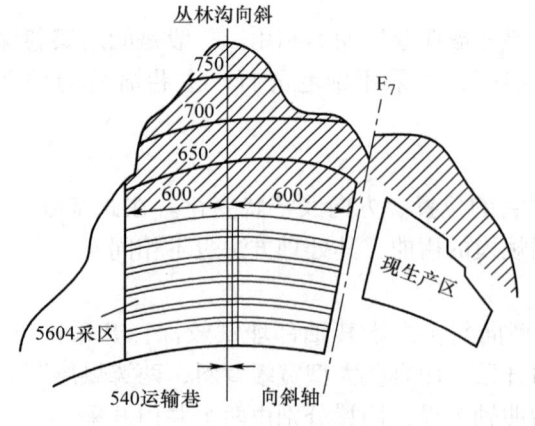

图 3-9　以中型向斜轴作为
采区中心（单位：m）

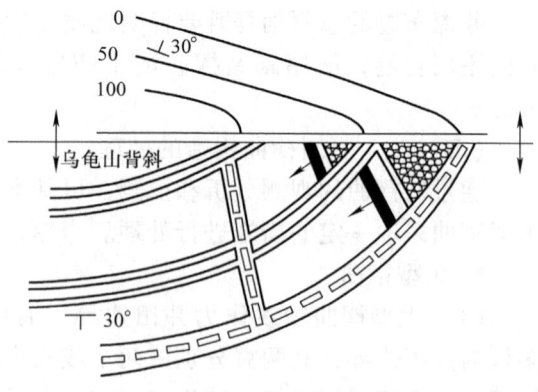

图 3-10　以中型较紧闭褶曲轴作为
采区边界（单位：m）

(3) 工作面直接推过褶曲轴　当褶曲较宽缓，且规模不太大时，可布置单翼采区，工作面直接推过褶曲轴部。

3. 小型褶曲

(1) 采面重开切眼　在小型褶曲发育地区，常见到煤层突然增厚或变薄，甚至不可采，使工作面无法通过，此时需要重开切眼进行生产。

(2) 采面运输巷改造取直　运输巷一般要求在60m内不能有较大的弯曲，弯曲过多则无法使用。由于小褶曲的存在，可使煤层平巷发生弯曲。为满足生产需要，巷道需要改造取直。通常采用下段风巷超前上段溜子道掘进，待风巷摸清地质构造后，再掘溜子道，做到溜子道一次掘成，避免浪费。

此外，小型褶曲会使工作面的长度变化不一，影响机械化采煤。

三、断层构造的研判与处理

（一）断层存在的一般识别标志

1. 地层的重复与缺失

煤岩层出现重复和缺失是断层存在的标志之一。断层造成的地层重复与褶皱造成的地层重复不同，断层造成的是单向重复，褶皱则是对称重复。断层造成的地层缺失与地层不整合所造成的缺失也不相同，断层造成的缺失仅局限于断层面的两侧，地层不整合造成的缺失则具有区域性特点。

2. 地质体或地质界线的不连续

在野外和煤矿井下，经常会遇到煤岩层突然中断或错开的现象，造成不同岩层接触在一起，形成了岩层在其延伸方向上的不连续，这种地质现象往往都是由断层造成的。因此，它是断层存在的一种标志。

3. 断层面（断层破碎带）的构造特征

(1) 断层擦痕　断层面两侧的岩块发生相对位移时，由于相互摩擦而在断层面上留下一种细密、平行排列的条纹，其中一端粗而深，另一端细而浅，称为擦痕，如图3-11所示。用手抚摸时有光滑感，沿相反方向抚摸时有粗糙感，具光滑感的方向与对盘岩块相对移动的方向一致。因此，擦痕不仅是判断断层存在的标志，还能用来判断对盘岩块相对移动的方向。

图3-11　断层擦痕

有些断层，由于强烈的摩擦滑动，会形成一种光滑如镜的磨光面，称为镜面，它也是断层存在的标志之一。

(2) 阶步　阶步是断层滑动面上与擦痕直交的微细陡坎。阶步有正阶步与反阶步之分，正阶步的陡坎一般面向对盘的运动方向；反阶步则相反。一般观察到的阶步大多是正阶步。

(3) 断层角砾岩和断层泥　断层两盘的岩块发生相对移动时，由于岩石受到强大的挤压作用而破碎成大小不等的带棱角的岩石碎块，这些岩石碎块经过后期的充填、胶结后，形成了新的岩石，称为断层角砾岩，如图3-12所示。如果这些破碎的岩石被研磨得很细，碎屑颗粒直径小于0.02mm，则叫做断层泥。不论是断层角砾岩还是断层泥，它们都是岩层错动时形成的产物，也是判别断层存在的很好标志。

（4）派生构造　由于断层两盘错动时的摩擦作用，断层面两侧的岩层会由于拖动而出现弯曲，称为牵引褶曲，如图3-13所示。

4. 褶曲核部宽窄变化特征

褶曲被横断层或斜断层切割时，不仅表现出岩层的不连续和褶曲轴线的不连续，而且会使褶曲中同一岩层核部的宽度发生突然变化。如断层切割背斜时，上升盘核部变宽，下降盘核部变窄；而断层切割向斜时，上升盘核部变窄，下降盘核部变宽，如图3-14所示。平移断层切割褶曲时，两盘的宽度不变，但各地层界线都会平行错开。

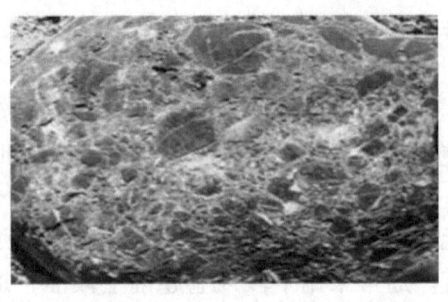

图3-12　断层角砾岩

图3-13　断层面两侧的牵引褶曲及其指示两滑动方向

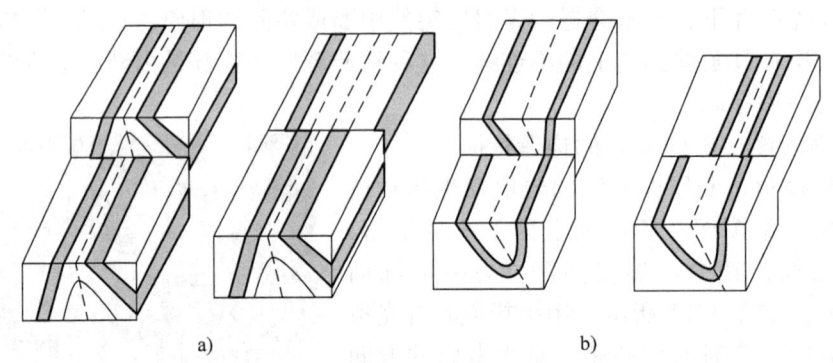

图3-14　断层造成的褶曲构造的核部宽度发生变化
a）断层切割背斜　b）断层切割向斜

（二）井下断层构造的识别标志

在煤矿井下，断层构造可依据以下地质现象来识别。

1）沿煤层掘进的巷道迎头，突然遇到半煤岩或岩层，甚至串层，煤岩层出现不连续，则说明有断层存在。

2）掘进巷道中，煤层产状发生剧烈变化，常是断层出现的先兆，如图3-15所示。它是由于断层两盘相对错动，使断层附近的岩层受牵引变形而成的，因此说明有断层存在。

3）煤层顶、底板出现不平行现象，也常是断层出现的先兆，如图3-16所示。它是由于煤层较松软，受断层影响，发生局部变形的结果，则说明有断层存在。

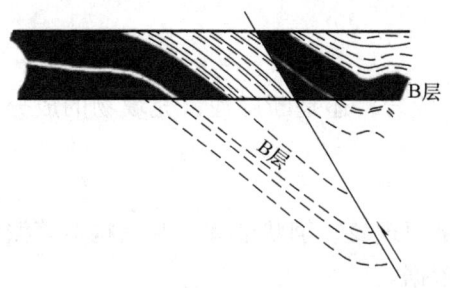 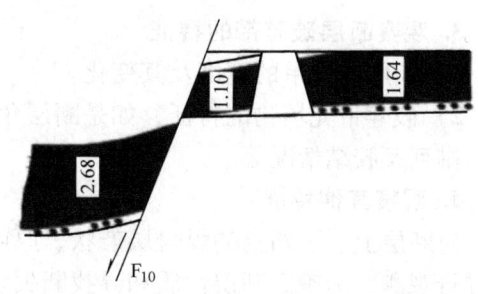

图 3-15 近断层处煤层产状变陡　　　　图 3-16 顶、底板不平行，煤厚变化

4）临近断层时，煤层因受挤压、牵引而厚度急剧增大或变薄。煤层结构发生变化，滑面增多，出现揉皱和破碎现象，或变成鳞片状碎煤，并出现强烈的小褶皱，如图 3-17 所示，则说明有断层存在。

5）大断层附近常伴生一系列小断层，如图 3-18 所示，这些小断层是判断大断层的重要标志。

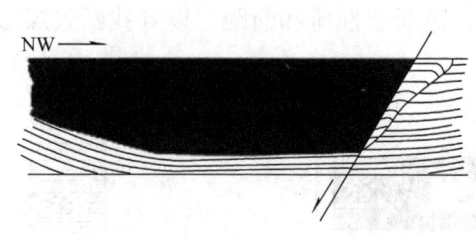 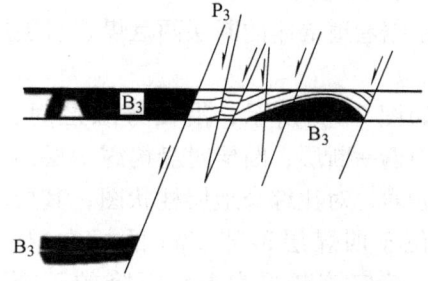

图 3-17 遇断层前出现揉皱和滑面　　　　图 3-18 大断层附近的伴生的一系列小断层

6）当煤层及其顶、底板中的裂隙显著增加，并有一定规律时，说明可能有断层存在。

7）高瓦斯矿井，巷道瓦斯涌出量有明显变化地段，掘进前方可能有断层存在，如图 3-19 所示。

8）充水性强的矿井，当巷道接近断层时，常出现滴水、淋水以至涌水的现象。

（三）断层构造的观测与分析

1. 确定断层位置

根据断层存在的标志，确定断层的存在和其位置。

2. 观察断层面特征

1）断层面的产状（即走向、倾向和倾角）。断层面可以是舒缓、粗糙不平的，也可以是舒缓波状的。

2）断层面擦痕、阶步特征。

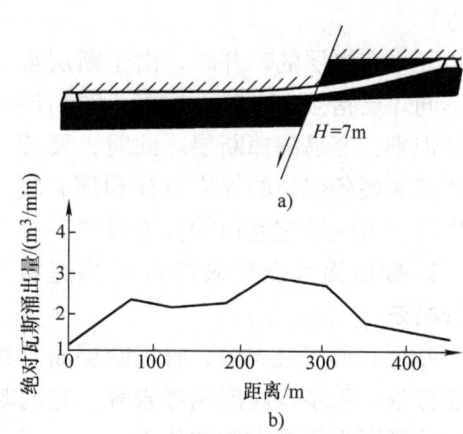

图 3-19 遇断层时瓦斯涌出量增大示意图
a）煤层剖面图　b）瓦斯涌出量与断层距离关系图

3. 观察断层破碎带的特征

1）断层破碎带的宽度及其变化。

2）破碎带充填物的特征，如是断层角砾岩、糜棱岩，还是断层泥；充填物的成分、大小、排列及胶结情况等。

4. 观察其他特征

对断层上、下两盘的煤岩层产状、厚度变化、牵引现象、羽状节理、帚状构造等派生构造进行观测，为确定断层性质和寻找断失煤层提供依据。

（四）寻找断失煤层的方法

在掘进过程中遇到落差较大的断层时，常不能看到另一盘的煤层，由此需要寻找断失煤层。这一工作一般由煤矿地质技术人员完成，但作为采掘、安全等技术人员，也应该对其有所了解。

断失煤层的位置取决于断层的性质与断距，因此，正确确定断层性质和断距是决定巷道掘进方向的重要前提。寻找断失煤层的方法一般有层位对比法、断层面（断层破碎带）构造特征分析法、规律类推法、作图分析法和生产勘探法等。

1. 层位对比法

根据巷道揭露的断层两盘煤、岩层层位，分析判断断层性质和断距，以寻找断失煤层的位置。

如图 3-20 所示，沿四号煤层时，煤巷中遇一断层，断层对盘揭露一层白色细砂岩，对比综合地层柱状图，其层位为位于四煤层顶部 12m 的标志层。因此，确定该断层为上盘下降的正断层，落差为 12.9m，断失煤层在巷道下方。

开采多煤层的矿井时，由于断层常把不同煤层错接在一起，掘煤巷时断层不易识别，容易漏掉断层。此时，要特别注意掌握各煤层的煤岩特征和顶、底板岩性，准确鉴定巷道的掘进层位。

2. 断层面（断层破碎带）构造特征分析法

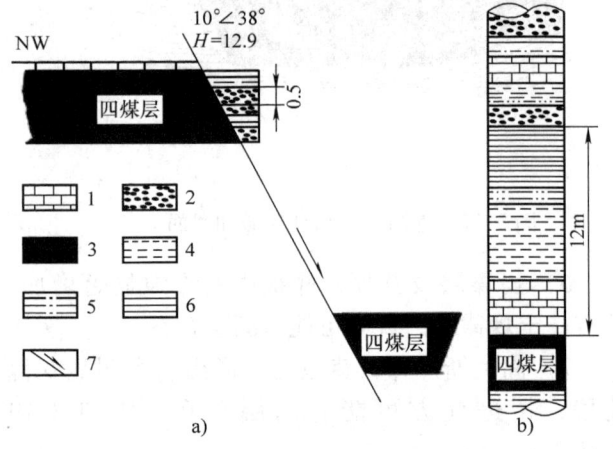

图 3-20 利用标志层判断断层性质和落差示意图（单位：m）

a）断层剖面图 b）局部柱状图

断层在形成过程中，常在断层面及其附近两侧产生牵引褶曲、伴生小断层、羽状节理、断层擦痕、阶步及断层角砾岩等，它们既可作为判定断层存在的标志，又可作为判断断层性质和推断断失煤层方向的依据。

（1）牵引褶曲 岩煤层弯曲变薄的尖端指向对盘的相对位移方向。

（2）伴生小断层 大断层附近有时会伴生一些小断层。它们和大断层是在同一构造应力场作用下形成的，因此往往性质相同。依据小断层面的产状及两盘的相对位移方向，可以判定大断层的产状及两盘相对位移方向。

（3）羽状节理 节理与主断层相交的锐角方向指向节理所在盘的运动方向，如图 3-21

所示。

(4) 擦痕和阶步 擦痕由粗深端向细浅端，手摸有滑感的方向，指示了对盘的移动方向。阶步的缓坡向陡坡的方向，为对盘相对移动方向。

(5) 断层角砾岩成分分布 断层角砾岩的某些成分，如煤层碎块，只分布于煤层位移所经过的地段。因此，根据煤层或某些特殊岩层碎块的分布，可以判断两盘相对位移方向。

3. 规律类推法

随着地质观测数据的大量积累，对矿区出现的断层有了某些规律性的认识，即可总结出井田内断层的性质和分布规律，按其规律可帮助判断新揭露断层的性质和寻找断失煤层的方向。例如：在河南焦作矿区，从开采至今未发现过逆断层，所揭露的断层均为正断层，据此规律，只要查明断层面的倾向，就可指明断失煤层的寻找方向；在河北峰峰矿区，绝大多数为正断层，只有 NE30°方向出现过倾角较缓的逆断层，因此，只要查明断层走向，就可以确定断层性质和断失煤层的方向。

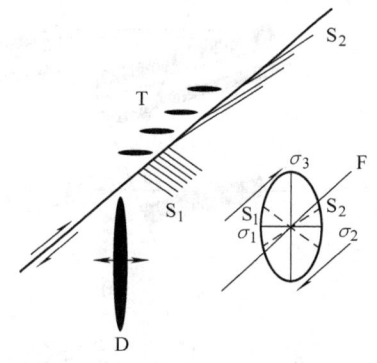

图 3-21 断层旁侧的羽状节理
F—主断层 S_1、S_2—剪节理
T—张节理 D—小褶皱轴面

4. 作图分析法

将井巷揭露的断层资料填绘到剖面图、水平切面图或煤层底板等高线图上，与同一煤层邻近巷道或邻近煤层同水平巷道中已查明的断层进行联系对比，如果两者的产状基本一致，特征相似，而且在剖面或平面上又能连接，则所揭露的断层可能是已查明断层的一部分，这时即可根据已查明断层的性质和落差，确定新断层断失翼煤层的位置。具体分析方法如图3-22所示。

需要注意的是，在煤层底板等高线图和立面投影图上，断层应按断煤交线延伸；在水平地质切面图上，断层应按走向延伸；在剖面图上，断层应按该剖面上断层的伪倾角延伸（垂直断层走向剖面为真倾角延伸）。只有如此，才能得到正确的结果。考虑到断层产状可发生变化，断层的推延只能在近距离内进行。

5. 生产勘探法

生产中对断层构造进行探测时，常用的方法主要有钻探和巷探两种，有条件的矿井也可增加物探。当断层的性质和断距均未确定，生产上又需要先查明后才能确定巷道布置方案与巷道掘进方向时，一般采用钻探；当断层性质已确定，生产上又急需掘进断层时，常采用巷探。

(1) 钻探 钻探工程的布置，主要依据煤岩层的产状和断层的可能性质。当掘进巷道在产状平缓的煤层中遇到断层时，根据断层存在的可能性，采用斜上方或斜下方布置钻孔的方式来探寻断失煤层的位置。在急倾斜煤层中掘进的煤巷遇到断层时，往往采用水平或倾斜钻孔来探寻断失翼煤层。为了掌握断层的延展情况和断层另一盘煤层的产状变化，一般需要布置几个方向的钻孔进行控制，通常以最少的孔数和达到探测目的为原则，如图3-23 所示。

钻孔布置的方向应垂直或基本垂直于岩层层面，若与岩层走向一致或平行于断层面，则均达不到目的。

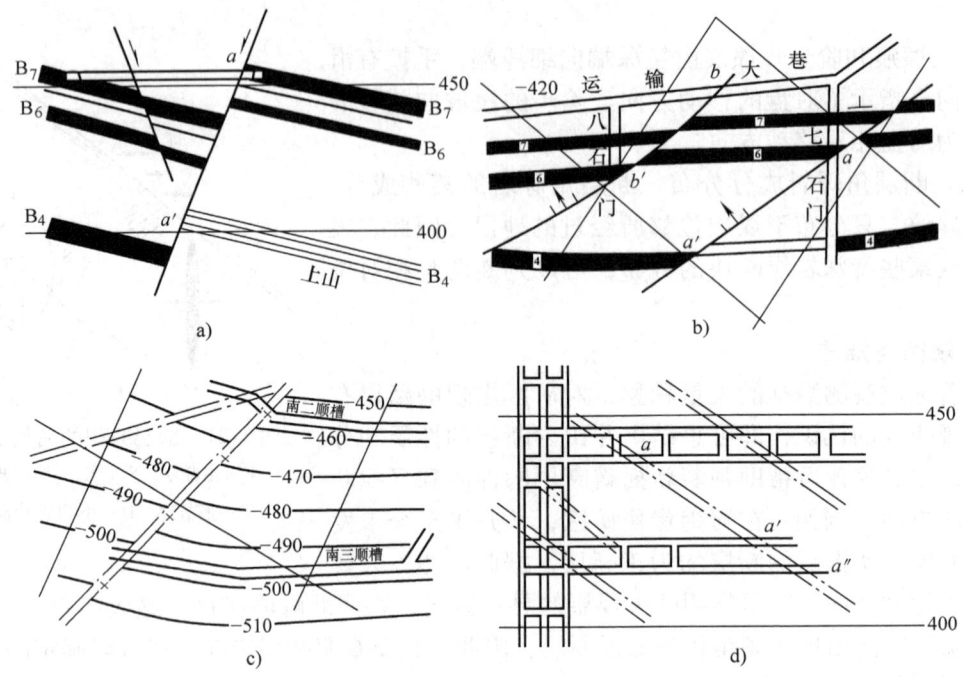

图 3-22 作图分析法确定断层性质与断距示意图（单位：m）
a）剖面图　b）水平切面图　c）煤层底板等高线图　d）煤层立面投影图
a、b—已查明的断层点　a'、a″、b'—新揭露的断层点

（2）巷探　在遇断层的煤巷掘进过程中寻找断失翼煤层时，首先要确定断层面的产状及掘进工作面是处于上盘还是下盘，然后部署探巷。采用探巷时，还要考虑探巷能够为将来生产所利用。

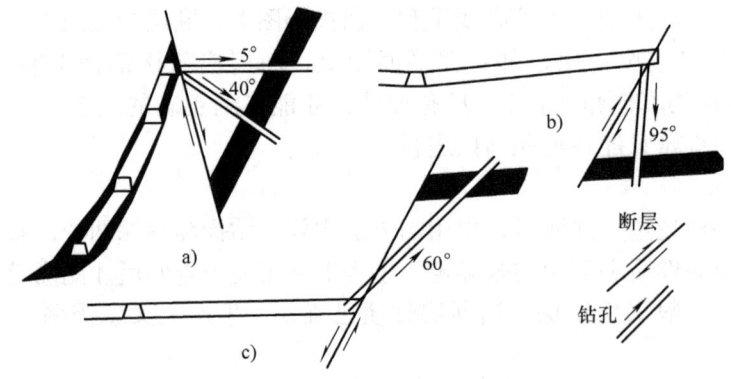

图 3-23 利用井下钻探寻找断失煤层
a）急倾斜煤层　b）、c）缓倾斜煤层

（五）断层构造的处理

断层构造是影响煤矿生产与安全的重要地质因素，在煤矿生产过程中，必须对矿井断层构造进行处理，以保证生产顺利、安全地进行。

断层构造在煤矿生产中十分常见，其规模大小不一，形态和种类繁多，对煤矿的设计和生产影响极大。为了最大限度地减少断层对煤矿生产的不利影响,必须深刻理解设计与生产的意图,对各种不同规模和性质的断层作出正确处理。

对断层处理,既要以最短的距离找到断失煤层,又要满足煤矿生产的需要。做到创造良好的生产条件,尽量减少煤炭资源损失,提高巷道掘进率,避免影响正常生产。

1. 开拓设计阶段对断层的处理

(1) 井田边界和采区边界的确定 当井田内遇到落差大于50m的特大型断层时,一般应将该大型断层作为井田边界,如河北峰峰矿区井田划分多以大断层为界,如图3-24所示。否则会增加大量的岩石巷道,而且会给掘进、运输、通风、排水和巷道维护等带来困难。

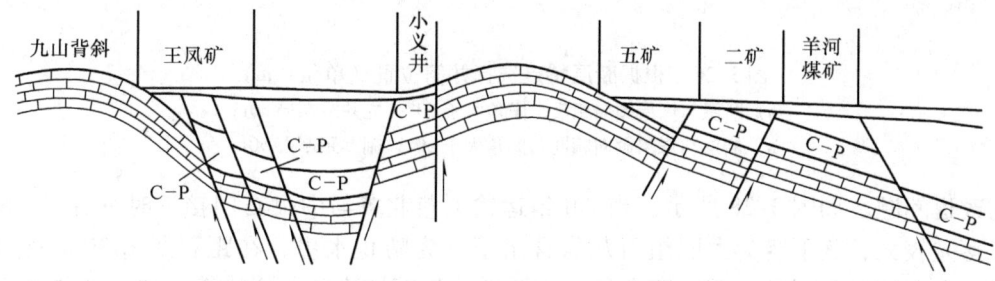

图3-24 河北峰峰矿区的构造形态及井田划分

划分采区时,也应将断层作为采区边界,但采区的走向长度应尽量与正常采区的走向长度近似。一般当两条断层之间的煤层走向长度为800~1000m时,可以这两条断层为界,划分为一个采区,用两翼上山方案进行开采,如图3-25a所示;当断层落差大于20m,断层之间走向长度为400~500m时,应以断层为界划分采区,用单翼上山方案进行开采,如图3-25b所示。

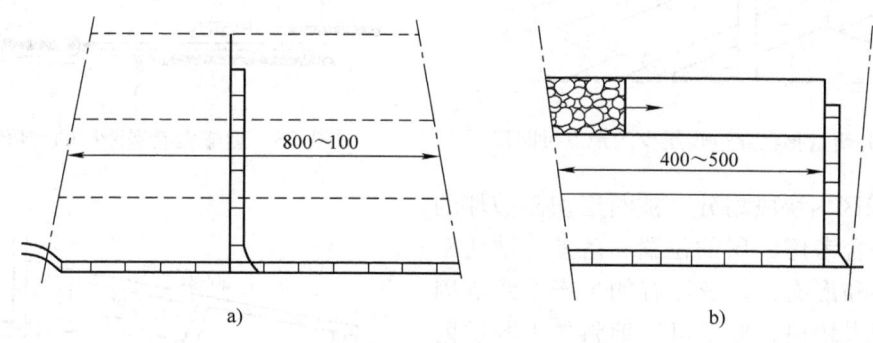

图3-25 断层区上山开采方案(单位:m)

(2) 井筒位置的选择 如果井筒布置在断层带上,则不但压力大,施工困难,而且易造成煤层和含水层接近甚至接触,从而给井筒延伸带来困难。因此,一般立井井筒要布置在倾角较大的断层下盘,距断层30~50m以外的位置,如图3-26所示。

对于小倾角断层,当立井井筒无法避开断层时,应在井筒施工过程中采取必要的安全措施,选择煤层层数少的地点穿过断层,且井底车场的位置要避开断层带,如图3-27所示。斜井也要以同样的原则进行处理。

(3) 运输大巷的布置 运输大巷要布置在较坚硬的岩层中,且尽量不改变方向。但在断层错动处,断层上、下盘的煤岩层位移较大,甚至与另一盘的含水层相遇,因此必须考虑

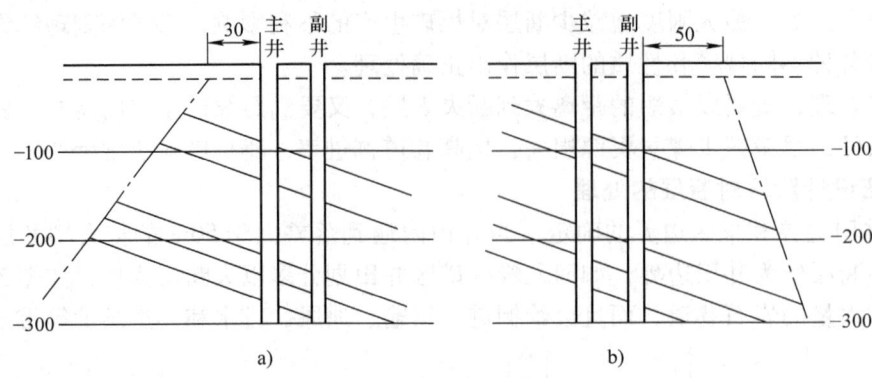

图 3-26　根据断层特点选择井筒位置（单位：m）
a）断层与煤层倾向相反，倾角大于 60°，立井距断层 30m
b）断层与煤层倾向相同，倾角大于 60°，副井距断层 50m

巷道的改道问题。如图 3-28 所示，当 AB 组运输大巷北翼与中央石门接近时，有一条 F_{13} 断层，且落差较大，其下盘为太原组石灰岩含水层。为防止水患，在距石灰岩 30m 处向北改变巷道方向，穿过断层后，再沿原来的位置掘进，与石门连通。这样不仅解决了巷道的改向问题，也缩短了中央石门的长度。同样，BC 组运输巷遇断层 F_{15} 后也需要改变方向，以避开煤层，使大巷布置在坚硬的岩层中。

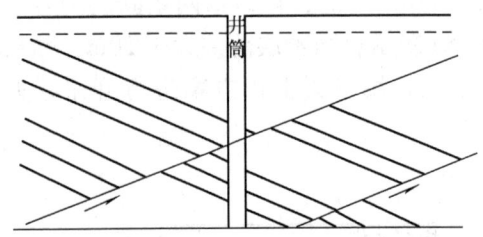

图 3-27　井筒选择在穿过煤层少的地点过断层

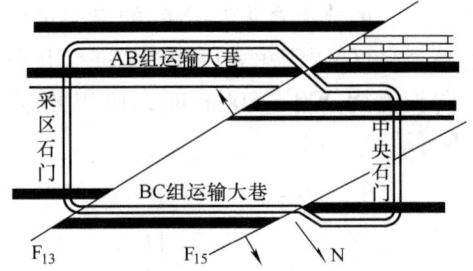

图 3-28　运输大巷遇断层的转弯情况

（4）采区内块段划分　被断层切割破坏的煤层，要综合考虑断层的位置、落差，被切割块段的大小和形态，以及已有的生产系统等因素来划分开采块段，要尽可能地将较大断层留在各块段之间的煤柱当中。如图 3-29 所示，将两条走向断层留在上、下煤柱中，另一条倾向断层作为回采边界。

（5）井田开拓方式的确定　选择井田开拓方式时，要综合考虑各种地质因素的影响，特别是断层因素。在缓倾斜煤层中，采用斜井开拓方式较好，如图 3-30a 所示；若煤层遭到断层破坏，产状发生变化，则应采用立井结合主要石门的开拓方式，如图 3-30b 所示。

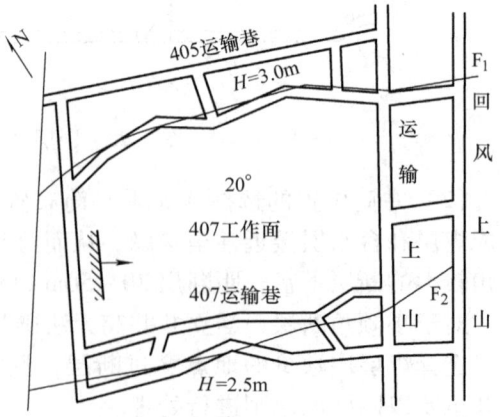

图 3-29　工作面划分时对断层的处理

2. 巷道掘进阶段对断层的处理

（1）平巷过断层 平巷过断层分为斜穿煤层顶板或底板及沿断层面掘进两种方式。

1）斜穿煤层顶板或底板过断层。当煤层平巷遇断层后，要求不改变巷道坡度而改变巷道的方向过断层，有破顶板掘进和破底板掘进两种方式。前者是煤层平巷过断层在断层上盘改向破顶进入下盘煤层，如图 3-31a 所示；后者是煤层平巷过断层在断层下盘改向破底板进入煤层，如图 3-31b 所示。至于是选择前者还是后者，应根据岩性有利于施工、距离短和丢煤少等因素综合考虑。

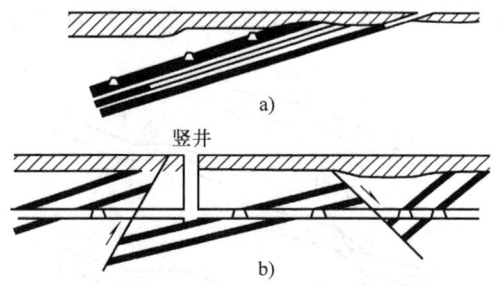

图 3-30 井田开拓方式示意图
a）斜井开拓 b）立井开拓

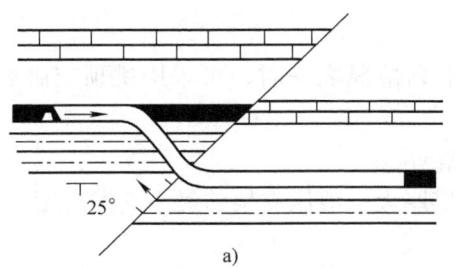 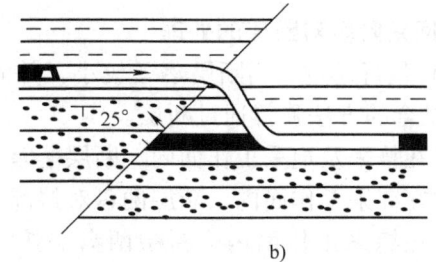

图 3-31 平巷穿过顶板或底板过断层
a）煤层平巷破顶板过断层 b）煤层平巷破底板过断层

2）沿断层面过断层。当煤层平巷遇斜交正断层，断层带的压力不大且没有瓦斯及水的威胁时，可沿断层带掘进进入另一盘煤层，如图 3-32a 所示。

当断层带岩石破碎、压力大且有瓦斯和水的威胁时，不能紧靠断层面开掘巷道，而应使巷道穿过断层后，距断层面一定距离，平行于断层走向开掘石门进入另一盘煤层，如图 3-32b 所示。

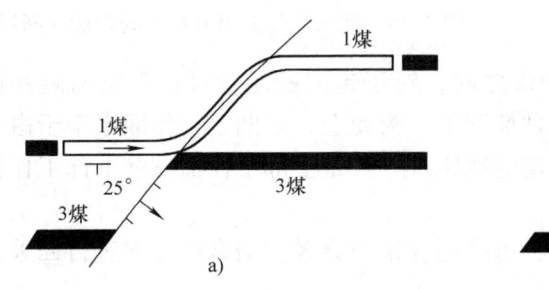 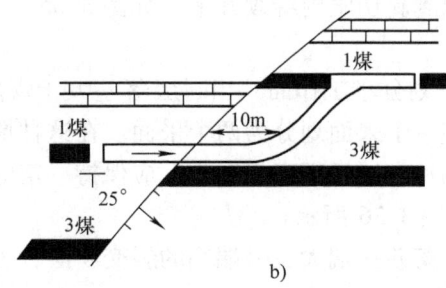

图 3-32 沿断层面过断层

（2）倾斜巷道过断层 上山、下山等倾斜巷道遇断层时，可根据生产要求采取多种形式过断层。无论选择什么方式，都必须使改变后的巷道坡度变化不大，有利于运输。

1）断层落差较小（小于煤厚）时。常根据被断失煤层是上盘还是下盘，采取挑顶、卧底或挑顶与卧底相结合的方式通过断层，如图 3-33 所示。

2）断层落差较大（大于煤厚）时。为防止丢煤和少掘巷道，可根据巷道用途（如运输巷或回风巷）、断层面和煤层面产状（同向或反向）、断层性质等，采用石门、立眼或加大巷道坡度等方式通过断层，如图 3-34 所示。

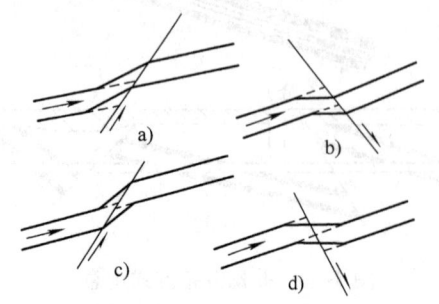 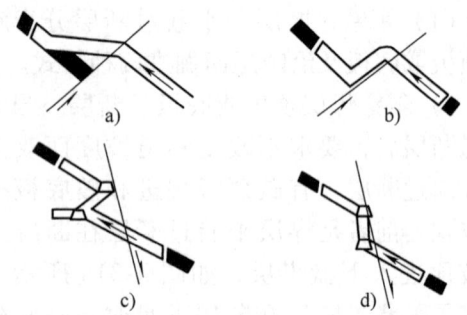

图 3-33　倾斜巷道中挑顶、卧底过断层　　图 3-34　倾斜巷道中用石门、反眼、立眼过断层
　　a)、c) 挑顶　b)、d) 卧底　　　　　　　　　a) 石门　b)、c) 反眼　d) 立眼

3. 回采阶段对断层的处理

（1）强行通过　当断层落差较小，并满足下列情况之一时，可采用挑顶或卧底，或者两者相结合的方法强行通过断层。

1）在普采及炮采工作面内，断层落差小于煤厚。

2）在综采工作面内，断层两盘对接部分的煤厚大于液压支架的最小支撑高度。

3）在综采工作面内，断层两盘对接部分的煤厚小于液压支架的最小支撑高度，但煤层顶底板岩性较软，采煤机能切割。

（2）重开切眼　当落差大于煤厚时，对于倾向断层或斜交断层可采用重开切眼的方法，即提前在断层另一盘重新开掘切眼，待工作面推进到断层处停止采煤，工作面搬家到新切眼内继续开采，如图 3-35 所示。

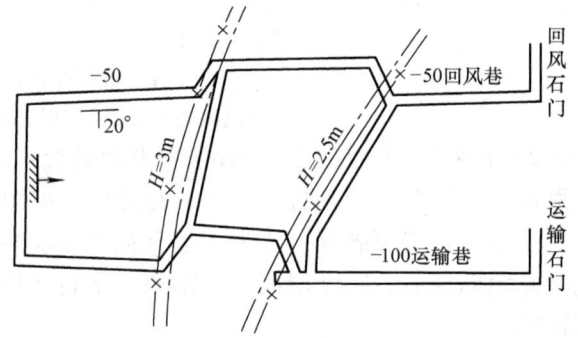

图 3-35　回采工作面重开切眼处理倾向断层

（3）划分小工作面　当断层落差大于煤厚时，对于走向断层，可在断层两侧补掘中间平巷，把一个采面划分为两个采面。在这种情况下，为使上、下两个工作面不至于由于放顶所引起的冲击地压而互相影响，应保持一定的错距，一般是上部工作面超前下部工作面15～30m，如图 3-36 所示。

对于落差一端大、一端小的斜交断层，可采用合采与分采相结合的方案进行回采，如图 3-37 所示。

【工作任务实施】

图 3-38 所示为一煤层底板等高线图（局部），水平煤巷沿 -50m 高程掘进时遇见断层，试分析：

1）该断层为正断层还是逆断层，巷道掘进的位置是在煤层的上盘还是下盘？

2）若巷道保持水平掘进，过断层后巷道的位置是在煤层顶板还是在煤层底板中？

3）巷道遇见断层后若保持水平过断层，则进入另一盘煤层中时巷道的方向如何选择？

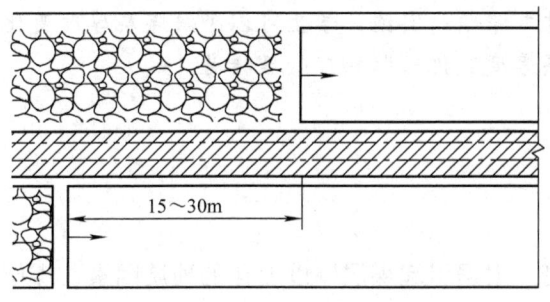

图 3-36　走向断层的双工作面布置

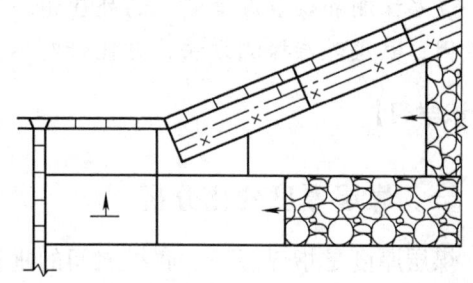

图 3-37　斜交断层先分后合的双工作面布置

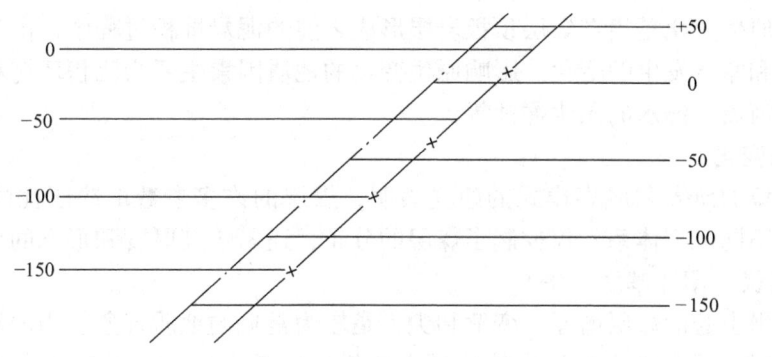

图 3-38　煤层底板等高线图（局部）

【工作任务考评】（见表 3-1）

表 3-1　工作任务考评表

考评项目	配分		考评内容
素质目标	20	6	遵章守纪情况
		7	认真听讲情况、积极主动情况
		7	团结协作情况、组内交流情况
知识目标	40	20	能正确回答褶皱和断层的研判特征
		20	能正确回答地质构造在掘进和回采中的处理方法
技能目标	40	10	地质构造判断正确
		15	地质构造分析正确，采掘中选择处理方法得当，并有自己的见解
		15	独立完成任务且正确

课题二　煤层厚度变化的处理

【工作任务描述与分析】

煤层厚度变化是影响煤矿开采的主要地质因素之一。煤层发生的分叉、变形、尖灭等厚度变化，直接影响着煤炭储量的平衡和煤矿的正常生产。本课题主要介绍煤层厚度变化分析、煤层探测和煤层厚度变化的处理措施，通过本课题的实施，学生可以了解煤层厚度变化的成因，熟悉煤层探测方法，并能针对不同煤层厚度变化采取相应处理措施。

【知识学习】

一、煤层厚度变化分析

煤层厚度是指煤层顶、底板之间的垂直距离。根据引起煤层厚度变化的地质因素，煤层厚度变化分为原生变化和后生变化两大类。

（一）原生变化

煤层厚度的原生变化是指在煤层顶板岩层形成之前的泥炭堆积过程中，由于各种地质作用而使煤层形态和厚度发生的变化。影响原生变化的地质因素主要为沉积环境和古地形、聚煤期构造，以及河流、海水的同生冲蚀等。

1. 沉积环境变化

聚煤沉积环境的研究和成煤模式的建立表明，煤层的许多参数取决于泥炭层的沉积环境。沉积环境的不同沉积体系不仅控制了煤层的分布，还影响其厚度和形态的变化。

2. 古地形起伏（沼泽基底不平）

沼泽基底不平引起的煤层增厚、变薄和尖灭是较为常见的地质现象。当泥炭沼泽发育在古侵蚀基准面上时，泥炭物质首先在彼此隔离的低洼地带堆积。随低洼地带不断被填平补齐，泥炭面积日益扩大，相互连成一片，如图3-39所示。

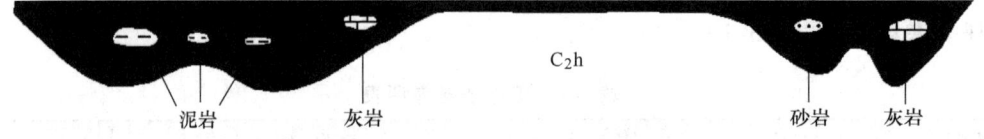

图3-39　湖北早二叠世梁山组煤层形态

沼泽基底不平引起煤厚变化的特点是：煤层厚度变化急剧且不规则，常位于煤系剖面底部或下部；煤层顶板较平整，底板或基岩界面呈不规则起伏状，即顶平底不平；基底古地形低洼处煤层厚度大，向凸起部位变薄或尖灭；煤层分层或层理被下伏基岩界面截断，上、下分层呈超覆关系。

3. 聚煤期构造控制

聚煤期构造对煤层形态和厚度变化的控制，主要表现为聚煤盆地基底沉降的不均一性。在泥炭堆积过程中，这种构造条件的分异导致泥炭沼泽基底在不同地段的沉降幅度出现差异，造成煤层向沉降幅度大的一侧分叉、变薄和尖灭现象。

4. 河流、海水的同生冲蚀

河流、海水的同生冲蚀是指在泥炭层堆积过程中，河流和海浪对泥炭层的冲刷剥蚀。

邻近泥炭沼泽发育的河流，其支流可能注入泥炭沼泽，虽然规模一般不大，但足以对泥炭层造成冲蚀，引起煤层形态和厚度的变化，如图3-40所示。

（二）后生变化

煤层厚度的后生变化是指泥炭层形成并被新的沉积物覆盖以后，受各种后期地质作用的

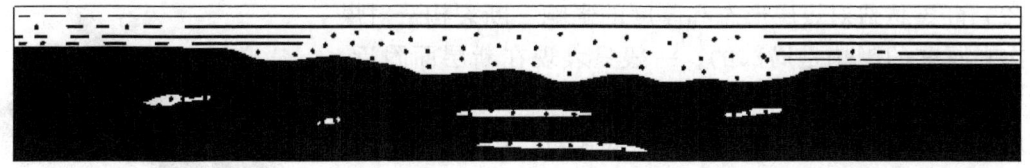

图 3-40　河流同生冲蚀

影响，而使煤层形态和厚度发生的变化。煤层厚度的后生变化主要包括河流对煤层的后生冲蚀、后期构造引起的煤层变形、岩浆侵入导致煤厚的不规则变化及岩溶陷落柱造成的煤层缺失等。

1. 河流的后生冲蚀对煤层厚度的影响

煤层形成以后，煤层和煤系常常遭受河流的切割剥蚀，这种后生冲蚀对煤层的破坏作用可以达到很大规模，以致形成宽几十米至几百米，长数千米至几十千米的煤层薄化带或无煤带，对于某些煤田是造成煤层厚度变化的主要原因。

河流的后生冲蚀使煤层的正常顶板遭到破坏，冲蚀填积的沉积岩体以河床相砂岩为主，底部常有砾岩、泥质包体、煤屑和炭化树干等滞留沉积物，有时显示定向排列，如图 3-41 所示。

冲刷填积物与煤层接触面界限分明、凹凸不平，冲刷面附近的煤一般较疏松，光泽暗淡，灰分增高，后生裂隙发育并被方解石和石膏等矿物次生充填；河流的后生冲蚀在平面上一般沿古河流方向呈较宽的条带状或分支状分布。

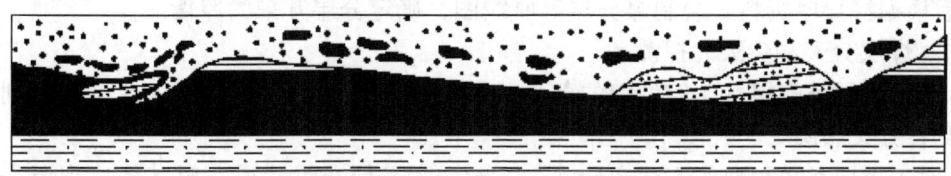

图 3-41　四川永荣矿区河流的冲蚀

2. 后期构造变动对煤层厚度的影响

（1）褶皱构造对煤层厚度变化的影响　褶皱构造对煤层的变形有着广泛的影响。由褶皱引起的煤层厚度变化常表现为在水平挤压作用下，煤层在褶曲轴部增厚，而在翼部变薄或尖灭；在垂直挤压作用下，煤层在背斜轴部变薄，而在向斜轴部及两翼变厚，如图 3-42 所示。

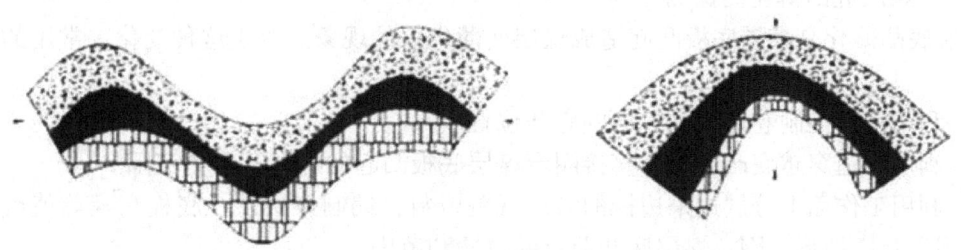

图 3-42　褶皱作用对煤层厚度的影响

（2）断裂构造对煤层形态和厚度的影响　断裂构造对煤层形态和厚度的影响是局部的，一般只表现在断层面附近。断裂构造常使煤层局部加厚或变薄，沿断层形成断层无煤带或煤层叠覆带，以及断层两侧的煤厚变化带；沿张性、张扭性断裂两侧，出现狭窄的煤层减薄带；在邻近压性断层附近，常常伴有强烈的褶皱形变，煤层因受挤压而汇集，出现逆掩重叠的厚煤带（图3-43）。

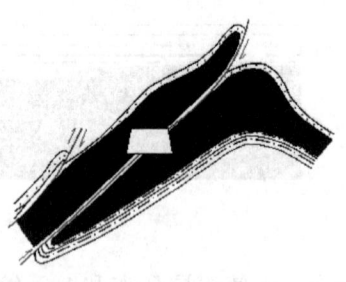

图3-43　逆断层使煤层增厚

二、煤层探测

（一）煤层厚度的探测

1. 煤巷掘进中的探煤厚工作

根据煤层厚度的不同情况，采用不同的手段来探测煤厚。

1）在能够揭露煤层全部厚度的薄煤层及中厚煤层的巷道中，可用皮尺和钢卷尺垂直于煤层顶、底板的层面直接测量煤层的厚度。

2）在只揭露一部分煤厚的厚煤层巷道中，必须采用煤电钻、钻探或巷探来探测煤层的全层厚度。

2. 回采工作面的探煤厚工作

在缓倾斜或倾斜的厚煤层分层开采工作面中，为了正确控制各个分层的回采厚度，一般在上分层开采过程中，既要测量实际采高，又要随工作面的推进，按一定间距探测下分层煤厚。然后根据探煤厚资料，绘制煤分层等厚线图，确定分层开采的厚度。

（二）煤层分叉和尖灭的探测

1）对于煤层呈多层且比较稳定的分叉，可采用沿主要稳定煤层掘煤巷，然后利用井下钻孔探测各分叉煤层。

2）对于煤层呈短距离的不稳定分叉，一般在主叉层布置巷道，对其他达到可采厚度的次要分叉层，可采用钻探、巷探等手段探明可采范围，并按自上而下的顺序回采。由于此种分叉各煤分层的特征不是很明显，因而在掘进过程中，应紧靠煤层顶板掘进，否则容易误入分叉的"尖子煤"，造成无效进尺，甚至掘进后会误采沿底的分叉层而破坏了主叉层。

3）圈定分叉煤层分、合区界线。为确保分叉煤层的合理分层、分区、巷道布置和选择采煤方法，必须圈出分、合区界线。一般以煤分层之间的夹矸厚度等于0.5m的等值线为分、合区界线。分、合区界线，是由井下钻孔及巷道控制剖面、反眼和平巷实见分、合点连接而成的。

（三）煤层底凸薄化的探测

煤层底凸薄化是煤层底板凸起造成煤层变薄尖灭的现象。对于这种变化，常用的探测方法有：

1）利用钻探控制巷道掘进方向的底凸位置。

2）利用巷道穿越底凸部位，直接圈定煤层底板凸起的位置及薄化范围。

3）利用工作面上分层边采边探的煤层观测资料，编制煤层顶、底板高程等值线图，研究泥炭沼泽基底地形，圈定煤层底凸薄化的位置和范围。

4）对巷道中所见的河流冲蚀现象进行仔细观察，把冲蚀带的宽度、厚度、岩石成分、层理、砾石分布、煤层顶板冲蚀情况、冲蚀面特征、冲蚀处煤质等情况投绘到平面图上，进行对比分析，确定古河床的分布范围及其对煤层的破坏情况，进而圈出古河床冲蚀带范围。

三、煤层厚度变化的处理措施

生产中对煤层厚度变化进行处理，主要是为了减少其对生产的不利影响，从而提高经济效益。

（一）掘进中对煤层厚度变化的处理

1）在掘进过程中遇到煤层分叉、尖灭现象时，要根据具体情况确定巷道的掘进方案。如果已知分叉煤层的上分层稳定可采，而下分层变薄至尖灭，则巷道应紧靠煤层顶板掘进，避免巷道误入下分层而造成废巷；如果分叉煤层的下分层稳定可采，则应紧靠煤层底板掘进；如果所有分叉煤层都达到了煤层最低可采厚度，则应先采上分层，再采下分层，最后采煤层底部的煤分层。这样确定巷道的掘进方案，可以避免分叉煤层被破坏而造成资源损失。

2）在掘进采区上山或下山遇到煤层变薄时，应根据煤层变薄带的范围来决定巷道的掘进方案。如果煤层变薄带的范围不大，又明确采区内有煤层可供开采，则巷道最好采用挑顶或卧底的方法直接穿过变薄带；否则，应从其他地方重开巷道。

3）当沿煤层掘进的主要运输巷道遇到煤层的局部变薄带或尖灭带时，可按原方案施工，直接穿过变薄带或尖灭带。

（二）回采过程中对煤层厚度变化的处理

1）当煤层的变薄带或不可采区的范围很小时，宜采用平推直过的方法。

2）当煤层变薄带的范围较大时，应采用另开巷道绕过煤层变薄带的方法，如图3-44所示。

3）当回采工作面遇到大面积的无煤区时，应先布置探巷（可结合井下钻探进行），探明无煤区的范围后再补掘巷道，将工作面分成几块进行回采。如图3-45所示，先回采①、②工作面，然后合并成一个工作面③进行回采。

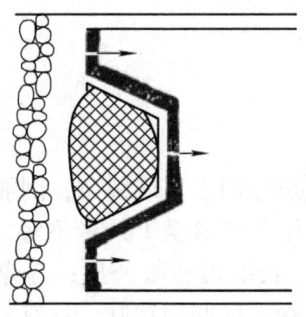

图3-44 回采工作面绕过变薄带

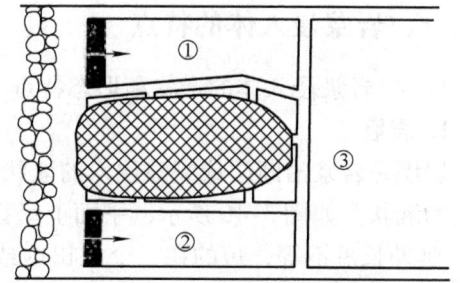

图3-45 回采工作面遇到无煤区时的分块回采

【工作任务实施】

结合实例以河床冲刷为题，分析河床冲刷的形成、特征及采掘中的处理方法，并写出分析报告。

【工作任务考评】（见表3-2）

表3-2 工作任务考评表

考评项目	配分		考评内容
素质目标	20	10	遵章守纪情况
		10	认真听讲情况、积极主动情况
知识目标	40	20	熟悉煤层厚度变化成因、识别标志
		20	熟悉煤层探测和处理方法
技能目标	40	40	能对河床冲刷进行比较深刻的分析并有个人观点

课题三　岩浆侵入体

【工作任务描述与分析】

岩浆侵入煤层，一方面将煤层吞蚀；另一方面引起煤的接触变质，降低煤的工业价值。由于岩浆侵入煤层，使煤层形态不规则，造成采区和工作面布置困难；岩浆岩硬度高，影响井巷工程进度；由于对岩浆岩体的分布范围不清而造成废巷，影响正常采掘生产。因此，对于岩浆侵入强烈的矿区，岩浆侵入煤层就成为影响煤矿生产建设的主要地质因素。

本课题主要介绍了岩浆侵入的特点、岩浆侵入体的观测与处理等知识，通过本课题的实施，学生应熟悉岩墙和岩床的特点，掌握岩浆侵入体的观测方法，并能在采掘工作中针对不同类型的岩浆侵入体，采取不同的处理办法。

【知识学习】

一、岩浆侵入体的特点

（一）岩浆侵入体的产状和形态特点

1. 岩墙

岩墙是岩浆沿断层或裂隙侵入的墙状侵入体。岩墙与煤层面垂直或斜交，剖面上呈近于直立的墙状。如图3-46所示，平面上呈条带状，厚度为几十厘米至十几米不等，常为2～3m；延伸长短不等，短的在一个井田内或矿区内即消失，长的可达数公里；与煤岩层的接触面一般较平整。岩墙是煤矿中的一种常见侵入体，其常受矿区断裂控制，具有一定的方向性，并成组出现。如山东陶庄煤矿发现四条岩墙，其中两条是沿断层侵入的，另两条是沿裂隙侵入的。

2. 岩床

岩床是与岩层面或煤层面近于平行的层状岩浆侵入体。其厚度可达十几米至上百米，薄的只有十几厘米；分布范围不等，大的可达几十平方公里，小的仅为几十平方米。

从平面上看，岩床大小不一，有近似圆饼状、椭圆状、舌状和其他形状。岩床边缘不规则，与煤层接触界线往往参差不齐、弯弯曲曲的各种形态。在剖面上，岩浆侵入煤层的形态

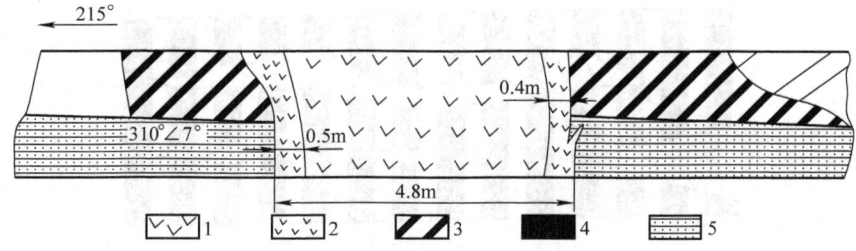

图 3-46　山东淄博奎山矿 7042 顺槽岩墙
1—辉绿岩　2—微晶辉绿岩　3—天然焦　4—煤层　5—细砂岩

主要有层状侵入体、似层状侵入体、浑圆状侵入体、串珠状侵入体和扁豆状侵入体等。岩床的厚度较小，面积较大，倾角平缓，形态复杂多样，从中心到边缘，可由层状（图 3-47）过渡为似层状（图 3-48），再过渡为树枝状（图 3-49）、串珠状（图 3-50）和扁豆状（图 3-51）。

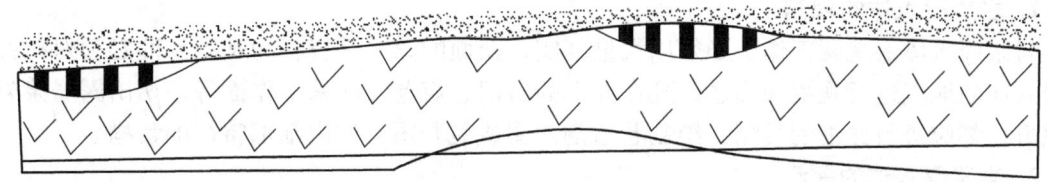

图 3-47　层状侵入体

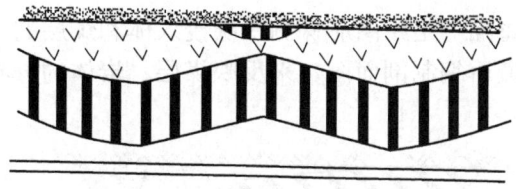

图 3-48　似层状侵入体

图 3-49　树枝状侵入体

图 3-50　串珠状侵入体
1—侵入体　2—天然焦　3—煤层　4—底板黏土岩　5—顶板细岩

（二）岩浆侵入体的岩性特点

煤系中的岩浆侵入体主要为基性岩类和中性岩类，也有少量的酸性岩和碱性岩类。常见的有辉绿岩、辉绿玢岩、煌斑岩、微晶闪长岩、闪长玢岩、花岗斑岩、石英斑岩、细晶岩和正长斑岩等。

图 3-51　扁豆状侵入体

二、岩浆侵入体的观测与处理

（一）岩浆侵入体的观测与探测的方法

侵入体的分布、形态无明显规律，给煤矿生产带来了很大影响。因此，查明侵入体的分布和形态，保证煤矿采掘工作的顺利进行是地质工作的重要任务。

1. 岩浆侵入体的观测

岩浆侵入体的观测工作，必须以大量真实、全面的第一手资料为基础。即必须对矿井揭露侵入体的地点进行观测和描述，凡在井下的石门、煤巷、回采工作面等一切出露岩浆岩体的地方，都应进行详细的观测，绘制巷道剖面图或展开图，作出细部特征的素描。

2. 岩浆侵入体的探测

由于侵入体形状变化多端，为保证指导采掘工作的顺利进行，在岩浆侵入体分布区要专门布置一些探巷和钻孔来探明侵入体的分布范围。

当岩浆侵入厚煤层时，在掘进巷道的同时，每隔一定距离应探测一次侵入体和煤层的厚度变化，得到从顶板到底板的完整煤岩柱状图，最后编制剖面图，来反映煤层、岩体的分布情况，如图 3-52 所示。

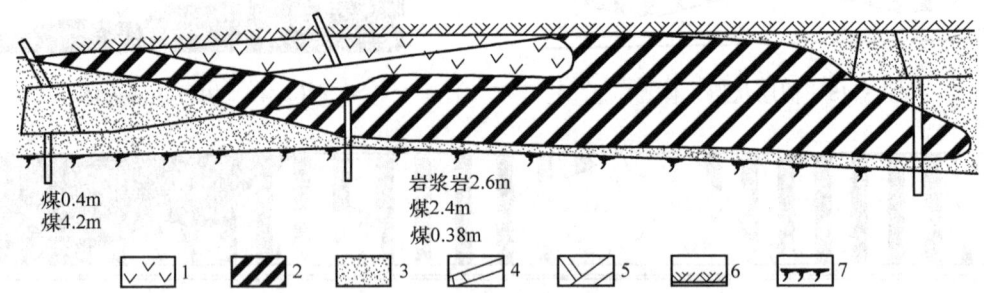

图 3-52　根据钻探编制煤层素描剖面图
1—侵入岩　2—天然焦　3—煤层　4—巷道　5—钻孔　6—煤层顶板　7—煤层底板

对于中厚及薄煤层，可以在同一煤层中布置钻孔或探巷来查明侵入体平面分布范围，如图 3-53 所示；也可以从邻近煤层的巷道中打钻孔，圈定侵入体的分布范围，如图 3-54 所示。

在掘进迎头出现岩浆岩体时，一般需要布置扇形钻孔向前方探测。若遇到的是岩墙，则可以直接穿过继续掘进。

为了查明侵入体附近的煤变质情况，应加强取样化验工作。一般根据岩浆侵入体的形态特征和煤的变质情况布置取样点。同时，还可以根据煤变质的规律变化预测侵入体的分布。

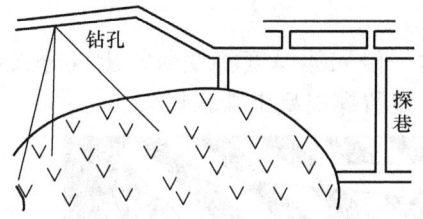 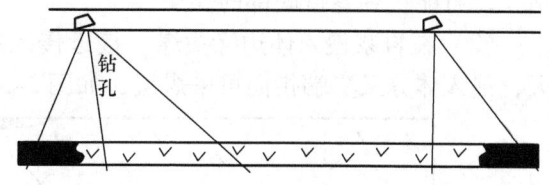

图 3-53　在同一煤层中布置钻孔或探巷　　　　图 3-54　从邻近煤层的巷道布置钻孔剖面

3. 对侵入体进行综合编图和综合分析

根据井下观测，结合生产勘探阶段所获得的资料，及时整理出反映煤层及侵入体特征的巷道剖面图和煤层柱状图等图件。在此基础上，编制侵入体分布图和侵入区煤厚、煤质等值线图等综合图件，通过编录和综合分析，尽可能掌握侵入体的分布规律，以及岩浆在本区的活动特征。然后作出侵入体分布及煤层煤质预测图，并对新区或揭露较少地区的岩浆侵入破坏情况作出初步评价和预测。

（二）岩浆侵入区煤层预测及找煤工作

1. 岩浆侵入区煤层预测方法

岩浆侵入煤层所形成的岩床，其边缘极不规则。如果没有掌握岩浆侵入体的分布规律，在安排采掘工程时，往往有很大的盲目性，甚至造成无效进尺。因此，采掘施工前要尽可能做好预测工作，其方法如下。

（1）根据侵入体的特点及岩浆活动的特征进行预测　首先利用岩浆岩体的纵向节理方向、矿物长轴排列方位和岩体波浪起伏延伸方向推断岩浆流向；再根据侵入体的形态特征寻找岩床的边缘界限和岩浆上冲通道。在厚煤层和特厚煤层中，侵入体常呈波状形态，岩体波状起伏延展方向就是岩浆流动的方向。根据流动方向，结合接触变质的规律，即可找到岩体边缘的煤层。

（2）根据煤的物理、化学性质的变化进行预测　距侵入体越近，煤的物理、化学性质的变化越显著，且煤的变质程度越高，侵入体附近易产生天然焦和高变质煤。岩体垂直方向所产生的天然焦和高变质煤，应比水平方向所产生的天然焦和高变质煤的范围大，前者常出现大片天然焦，据此可预测岩体的产状。

（3）根据煤的挥发分值变化进行预测　距侵入体越近，煤的变质程度越高，而随变质程度的增高，煤的挥发分值逐渐降低。利用煤的挥发分值的变化来预测侵入体的位置和未开拓地区的煤种分布，然后利用取得的全井田煤的挥发分资料编制挥发分与岩体间距或岩体大小的数值变化曲线，作为预测的依据。

（4）根据其他特征进行预测　在接触变质带附近，常有淋水现象；在侵入体前缘的煤层中，往往会出现特殊的揉皱现象，煤理紊乱，具有旋涡状褶曲，如图 3-55 所示。

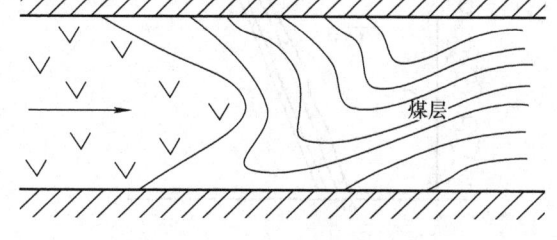

图 3-55　某矿巷道素描图

2. 岩浆侵入区的找煤工作

（1）在厚煤层岩浆侵入区找煤　巷道应沿煤层底板或顶板掘进。巷道沿底板掘进全部进入岩浆侵入体后，向上钻探有可能找到巷道顶部的大片煤层；巷道沿顶板掘进时向下布置钻孔，可能找到巷道底部的煤层。

（2）在岩浆侵入体边缘找煤　接近侵入体边缘时，侵入体厚度将变薄，出现分叉和尖灭，侵入体分叉尖端指向可采煤层，如图 3-56 所示，残留煤层呈串珠状煤包。

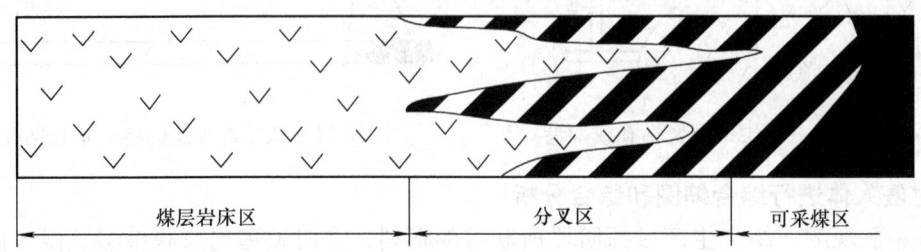

图 3-56　岩床分叉尖端指向可采煤层

（3）在断层一侧及其错动带中找煤　一般岩浆沿断层带上冲，顺煤层向上侵入，而在断层另一侧向下倾斜的煤层中则较少出现侵入体，可以找到正常煤层。

（4）根据岩性特征找煤　煤矿工人总结出的"深色石头离煤远，白胡子石头快见炭"的谚语，是指岩浆岩体内部颜色深，离煤远；边缘部分颜色浅，靠煤近。这是岩浆侵入体与煤层接触后，化学成分发生变化，呈现灰白色的缘故，见到"白胡子石头"是穿过岩体很快就会遇到煤层的标志。

（5）根据接触变质带的分布特征和煤层挥发分变化规律找煤　接触变质带的分布序列常为：侵入体→柱状焦→块状焦→变质程度增高的未焦化煤→正常煤层，依此序列，煤的挥发分增高。因此，根据煤层挥发分等值线图，结合柱状焦垂直侵入体接触面，即可推断侵入体接触面形态。

（6）根据侵入体原生流动构造找煤　根据侵入体原生流动构造判断岩浆流动方向，在远离侵入中心的方向找煤。

（三）生产上对岩浆侵入体的处理方法

1. 岩墙的处理

掘进巷道时，可按设计直接穿过岩墙。回采时，根据岩墙的大小与分布情况，重开切眼或分两个工作面回采。如果岩墙沿倾向或斜交倾向方向分布，则回采至岩墙时，应重开切眼继续回采，如图 3-57 所示。当岩墙沿走向分布时，可分成上、下两个小回采面，如图 3-58 所示。

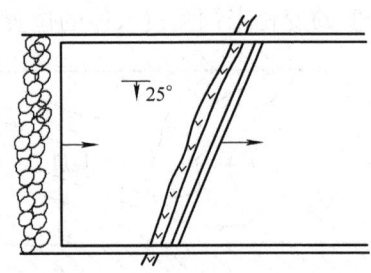

图 3-57　重开切眼示意图　　　　图 3-58　工作面分成两个小回采面

2. 岩床的处理

对于岩床，要求先用探巷和钻孔圈定其范围，然后决定回采方案。对于有大面积岩浆侵入体的分布区，采区和采面的布置要设法避开侵入体。对于串珠状侵入体，如果其对煤层破坏不严重，则工作面可直接推过，但要增加采面处理侵入体的工序；若侵入体分布区大，残留煤层很薄，则只能作为不可采区处理。

3. 多层岩浆侵入体的处理

在倾斜厚煤层中，如有多层岩浆侵入体，可每隔 50m 左右开掘反眼，探清煤厚和煤层内岩浆侵入体的层数、位置、厚度和对煤质的影响，将岩浆侵入体作为煤层的顶和底，分层开采岩浆侵入体之间的煤层。

【工作任务实施】

某矿岩浆侵入煤层在井下采掘工作面上经常出现，如何判断岩浆岩的类型？采掘工作中如何根据不同的产状采取相应处理措施？要求写出分析报告。

【工作任务考评】（见表3-3）

表 3-3　工作任务考评表

考评项目	配分		考评内容
素质目标	20	10	遵章守纪情况
		10	认真听讲情况、积极主动情况
知识目标	40	20	熟悉岩浆侵入体的类型及其对煤层的影响等基本知识
		20	熟悉岩浆侵入体的判断标志、探测和处理方法
技能目标	40	40	能够深入并正确分析岩浆侵入体

课题四　岩溶陷落柱

【工作任务描述与分析】

岩溶陷落柱的存在破坏了煤层的连续性，给井巷工程的布置和施工、采煤方法和采掘机械的选择增加了很多困难。若陷落柱穿透含水层，可将地下水导入采掘工作面内，则会对矿井的安全生产造成严重威胁。本课题主要介绍岩溶陷落柱的特征、岩溶陷落柱的观测与分析和岩溶陷落柱的预测与处理等内容，通过本课题的实施，学生应熟悉岩溶陷落柱的特征，掌握岩溶陷落柱的观测方法，并在此基础上，学会处理岩溶陷落柱。

【知识学习】

岩溶陷落柱是岩溶洞穴塌陷的产物，它是煤系下伏可溶性岩层，经地下水强烈溶蚀后，形成的较大的溶洞，在各种地质因素的作用下，会引起上覆岩层的失稳、塌陷，形成筒状柱体，是岩溶引起的一种特殊地质现象。在井下生产过程中揭露陷落柱时，由于煤层被岩石碎块堆积所替代，因此，陷落柱又称"无炭柱"或"矸子窝"。

在华北一些矿区，陷落柱较发育，其中，尤以山西省的太原、阳泉、霍州、汾西、大同矿区，以及太行山麓的河北峰峰、井陉矿区特别发育，在河北的开滦、河南的鹤壁、山东的新汶、枣陶，江苏的徐州和陕西的铜川等均有发现。

一、岩溶陷落柱的特征

(一)陷落柱的形态特征

陷落柱的形态特征是指陷落柱的三维空间形状,一般呈上细下粗的锥柱状。

1. 陷落柱的平面形态

陷落柱的平面形态是指陷落柱内腔表面与水平面交线的形状,其绝大多数为似圆形或椭圆形,也有长条形和不规则形。图3-59所示为阳泉三矿揭露的几种陷落柱的平面形态。

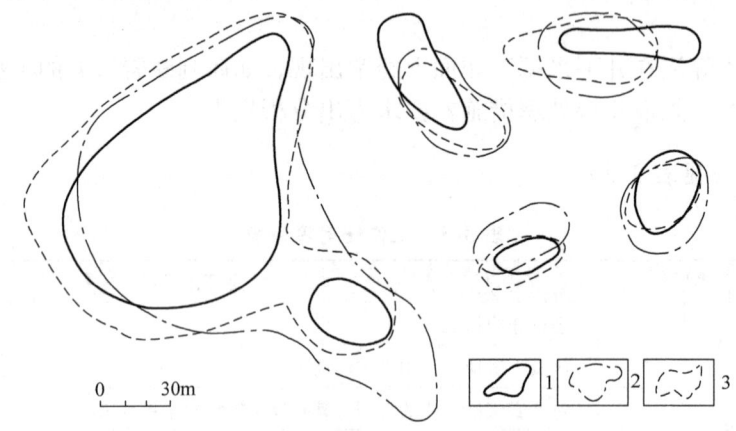

图3-59 阳泉三矿煤层中揭露的陷落柱的平面形态
1—3号煤层实见陷落柱 2—12号煤层实见陷落柱 3—15号煤层实见陷落柱

由于绝大多数陷落柱的平面形态为似圆形或椭圆形,因而,常用长轴长度、短轴长度、长短轴比值和长轴方向来表示陷落柱的平面形态。

2. 陷落柱的剖面形态

陷落柱的剖面形态是指沿陷落柱中心轴线剖切以后的形态,它与陷落柱所穿越岩层的岩性有关。如果陷落柱穿过第四系松散沉积层,由于岩层松软极易塌陷,陷落柱将呈现上大下小的漏斗状,柱面与水平面的夹角为40°~50°,如图3-60a所示。如果陷落柱穿过岩性坚硬的岩层(如砂岩、砂砾岩、石灰岩),其将呈现上小下大的锥体,柱面与水平面的夹角为60°~80°,如图3-60b所示。如果陷落柱穿过软硬相间的岩层,不同岩性岩层的破坏程度不一,因而,陷落柱剖面大小不一,轴心偏离较大,呈不规则状,但整体上呈一锥形柱体,如图3-60c所示。

3. 陷落柱的高度

陷落柱的高度是指从溶洞底面到塌陷顶的垂直距离。陷落柱的高度与溶洞的大小、地下水排泄条件、岩石的物理学性质及裂隙发育程度等有关。当底部溶洞体积大、地下水排泄条件良好及岩层裂隙发育时,陷落柱高度就大;反之则小。陷落柱的高度一般由几十米到一二百米,但也有高达数百米的巨型陷落柱,有的甚至塌陷到地表。

4. 陷落柱的中心轴

陷落柱各平面中心点的连线称为陷落柱的中心轴或中心线。陷落柱的中心轴一般垂直于岩层面,由于构造作用造成岩层产状改变和同时存在的层间滑动的结果,直接导致现在的陷落柱中心轴倾斜甚至弯曲。掌握中心轴的变化规律,有助于预测下部煤层或下水平陷落柱的平面位置。

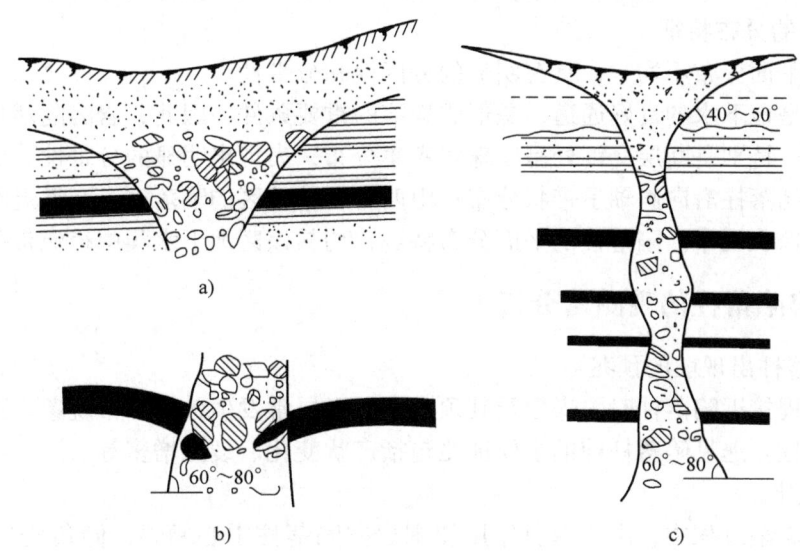

图 3-60　陷落柱剖面形态示意图
a) 松软岩层中的漏斗状　b) 坚硬岩层中的锥状　c) 复杂地层中的陷落柱

(二) 陷落柱的出露特征

利用陷落柱的出露特征识别和圈定陷落柱的形状和大小，是矿井地质工作中的常用方法。掌握陷落柱的出露特征，是分析、判断陷落柱的重要环节。

1. 陷落柱的地表出露特征

陷落柱出露在地表时，塌陷的岩体与周围正常岩层的层位、产状和岩性都不一样，同时该处地貌呈现各种异常现象。根据地貌的异常现象，可以判断陷落柱的存在和圈定陷落柱的出露范围。陷落柱在地表可呈现盆状塌陷、丘状凸起、柱状破碎带和特殊地貌等形态特征。

2. 陷落柱的井下出露特征

井下揭露的陷落柱特征主要表现在以下方面。

(1) 柱面特征　井下遇到的陷落柱，其柱面呈不规则形状。坚硬岩石不易塌落，呈突出状；松软岩石很易塌落，呈凹进状，如图 3-61 所示。

由于陷落柱的水平切面图形为一封闭曲线，所以巷道与柱面相遇多呈弧线。弧的半径与陷落柱的平面形状、陷落柱大小和相遇部位等有关。如果陷落柱面积大或相遇部位靠近短轴位置，则弧线平缓；反之，弧线弯曲程度较大。据此，可依据弧线弯曲情况判断陷落柱的大小，还可以作为区别断层和陷落柱的标志。

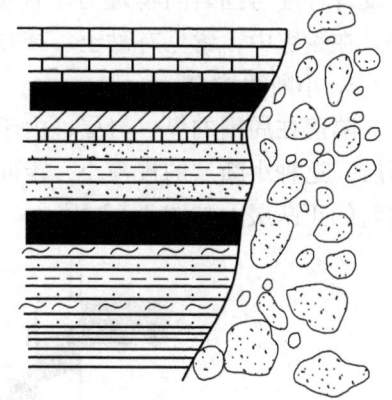

图 3-61　不规则形状柱面示意图

(2) 陷落柱体的组成及其附近岩层特征　陷落柱体内的岩石来自围岩或围岩层位之上岩层的岩石碎块堆积，因而层位较新，并且大小悬殊、棱角明显、杂乱无章。陷落柱在形成过程中一般要穿过一些含水层，地下水中的钙质和铁质在柱体与围岩分界面上有不同程度的沉积，可呈现铁锈色或白色。形成时间长的陷落柱，柱体内的碎石多被压紧并被黏土充填胶结；形成时间短的陷落柱，柱体内碎石则多较松散。

3. 陷落柱的分布特征

陷落柱的平面分布不均一，具有明显的分区性和分带性。

构造裂隙是地下水的良好通道，是形成岩溶的重要条件。因此，岩溶陷落柱常沿构造断裂带、褶曲轴，特别是断层交汇处呈串珠状密集分布，表现出明显的分带性。例如，江苏省徐州大黄山矿陷落柱沿向斜轴呈带状分布；山西省晋城矿区的陷落柱，在靠近断裂带附近沿北东方向呈串珠状展布。陷落柱的平面分布特点，均与该区地下水集中径流带关系密切。

二、岩溶陷落柱的观测与分析

（一）陷落柱出现前的预兆

当采掘工程接近陷落柱时，煤层及其顶、底板岩层常发生各种异常现象，这预示着前方将要遇见陷落柱。遇见陷落柱前的主要征兆包括产状变化、裂隙增多等。

1. 产状变化

陷落柱在塌陷过程中，由于牵引作用使围岩向陷落柱中心倾斜，倾角变化一般为4°~6°，个别可达10°以上，其影响范围一般为15~20m，少数可达30m，如图3-62所示。

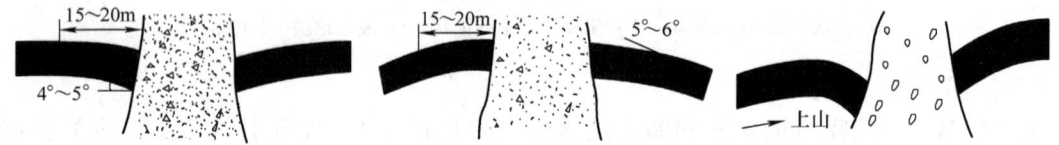

图3-62　陷落柱周围煤岩层产状变化示意图

2. 裂隙增多

陷落柱在塌陷过程中，由于重力或真空吸蚀作用的影响，陷落柱周围的煤层中会产生大量张性裂隙。这些张性裂隙的走向平行于柱面的切线方向，裂隙面向陷落柱中心倾斜。裂隙的发育程度与围岩的物理力学性质有关，在脆性岩石中裂隙较发育，在柔性岩石中裂隙较少。在裂隙中，常见有黏土、高岭土、碳酸钙、氧化铁等填充物。

3. 小断层增多

陷落柱周围的煤、岩层，由于受塌陷和重力的影响，将沿裂隙面向下发生位移而产生小断层。这种小断层的规模小，走向延长10~20m，落差多在0.5m以内，且都是向陷落中心倾斜的正断层，如图3-63所示。

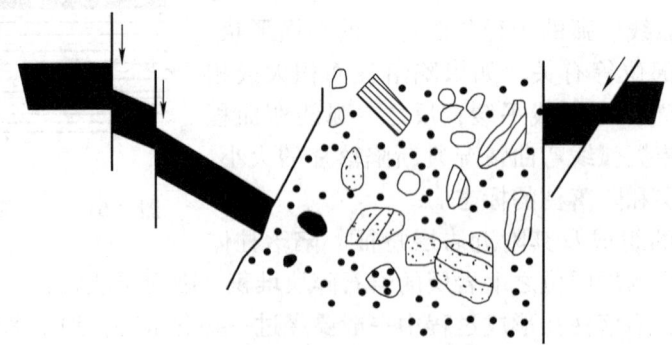

图3-63　陷落柱围岩中的小断层

4. 煤被氧化

陷落柱附近的煤层，由于地下水的作用，易发生氧化。氧化煤的光泽变暗、灰分增高、强度降低，严重者可变为煤华。煤的氧化程度和影响范围与陷落柱大小、裂隙发育程度和地下水活动有关，陷落柱越大、裂隙越发育、距陷落柱越近、水量越大，影响范围越大；反之则小。

5. 水和瓦斯涌出量增大

陷落柱既可积聚地下水，又是连接含水层的良好通道。在陷落柱发育的矿井内，若采掘前方出现淋水，水量增大，往往是邻近有充水陷落柱的前兆，要引起高度重视。不同地区陷落柱充水特征差异很大，有的干燥无水，有的储水而不导水，有的既储水又导水。此外，陷落柱也是瓦斯运移的通道。

（二）陷落柱的观测

对于矿井中出现的岩溶塌陷，地质人员应及时进行观测和判别，确定陷落柱的性质、具体位置和分布范围，以便做好预测预报工作。

对于出露于地表的岩溶陷落柱，可根据陷落柱的地表特征进行识别，并测量其出露的具体位置、形状、大小，以便掌握陷落柱的规模，为井下处理提供依据。

井下采掘工程中遇到陷落柱时，揭露的只是一个很小的接触面（柱面），观测时应确定巷道与陷落柱的相遇部位。由于这种接触面与断层带、冲刷带有相似的特征，因此必须仔细观察才能做出正确的判断。

1. 观测柱面两侧煤、岩层的特征

一是观测周围岩层的岩性、产状，有无牵引、裂隙，断层发育情况，煤层厚度变化、物理性质、光泽度、硬度，裂隙率及顶底板的产状形态；二是观测柱内岩块的形状、岩性、大小、堆积方式、充填物，并注意其与邻近钻孔或石门剖面资料的对比，以判断陷落层位及高度。

2. 观测接触面的柱面特征

观测柱面是平坦的还是凹凸不平的，是直立的还是倾斜的，柱面的倾角、倾向、面上有无擦痕、软泥、水锈等现象。注意测定柱面与巷道交切弧线的弧度及方向，判断陷落柱的形状、大小及陷落柱的相遇部位。

3. 其他现象的观测

观测有无滴水、淋水现象，水量大小及瓦斯涌出量大小等。

根据生产矿井对岩溶陷落柱观测调查的要求和步骤，可归纳为五查、五看和五定的具体工作方法，见表3-4。

表3-4 矿井对岩溶陷落柱观测调查方法

五 查	五 看	五 定
1. 查陷落柱周围岩层中裂隙的发育情况和充填物	1. 看陷落柱与正常煤层的接触面	1. 定陷落柱揭露点的部位
2. 查煤质的变化范围和氧化程度	2. 看煤岩层与柱体相接部位的充填物性质和特征	2. 定陷落柱的形状
3. 查临近陷落柱处水和瓦斯的变化	3. 看陷落柱内岩块的性质、大小、排列和层位、时代	3. 定陷落柱的规模

（续）

五 查	五 看	五 定
4. 查柱体周围小型断裂层的发育特点	4. 看塌陷体周围煤岩层的产状变化	4. 定巷道绕过或穿过陷落柱的距离
5. 查区内陷落柱发育分布的规律	5. 看陷落柱与巷道底面的交面线	5. 定处理陷落柱的措施

（三）岩溶陷落柱的识别

掘进或回采中遇到的陷落柱往往只是一个十分狭小的面，有时边缘带正常煤层因受陷落柱的影响而向底板方向弯曲，呈现牵引现象；有时前方煤层突然消失，上部岩块下落，出现破碎带，致使被误认为断层；有时前方下落的大岩块为砂岩，又可能误判为冲蚀现象。判断上出现错误，会导致采用不正确的处理方法，从而给生产造成不应有的损失。因此，在井下遇到上述几种情况时，应抓住以下几个辨别标志，认真观测分析，对陷落体有一个全面的认识，掌握其鉴别特征。

1）陷落柱柱面多呈不规则的曲折面且没有擦痕，而断层面多数平整光滑且有擦痕。

2）陷落柱破碎带的规模大，从几十米到上百米，断层破碎带则较窄或无破碎带。

3）陷落柱破碎带岩块的大小相差悬殊，均来自围岩上部岩层，排列杂乱，能见到上部数个岩层的碎块排列于同一水平上，有时能见到上部煤层，甚至新生代地层的碎屑充填其中。断层破碎带的角砾岩依对盘运动方向而异，若对盘下降，则角砾岩为上部岩层的碎块；若对盘上升，则为下部较老地层的岩块。角砾岩的岩性较单一，有时会出现滑、擦、压痕迹。

4）陷落柱周围岩层牵引均向下，煤层厚度变化不大，但风化强烈；断层则依对盘运动方向而异，煤厚变化大，往往有明显的挤压滑动痕迹，破碎严重者呈碎粒状。

三、岩溶陷落柱的预测与处理

（一）岩溶陷落柱的预测

岩溶陷落柱的预测主要包括两方面的工作：一是研究岩溶陷落柱形成的地质条件和分布规律，从成因上进行分析，做出宏观预测；二是根据已知资料，推测陷落柱的形状、大小及位置。

1. 宏观预测

岩溶陷落柱的分布是与岩溶的形成和发育条件分不开的，岩溶的形成又与岩石性质、构造发育程度和水文地质条件密切相关，而地下水的活动又受控于构造发育程度和性质。一般来说，构造裂隙分布广、切割深，是地下水活动的主要通道。因此，在断层附近、褶曲轴部等裂隙发育处岩溶也相对发育。岩溶发育还受侵蚀基准面的控制。

1）对预测区的地质及水文地质进行调查，分析地质构造的形式、力学性质、展布方位、交切关系、影响深度及可溶性岩层的埋藏深度。摸清地下水运动规律，如补给区、排泄区及地下水运动方向、侵蚀能力等。

2）根据已采区的岩溶陷落柱发育情况、分布特征和出现征兆，结合预测区地质及水文地质条件进行综合分析，推测岩溶陷落柱的数量与分布规律。

3）根据分析验证资料，划分出岩溶陷落柱发育程度分区，如发育区、较发育区和不发育区等。

由于断裂和褶皱轴部构造裂隙发育，是地下水的良好通道，可使地下水发生水力联系，是形成岩溶的重要条件之一，所以岩溶陷落柱的水平分布方向常与该地区构造线的方向一致，呈带状分布。

2. 根据已知资料进行预测

根据地表观测陷落柱的资料，推测陷落柱在井下某煤层或某水平出现的位置、大小和形状。但须注意：

1）当陷落柱形成于坚硬的煤系岩层中时，地表和井下出露的平面形状相似，地表出露的水平面积比井下的小。

2）当陷落柱形成于松软煤系岩层中时，其在地表的形状与井下相似，而地表出露面积较井下出露面积大。

3）由于陷落柱中心常垂直于岩层层面而非垂直于地面或水平面，因此，不能把陷落柱出露的位置垂直投射到井下。应根据该地区的岩层产状和陷落柱中心轴的变化规律，利用地表资料推断出在井下出露的位置。

据已采煤层或水平实际揭露的陷落柱资料，推断其他煤层不同水平陷落柱的延伸情况。利用此方法预测时，要求所掌握的资料准确，同时要精确地掌握两煤层、两水平的距离、岩性及中心轴的变化等。

（二）岩溶陷落柱的探测

在煤矿生产过程中，为了准确地确定陷落柱的具体位置、形状和面积，需在定性工作的基础上，运用勘探技术手段，对陷落柱进行定量探测，其常用方法如下。

1. 钻探

在地表用钻孔探测异常区是否有陷落柱存在；在井下钻探掘进巷道的前方或回采工作面内有无陷落柱存在，这是生产矿井探测陷落柱常用的手段之一，如图3-64所示。

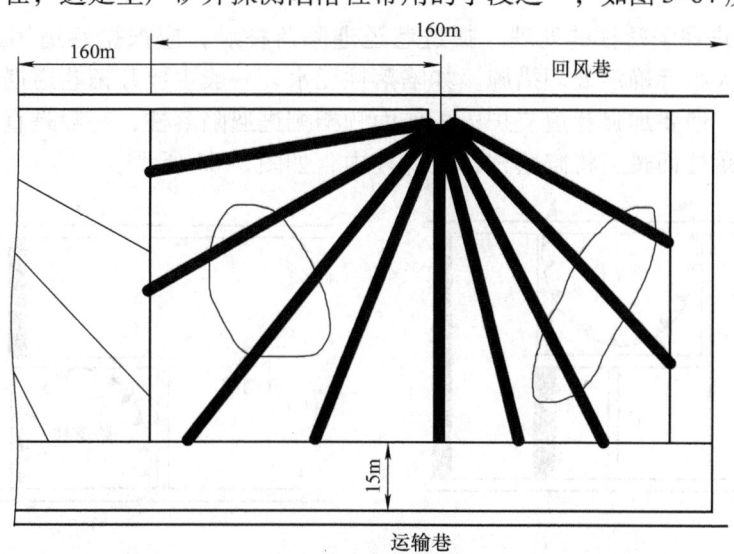

图3-64 井下钻探圈定陷落柱示意图

2. 巷探

巷探能直接进行观察和测定，其可靠程度高，但工作量大、费用高。安排巷探时，应尽可能考虑一巷多用，或者利用小断面巷道进行探测。

3. 物探

地球物理勘探在探测陷落柱的存在及范围中应用广泛，常用的仪器是无线电波坑透仪，这种仪器在山西省西山、阳泉、汾西等矿物局的应用都取得了较好的效果。

（三）陷落柱对煤矿生产的影响及处理

1. 陷落柱对煤矿生产的影响

（1）破坏可采煤层，减少煤炭储量　陷落柱出现时，需要留设煤柱，这必然会使煤炭储量减少，矿井服务年限缩短。例如，汾西富家滩煤矿由于陷落柱造成的煤炭损失占全矿总储量的 53%。

（2）影响正规采煤，制约机械化作业　陷落柱的存在将引起工作面设备搬家和重开切眼等一系列问题。在陷落柱发育的矿井，很难布置机械化采煤工作面。

（3）增加无效掘进，降低矿井效益　由于存在陷落柱，巷道需要绕道而行，这必然会增加岩巷工作量和支护难度。陷落柱使开采条件复杂化，降低了回采效率。例如，山西太原杜儿坪矿一个回采工作面由于遇到一个直径为 30m 的陷落柱，工作面搬家 49 天，无效进尺 1027m，经济损失 294 万元。

（4）影响煤矿安全生产　陷落柱附近煤层顶板一般较为破碎，容易发生冒顶、片帮事故；高瓦斯矿井在接近陷落柱处，工作面瓦斯涌出量可能急剧增大，若管理疏忽，则易发生瓦斯事故；带压开采的矿井遇导水陷落柱时，可能发生矿井突水事故，如开滦范各庄煤矿 1984 年的特大突水事故，就是奥陶系岩溶陷落柱所致。

2. 煤矿生产中对陷落柱的处理

（1）设计阶段对陷落柱的处理　根据陷落柱的数目、形状、大小和分布情况，合理选择巷道的布置和采煤方法，尽可能将陷落柱留在设计的煤柱内，减少煤炭损失和降低陷落柱对生产的影响。

（2）巷道掘进遇陷落柱的处理　掘进巷道遇陷落柱后，应根据巷道用途和所遇陷落柱的部位、形状和大小等确定处理措施。如陷落柱无水，一般主要开拓巷道遇陷落柱后按原设计直接强行通过，但要加强巷道支护；工作面顺槽掘进遇陷落柱，一般是直接穿过，也可将回风巷顺槽绕陷落柱而过，将陷落柱留在煤柱内，如图 3-65 所示。

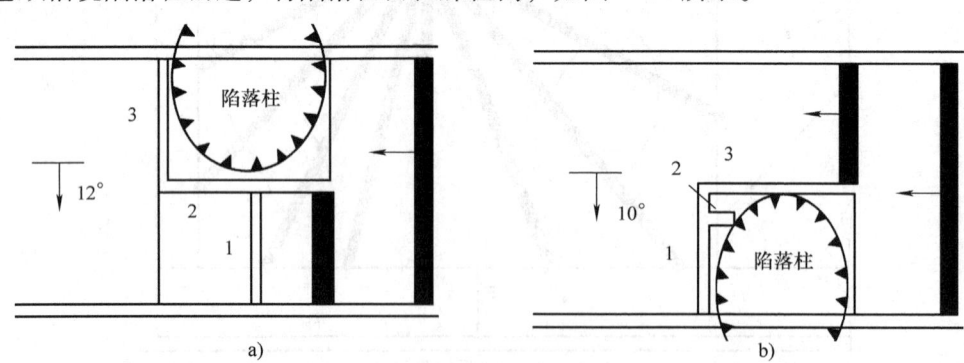

图 3-65　回风巷或溜子道遇陷落柱处理示意图
a）回风巷遇陷落柱　b）溜子道遇陷落柱

3. 回采工作面陷落柱的处理

回采工作面中遇到陷落柱时，一般应先探明其形状、大小和位置，然后决定处理方法。

如图 3-66 所示,在回采工作面不同位置上有三个陷落柱,其长轴方向与煤层倾向一致。图中左下角的陷落柱位于运输巷和开切眼交会处,采用开斜切眼,回采时让工作面上部(溜尾)进尺快,下部(溜头)进尺慢,逐步将工作面调整正常,称为"摆尾式"处理方法。

对于工作面中部的陷落柱,如果面积不大,可采用强行硬割的方法通过陷落柱;如果面积较大,则需预先开掘新切眼,当工作面推进到陷落柱左侧时,倒面搬家,跳过陷落柱继续回采。当陷落柱位于风巷和上山交会处时,可采用缩短工作面长度或减小溜尾进尺的方法避开陷落柱。

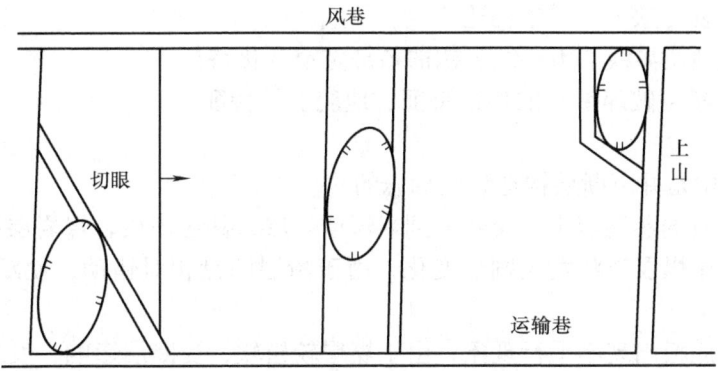

图 3-66 回采工作面处理陷落柱示意图

4. 陷落柱的综合治理

在矿井生产中遇到陷落柱时,可采用钻探、巷探和物探等综合勘查手段,查明陷落柱的平面范围、发育高度和导水可能性等特征,根据探测结果,通过地面、井下打钻注浆加固等综合治理手段,消除治理地段的安全隐患。

【工作任务实施】

掘进巷道揭露岩溶陷落柱后,可能出现哪些潜在的安全风险?应采取哪些措施?对以上问题进行分析并写出分析报告。

【工作任务考评】(见表 3-5)

表 3-5 工作任务考评表

考评项目	配分		考评内容
素质目标	20	10	遵章守纪情况
		10	认真听讲情况、积极主动情况
知识目标	40	20	熟悉岩溶陷落柱的特征等基本知识
		20	熟悉岩溶陷落柱的探测和处理方法
技能目标	40	40	正确分析岩溶陷落柱,并有个人观点

【习题】

一、填空题

1. 影响煤矿生产的主要地质因素有_____。(至少写出六种)

2. 煤厚变化的原因可分为原生变化与后生变化，其中原生变化包括_____、_____、_____和_____四种原因。
3. 岩浆侵入体根据产状和形态特点，可分为_____和_____两种。
4. 矿井中褶曲存在的识别，主要是根据煤岩层产状的_____和_____这两大标志。
5. 节理对煤矿生产的影响包括_____、_____、_____、_____等。

二、单选题

1. 断层存在的一般识别标志有_____。
   A. 地层的重复与缺失、派生构造
   B. 地质体或地质界线的不连续、褶曲核部宽窄变化特征
   C. 断层面（断层破碎带）的构造特征、地貌上的特征
   D. ABC
2. 下列选项中是井下断层构造识别标志的是_____。
   A. 沿煤层掘进的巷道迎头，突然遇到半煤或岩层，甚至串层，煤岩层出现不连续
   B. 掘进巷道中煤层产状发生剧烈变化，由于断层两盘相对错动，使断层附近岩层受牵引变形
   C. 煤层顶、底板出现不平行现象，由于煤层较松软，受断层影响，发生局部变形
   D. ABC
3. 平巷过断层有_____方式。
   A. 穿过煤层顶板
   B. 底板及顺断层面掘进
   C. 穿过煤层顶板、底板及顺断层面掘进
   D. 没有固定

三、是非题

1. 断层在形成过程中，常在断层面及其附近两侧产生牵引褶曲、伴生小断层、羽状断裂、断层擦痕、阶步及断层角砾岩等，它们既可作为判定断层存在的标志，又可作为判断断层的性质和推断断失煤层方向的依据。（   ）
2. 断失煤层的位置取决于断层的性质与断距，因此，正确确定断层性质和断距是决定巷道掘进方向的重要前提。（   ）
3. 侵入煤层中的岩浆岩一般为深成岩类和脉岩类。（   ）
4. 断裂构造对煤层形态和厚度的影响不大，只表现在断层面附近。（   ）
5. 由褶皱引起的煤厚变化常表现为在水平挤压作用下，煤层在褶曲轴部增厚，而在翼部变薄或尖灭。（   ）

四、简答题

1. 影响煤厚变化的主要因素有哪些？
2. 岩浆侵入体对煤矿生产将产生怎样的影响？
3. 在煤矿生产过程中，如何进行断层预测？遇到断层时，如何判断断层的性质（寻找断失煤层）？

第四单元

矿井原始地质编录

【单元学习目标】

本单元由原始地质编录的基本要求及方法、穿层井巷的地质编录、顺层巷道和回采工作面地质编录以及岩芯地质编录四个课题组成。通过本单元的学习,学生应对原始地质编录的基本要求有一定的了解,能运用原始地质编录方法对井下各类巷道、钻孔进行地质编录。本单元的学习是矿井综合地质编录及综合地质资料整理的基础。

课题一 原始地质编录的基本要求及方法

【工作任务描述与分析】

原始地质编录是指用文字、素描、图表、照相等方式对地质体和地质现象所做的记录,它是第一手地质资料,是地质分析的基础,是进一步研究地质条件、成煤规律和评价煤炭资源的依据。本课题主要介绍原始地质编录的基本要求及方法,通过本课题的实施,学生应了解原始地质编录的基本要求,熟悉原始地质编录的基本方法,为顺利完成各类巷道原始地质的编录工作打下基础。

【知识学习】

一、原始地质编录的基本要求

1. 编录及时

根据井巷工程进度和地质预测,地质人员应及时收集现场地质资料。如不及时进行编录,会因岩石风化、支护或砌碹、锚喷掩盖、片帮、冒顶等情况造成毁坏,而失去收集资料的机会。

2. 准确全面

不符合实际、掺和了臆想的内容和不完整的地质资料,不仅不能指导生产,还会造成错误的地质认识和判断。对原始地质编录的文字、图表等资料,必须做到内容真实、数据可靠、全面客观。

3. 系统统一

对各种地质现象、地层划分、岩石命名与描述，在内容、图例、比例尺、图表格式、工程名称及编号、编录方法等方面均要有统一的要求。因为地质编录的各种图件是地质工作的语言，如果原始地质编录没有统一的标准、格式和规定，而是因人而异，则这样的编录成果使用起来将十分困难，有时甚至会因无法进行对比而报废，失去了编录的意义。

4. 重点突出

原始地质编录应该重点突出，对于影响矿井建设的主要地质问题、地质异常地段和重要巷道等，必须重点、详细地进行观测描述；对于地质条件简单、变化不大的地段，可进行一般的观测编录。

二、原始地质编录的基本方法

（一）井巷地质编录方式

井巷地质编录方式一般有观测点式、切面图式及展开图式三种。

1. 观测点式编录

观测点式编录不需要进行连续测绘，仅在所需地质观测点上实测煤层厚度、产状、结构及其顶底板岩性或构造性质、产状和规模，并根据观测资料绘制一壁素描和断面（图4-1）即可。此种编录方式最为常用，它适用于构造简单、煤层稳定的地段或受支护限制仅能观测迎头断面的巷道。在掘进煤巷中，观测点之间的地质界线连接可以采用追踪法；对于开拓巷道采用锚网、砌碹支护时，观测点之间的地质界线连接只能采用推测法。

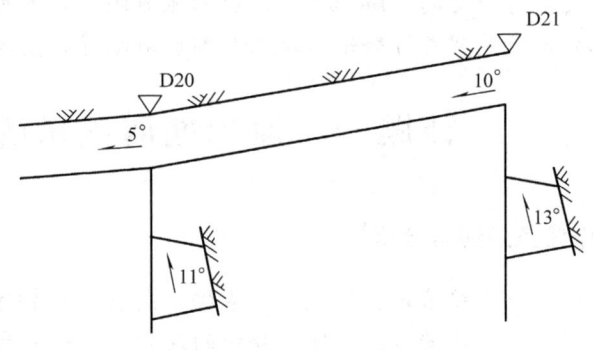

图 4-1　观测点式编录

2. 切面图式编录

切面图式编录是指沿巷顶或巷底连续观测绘制其水平地质切面图，并在地质观测点绘制断面素描，如图4-2所示。这种方式适用于急倾斜煤层平巷的编录。

3. 展开图式编录

展开图式编录是测绘井巷多壁的展开地质图。这种方式适用于构造极为复杂、煤层极不稳定、巷道两壁地质现象很不一致的块段。展开图式编录一般较多用在巷道见主采煤层、见断层或两壁产状不一致的巷道，实际使用时往往仅绘局部展开图。巷道的展开方式有以下几种。

（1）两壁一顶展开图　巷顶保持不动，两壁从壁底向上展开成平面，如图4-3所示。所绘地质现象相当于从巷道外侧观察的结果。

（2）两壁一底展开图　巷底保持不动，两壁从壁顶向下展开成平面，如图4-4所示。这种方法较常用，所绘地质素描相当于人站在巷道内把两壁推倒放平。收集地质资料时，要

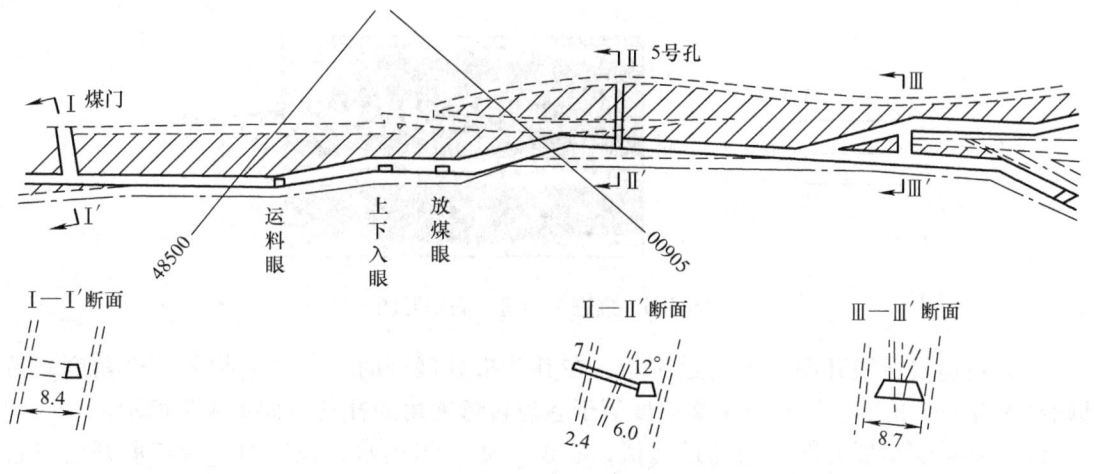

图 4-2　切面图式编录

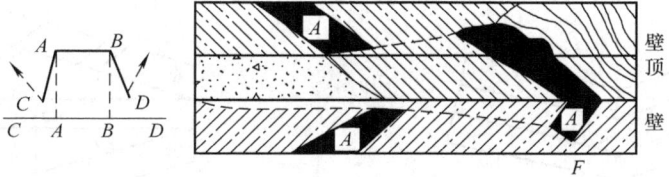

图 4-3　两壁一顶展开图

求收集断面及两壁地层或构造产状和位置。

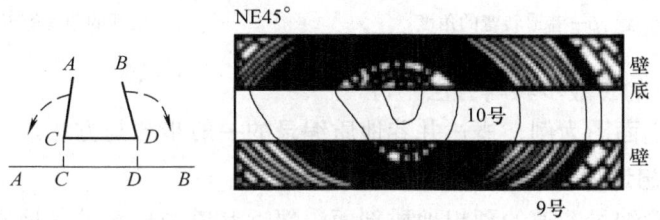

图 4-4　两壁一底展开图

(3) 掘进头两壁展开图　巷道掘进头保持不动，两壁垂直巷底向外展开成平面，如图 4-5 所示。

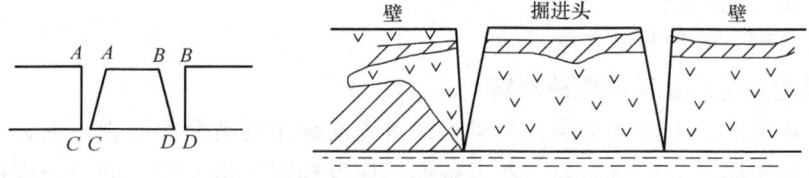

图 4-5　掘进头两壁展开图

(4) 掘进头两壁一底展开图　巷底保持不动，两壁和掘进头均从各自顶部向下展开成平面，如图 4-6 所示。

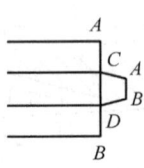 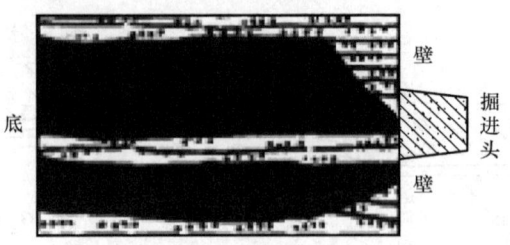

图 4-6　掘进头两壁一底展开图

（5）巷道转弯展开图　当巷道转弯，在其转折处展开时，一壁会拉开一个角度，另一壁则会重叠一个角度，拉开与重叠角度等于巷道转弯夹角的补角，如图 4-7 所示。

（6）巷道起伏展开图　当巷道起伏，巷顶（底）采用水平投影时，两壁展开会与巷顶（底）拉开一个角度，拉开角度等于巷道的坡角，如图 4-8 所示。

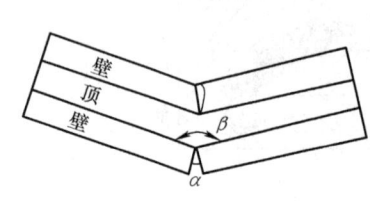 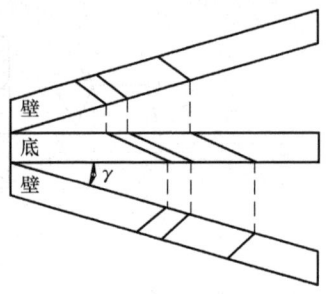

图 4-7　巷道转弯展开图　　　　　　　　　图 4-8　巷道起伏展开图
α—拉开或重叠的角度　β—巷道转弯的角度　　　γ—拉开的角度等于巷道的坡度

（二）井巷编录的一般步骤与方法

现以巷道一壁剖面图为例，概述井巷地质编录的一般步骤与方法。

1. 熟悉巷道预想地质剖面和邻近勘探线剖面

下井前，要熟悉编录巷道的预想地质剖面、邻近巷道的分布及其地质情况。

2. 确定编录壁及编录高度

编录勘探线附近的巷道时，主编录壁方向应与勘探线剖面图的读图方向一致，以便利用巷道编录资料修改和补充勘探线剖面图。其他巷道应编录紧靠其所服务的对象（水平、采区、回采工作面）的一壁。

巷道编录高度一般和巷道高度一致。

3. 对编录巷道进行全面的概略观察

到达编录巷道后，不要急于绘图和描述，首先对编录巷道全面巡视一遍，了解测量点的位置，查明巷道所揭露的地质现象。巷道观察不应仅局限于编录壁，而应全面地观察两壁及巷顶、迎头断面的情况。

4. 标定编录起点及终点位置

利用测量点或已知巷道标定编录起点位置，丈量、记录编录起点距测量点或已知巷道的距离和方向。每条巷道每次编录的终点均要注上记号，写上日期，以便下次接着进行。

5. 在编录壁上挂观测基线

一般情况下，若测量点距离地质观测点比较近、开拓巷道按设计坡度施工或对于水平巷道，均不需要特意挂观测基线，只需要丈量地质点与测量点之间的距离，坡度和方位可采用测量资料。

当测量点距离观测点较远且测量点前方巷道坡度、方位有变化时，地质人员应临时挂观测基线以控制巷道。观测基线是编录过程中挂在巷壁上的一条基准线，用以控制距离和巷道的起伏，实测地质界线的位置及编录壁形态，它是编录巷道剖面图的基础，一般采用皮尺。为减少挂基线误差，其起点与终点应与测量点相联系，以便校核基线的距离和高程；基线的各种数据（方向、坡角及距巷顶、底的距离等）应记录清楚，并绘出草图。

观测基线的挂法一般采用平行巷顶（底）观测基线，如图4-9所示。

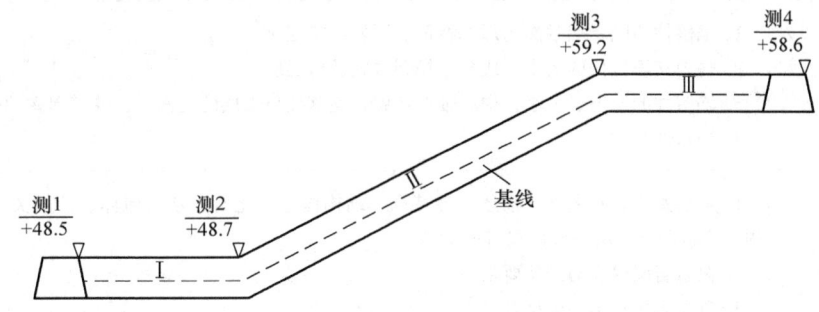

图4-9　平行巷顶（底）观测基线示意图

（三）现场资料收集

观测、记录和描绘巷壁地质现象是井巷地质编录的关键步骤，具体包括以下三个方面：

1. 地质观测点的选定与描述

地质观测点应选在地质特征清楚和地质变化显著的地点，对具有代表性和典型性的地质特征点必须重点观测描述。各种地质观测点的观测和描述内容见表4-1。

表4-1　各种地质观测点的观测和描述内容

名称	观测和描述内容
煤层	1. 煤厚：揭露顶、底板时可直接测量煤厚，否则可采用钎子或钻孔探煤厚 2. 煤层结构及煤岩特征：矸石层层数、厚度、煤分层中煤的物理性质、结构构造、煤岩类型及分层厚度 3. 煤层中的结核及包裹体 4. 煤层顶、底板：顶、底板岩性、厚度、产状、坚固性、裂隙等 5. 煤层的分叉、尖灭、增厚变薄、冲蚀等
断层	1. 断层位置、断层面形态特征、擦痕及滑动方向 2. 断层带宽度，充填物成分、大小、分布和胶结情况，含水含瓦斯情况 3. 两盘层位、岩性、厚度、产状、落差、伴生与派生构造 4. 断煤交线测量、煤层受断层的影响情况

（续）

名称	观测和描述内容
褶曲	1. 褶曲枢纽的位置、方向及倾伏情况，褶皱的宽度和幅度 2. 两翼煤岩层的层位和产状 3. 褶曲附近伴生小构造特征，褶曲与断层、节理的关系 4. 煤层受褶曲影响的情况
岩浆侵入体	1. 岩浆岩的颜色、矿物成分、结构构造、岩性 2. 侵入体的产状、形态、厚度、在煤层中的位置、分布范围、煤的变质程度、对煤层开采的影响程度 3. 侵入体与断裂构造的关系
陷落柱	1. 陷落柱与围岩接触面的形态特征、围岩产状变化 2. 柱内充填岩块的大小、成分、排列方式及地层层位 3. 陷落柱的形态、大小、中心轴的产状，陷落柱与煤层的交面线，巷道揭露的陷落柱部位 4. 导水性观测
煤系	1. 逐层鉴定岩石名称，描述岩性特征、结构构造、化石、结核包体、接触关系，特别要注意顶、底板和标志层的层位和特征 2. 测量岩层厚度与产状要素 3. 逐层采集标本并编号登录

2. 地质界线的实测

地质界线一般用地质观测点及附加点来控制，具体方法可概括为三种。

（1）实测地质界面控制点法　对于每一地质界面，均应实测两个或两个以上控制点，且每一控制点均需测出其与基线起点的距离和到基线的垂距。控制点应选择在地质界面与巷顶、巷底和基线的交点位置，或褶皱枢纽及断煤交线与巷壁的交点。然后以控制点为基础，按实际情况连接地质界线，如图4-10所示。此法适用于岩石层面起伏较大的井巷编录。

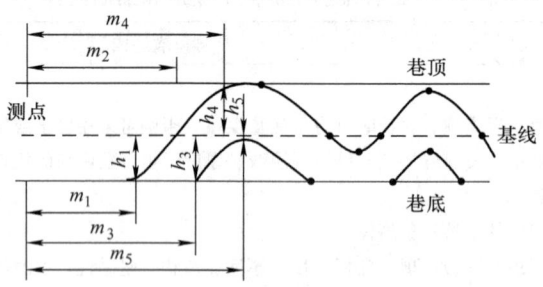

图4-10　实测地质界面控制点法

（2）实测地质界面控制点与视倾角法　每一地质界面只测一个控制点，即地质界面与基线的交点，并用罗盘量出地质界面的视倾角，绘出该地质界线，如图4-11所示。此法适用于岩层倾角较大，且产状与厚度稳定的井巷编录。

（3）实测小柱状控制地质界面法　即每隔适当距离作一小柱状图来控制地质界面，如图4-12所示。此法适用于岩层产状稳定、岩层平缓，并且层次较多的井巷编录。

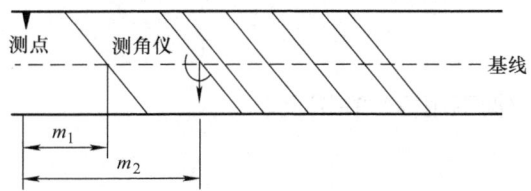

图 4-11　实测地质界面控制点与视频角法

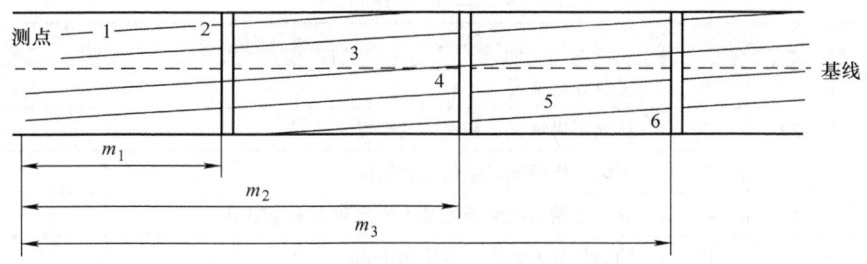

图 4-12　实测小柱状控制地质界面法

3. 巷道剖面实测草图及细部素描图的绘制

在进行井巷原始地质编录时，不但要观测记录数据和文字描述，而且要在现场绘制巷道剖面实测草图和典型地质现象细部素描图，如图 4-13 所示。草图要简明清楚，不仅编录人自己能看懂，而且要保证其他人也能看懂。细部素描图需要标定其位置。

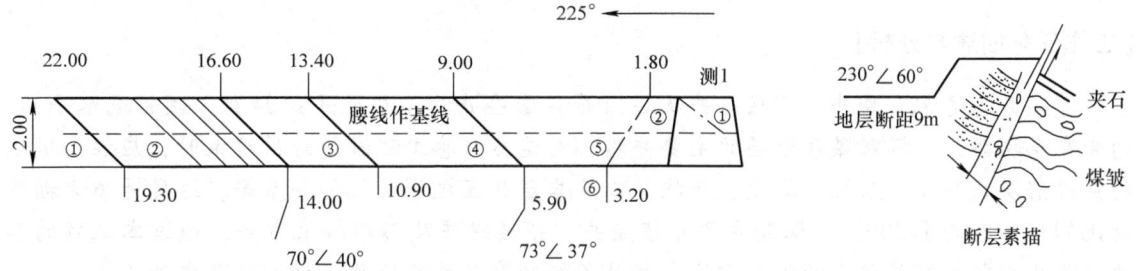

图 4-13　石门井下记录草图（单位：m）

①—灰色砂质泥岩，含根部化石　②—煤，半亮型为主，中夹两层泥岩（自下而上：半亮型煤 1.4，泥岩 0.5，半暗煤 0.5，泥岩 0.2，半亮煤 0.6）　③—灰色泥岩，近煤层含鳞木化石　④—砂质泥岩，上部含菱铁矿结核和炭质泥岩　⑤—中砂岩，中部斜层埋发育　⑥—断层（F），断层带中砂岩挤成粉末状

在井下进行观测编录时的注意事项如下：

1）切实注意安全，注意工作面迎头断面上部和断面片帮。

2）离开之前要认真检查记录，核对各种数据，编录完毕后还必须全面检查一遍，看资料是否收集齐全，如有遗漏和错误，要及时补充和纠正。

3）离开时应检查罗盘、地质锤、皮尺、记录本是否齐全，不要遗失在工作面上。

【工作任务实施】

1. 工作任务

图 4-13 所示为石门井下记录草图，请按草图所记录的数据，以 1∶200 的比例尺整理石

门素描。

2. 要求

1）除产状外，其他数据不用标注在图上。

2）图面清洁。

【工作任务考评】（见表 4-2）

表 4-2　工作任务考评表

考评项目	配分		考评内容
素质目标	20	6	遵章守纪情况
		7	认真听讲情况、积极主动情况
		7	团结协作情况、组内交流情况
知识目标	40	40	熟悉原始地质编录的基本要求和方法等知识
技能目标	40	10	明确任务方案，工具使用正确
		15	操作程序正确，方法运用得当
		15	能独立并正确完成任务

课题二　穿层井巷的地质编录

【工作任务描述与分析】

穿层井巷通常有竖井、穿层斜井及石门等。这些井巷工程无论是铅直、倾斜或水平的，均为穿层掘凿，是揭露煤系地层的主要井巷。对这类井巷工程进行地质编录时，应注意观测所穿过岩层的层序、岩性、厚度、产状，以及岩层相互之间的接触关系等。这类地质素描图的比例尺一般为 1:200。本课题主要介绍竖井、穿层斜井及石门编录方法，通过本课题的实施，学生应熟悉穿层井巷的编录方法，并具备绘制穿层井巷地质素描图的基本能力。

【知识学习】

一、竖井的地质编录

竖井一般开凿在井田中央，是最先用大断面揭露煤系地层的井巷工程。它所提供的有关煤系地层、地质构造、水文地质及工程地质的资料，对于认识矿井地质特征和指导下一步井巷施工有着重要作用。

（一）竖井地质预测

竖井施工前必须打检查孔，检查孔柱状图可以直接作为预测资料提供给施工单位，如地质条件复杂，还要提供四壁展开图。

（二）竖井地质编录的基本要求

1）根据地质条件的复杂程度，竖井井筒编录一般有展开图式编录、柱状剖面图式编录和水平切面图式编录三种方式，比例尺采用 1:200。

2）主素描图要标注方位，标清煤岩层的厚度、累计深度、倾向、倾角，各分层的岩石需要进行岩性描述。

3）煤层中所含夹石的层数、岩性、厚度均应标明。

4）仔细观察断层、裂隙等地质构造，收集产状要素。

5）遇有含水层位时，应描述涌水量的大小、出水点的位置及其与构造的关系等水文地质特征。

6）竖井素描图完成后，图中应注明井口坐标和开、竣工日期，经实测者、审核者签字后方可成图。

（三）竖井地质编录

1. 井筒展开图式编录

井筒展开图式编录适用于地质条件复杂的地区。对于圆形井筒，可采用内接正方形的方法把圆形井筒转为方形井筒进行编录如图 4-14 所示。其优点是便于确定井筒素描方位，同时可以利用作图的方法求出岩（煤）层的产状要素。

（1）编录方法

1）在井口周围选定 4 个基准点，使它们与井筒中心的连线方位分别为 45°、135°、225°和 315°；在 4 个基准点上悬挂 4 条测绳作为编录的标尺，用来测定地质界面、构造及地质观测点的深度。

2）在各条线上读出同一界面（地质界线、断层线等地质构造）的深度并记录下来，同时进行岩性、构造描述，测量产状，采集标本，并绘出草图。如此直到编录到井底。

图 4-14 井筒内接正方形示意图

（2）绘制竖井地质素描图的具体步骤

1）按照竖井内接正方形边长绘制东、南、西、北四帮井壁。

2）分别按现场收集的数据在一帮断面上，按控制的数据绘制岩层、断层等地质内容。

3）两个地质观测点间若没有控制的地质界线，可采用合理插值的方法插出。

4）地层产状可采用图解法或利用两个相互垂直的断面上的伪倾角进行计算。

5）用竖井厚度计算公式计算岩层厚度

$$M = H\cos\alpha$$

式中　M——岩层厚度；

　　　H——铅直厚度；

　　　α——岩层倾角。

6）对岩性进行描述。

想一想

只收集相邻两壁的地质资料，展开图中其他两壁可以根据所收集的资料画出来吗？

2. 井筒柱状剖面图式编录

井筒柱状剖面图式编录适用于地质条件简单或中等、岩层倾角平缓的地区。它是在垂直地层走向的井筒直径两端设置基准点和井筒边垂线，以此测量地质界面深度，绘制井筒柱状剖面图，如图 4-15 所示。

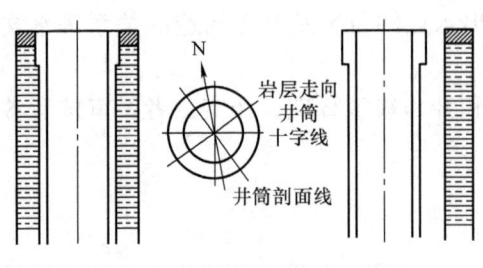 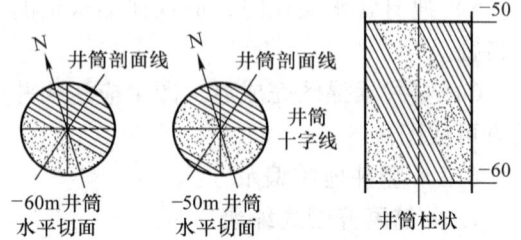

图 4-15　井筒柱状剖面图　　　　　图 4-16　井筒水平切面图

3. 井筒水平切面图式编录

井筒水平切面图式编录适用于地质条件简单、岩层倾角较陡的地区。这种方式是在井筒每掘一定深度编录一水平切面图，并根据各水平切面图编绘井筒柱状剖面图，如图 4-16 所示。

为了便于各水平切面图相互对应，在各个水平切面图上要准确标注指北线和井筒柱状剖面图的剖面线位置。

二、石门地质编录（包括穿层斜巷）

石门是垂直或近于垂直地层走向的水平巷道，它往往是第一个进入采区的穿层巷道，其编录资料是分析构造、对比煤层的主要依据，也是采区设计和巷道施工所不可缺少的资料。因此，全部石门不论长短，都要仔细进行编录并采取标本。

（一）石门编录方法

1. 熟悉巷道预想剖面和邻近勘探线剖面图

编录石门剖面图时，应选择与勘探线读图方向一致的一壁作为主观察壁进行编录，以便于用石门资料补充和修改勘探线剖面图。

2. 对编录巷道进行全面的概略观察

首先要了解测量点的位置，查明巷道已揭露的主要地质现象，确定地质观测的位置。然后利用井下测量点，丈量并记录地质观测起点与测量点间的距离。

3. 地质观测点的设置与描述

地质观测点应设在地质特征清楚、地质变化显著的地点，如岩层分界面、断层面、褶曲轴部、煤层顶底板、岩性岩相发生显著变化处、岩浆侵入处、岩溶陷落柱和裂隙发育处、钻孔位置及其他有地质意义的地点。对于所选定的每个地质观测点，要准确测定其到最近测点的距离，记录并绘出草图。

对于岩层分界点，要逐层描述其岩性；对于煤层点，要详细观测煤厚、结构、煤岩类型、产状及顶底板岩性特点；对于断层、褶曲、岩浆岩体、岩溶等，应准确测定其位置及产状，并记录有关特征。

当巷道采用锚喷、砌碹支护时，只能观察到迎头断面及其附近的很窄的壁上的资料，所以在对穿层巷道进行地质收集时，应增加去现场的次数，避免出现丢层问题，特别是丢煤层。对于厚至特厚煤层更应加密跟踪观测，以避免遗漏重要的夹石层资料。

4. 煤层观测和描述

井巷所揭露的煤层，不论其是否可采，都必须进行观测和描述。凡井筒、石门和其他穿层巷道所揭露煤层的地点，均应作为观测点进行观测。

注意：石门见煤后，测量人员应对见煤观测点进行标定，以便准确地将其填到地质图上；主采煤层要在石门两侧留设小洞，厚至特厚煤层顶、底板均要留设小洞，以便日后从石门开门。

（二）测量产状的方法

1. 用罗盘直接测定产状

当岩层面或断层面在巷道中出露完好时，可将罗盘直接放在岩层面上进行测量。

当煤岩层或断层面与巷道两壁斜交，不能用罗盘直接测定其产状时，测定产状的方法是：如图 4-17 所示，首先在巷道两壁与同一层面的交线上，找出两个高程大致相同的 a 点和 b 点，连接 a、b 两点，用半圆仪或罗盘校正直线 ab，使其水平，则直线 ab 即为岩层的走向线；然后在同一层面上再找一点 c，从 c 点拉一直线 cd，使其垂直于走向线 ab，则 cd 的倾向和倾角即为岩层的倾向和倾角。这种产状测量方法的优点是测出的产状是具有代表性的平均值，可以避免产状局部变化的干扰。有经验的矿井地质人员，一般只需要站在巷道中间，目视巷道两壁同一层面同高程的两点，即可用罗盘测出岩层的走向。

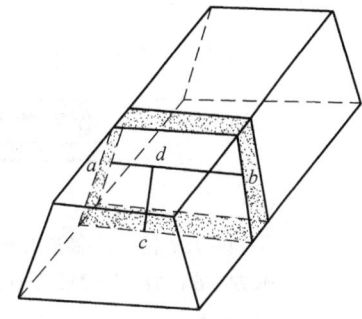

图 4-17 石门中岩层产状的测定

断层产状的测量方法与煤层相似。

📖 **小资料**

地质罗盘仪的构造和使用方法

如图 4-18 所示，地质罗盘仪主要由磁针、磁针制动器、刻度盘、测斜指针、水准器和瞄准砧板等构成。

1. 构造

（1）磁针　两端尖的磁性钢针，其中心放置在底盘中央轴的顶针上，以便可以灵活地摆动。

（2）磁针制动器　用来制动磁针，以便保护顶针和旋转轴不受磨损。

（3）刻度盘　分内（下）、外（上）两圈。内圈为垂直刻度盘，专用于测量倾角和坡度角，以中心位置为 0°，分别向两侧每隔 10°一记，直至 90°。外圈为水平刻度盘，其刻度方式有两种，即方位角和象限角，随不同罗盘而异。方位角刻度盘是从 0°开始，逆时针方向每隔 10°一记，直至 360°，在 0°和 180°处分别标注 N 和 S（表示北和南），在 90°和 270°处分别标注 E 和 W（表示东和西）。

（4）测斜指针（或悬锤）　测斜指针是测斜器的重要组成部分，它放在底盘上，测量时指针所指垂直刻度盘的度数即为倾角或坡度角的值。

（5）水准器　罗盘上通常有圆形和管形两个水准器，圆形水准器固定在底盘上，管状水准器固定在测斜器上，当气泡居中时，分别表示罗盘底盘和罗盘含长边的面处于水平状态。如果测斜器是摆动式的悬锤，则没有管状水准器。

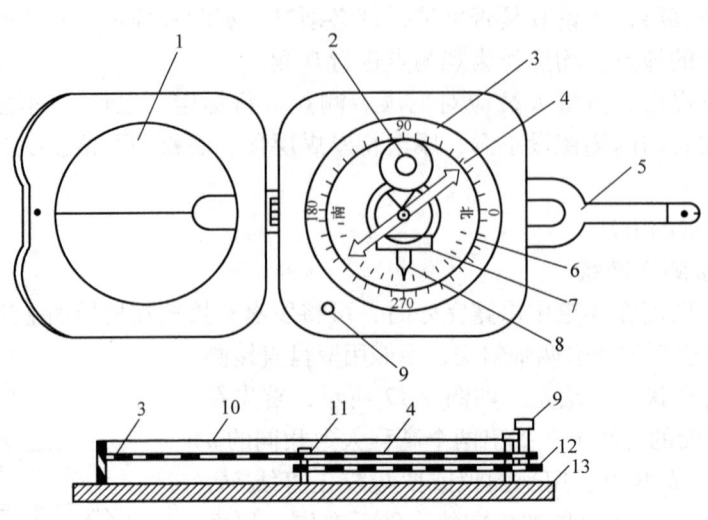

图 4-18 地质罗盘仪的构造

1—反光镜 2—圆形水准器 3—水平刻度盘 4—磁针 5—瞄准砧板 6—垂直刻度盘
7—长方形水准器 8—测斜指针 9—磁针制动器 10—玻璃盖 11—顶针 12—杠杆 13—罗盘底盘

（6）瞄准器 瞄准包括接目和接物砧板、反光镜中的细丝及其下方的透明小孔，是用来瞄准测量目的物（地形和地物）的。

2. 使用方法

使用地质罗盘仪前，需作磁偏角的校正，因为地磁南、北两极与地理南、北两极的位置不完全相符，两者间的夹角称为磁偏角。当地球上某点的磁北方向偏于正北方向的东边时，称为东偏（记为＋）；偏于西边时，称为西偏（记为－）。为工作方便，应对磁偏角进行校正；当磁偏角偏东时，转动罗盘外壁的刻度螺钉，使水平刻度盘沿顺时针方向转动一磁偏角值即可（若西偏，则沿逆时针方向转动）。经校正后的罗盘，所测读数即为正确的方位。

2. 用控制距离的方法计算产状

为克服井下铁器、电器对罗盘的干扰和操作上的困难，常采用测距离的方法，并通过制图计算产状。

如图 4-19 所示，AB 为走向，只要沿巷道两壁分别测出 A、B 两点距附近测点 P 的距离，并将此距离投射到巷道工程平面图上，便可绘出走向线，还可以从图上量出走向方位角。

3. 利用两个相互垂直断面的伪倾角计算产状

随着机械化程度的提高，井下铁器对罗盘的干扰较大，导致罗盘在井下使用中只起到半圆仪的作用。目前，在井下一般首先测量巷道一壁和迎头断面伪倾角，再用间接方法求得产状。巷道一壁和迎

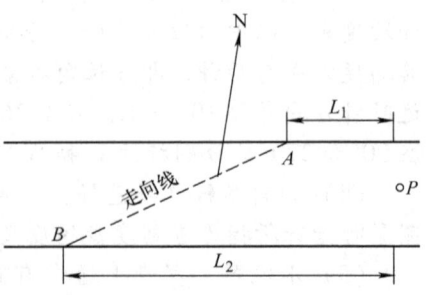

图 4-19 用控制距离法确定岩层产状

头断面上的两个伪倾角是画地质素描图的两个必备参数，利用这两个伪倾角计算产状，是在不增加工作量的前提下完成的，堪称一举两得。

采用两个相互垂直断面的伪倾角求产状的公式为：

真倾角　　　　　　　　　　$\tan^2\alpha = \tan^2\alpha_1 + \tan^2\alpha_2$

剖面与岩层走向锐夹角　　　$\tan\theta = \tan\alpha_1/\tan\alpha_2$

倾向　　　　　　　　　　　$\beta = \gamma \pm (90° \pm \theta)$

式中　α——真倾角；

α_1——一壁伪倾角；

α_2——迎头断面伪倾角；

θ——剖面与岩层走向的锐夹角；

γ——巷道掘进方向；

β——倾向。

倾向公式中的"±"根据岩层在巷道中的产出状态确定。根据一壁伪倾向确定（90°±θ）中的正、负号：向回倾斜为正，向前倾斜为负；根据迎头断面判别正、负号：向右倾斜为正，向左倾斜为负。以上分析简化为八字口诀：回加前减，右正左负。

说明：计算结果大于360°时，要减去360°；若计算结果为负数，则说明为逆时针方向，要加上360°。

（三）煤、岩层厚度计算

不论平巷、竖井，还是斜井，在素描图上按比例尺绘制完成后，均可以直接在素描图上测量煤岩层的水平或铅直厚度。

当煤岩层的倾角较小时，应测量铅直厚度（图4-20），然后按下列公式计算厚度

$$M = L_{铅}\cos\alpha$$

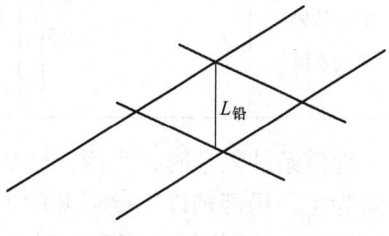

图4-20　用铅直厚度求厚度

当煤岩层的倾角较大时，应测量水平厚度（图4-21），然后按下列公式计算厚度

$$M = L_{水}\sin\alpha\sin\omega$$

式中　M——煤岩层厚度；

α——煤岩层真倾角；

$L_{铅}$、$L_{水}$——煤岩层的铅直和水平厚度；

ω——岩层走向与巷道的锐夹角。

（四）室内资料整理

每次井下编录结束之后，在上井前应认真检查记录，核对数据。对于编录的终点部位要注意进行记录和标记，以便于下次继续进行。要及时整理好资料，并按照一定图式绘制比例为1:200的石门地质素描图。

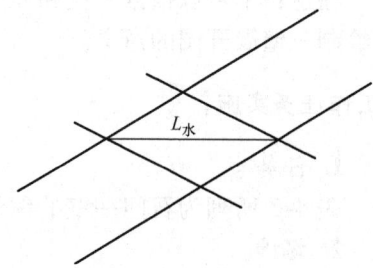

图4-21　用水平厚度求厚度

地质简单时，可采用一壁素描和迎头断面、小柱状或构造细部素描的方法进行编录，见表4-3。

表 4-3　石门一壁的编录

225°←

层号	6	5	4	3	2	1	测1
累计水平距	23.40	22.00	16.60	13.40	9.00	1.80	
真厚		3.20	1.80	2.70	4.20		
石门剖面							
产状			70°∠42°		73°∠37°	230°∠60°	
岩石名称	砂质页岩	煤	页岩	砂质页岩	中粒砂岩	断层	煤
岩性描述	浅灰色，含植物根化石	以半亮型为主，其次为半暗型；中上部夹2层页岩	浅灰色，含菱铁矿结核，在接近煤层的顶板岩石中含猫眼鳞木化石	灰色，上部含菱铁矿结核及炭质页岩	灰白色，厚层状，胶结不紧密；分选差，中部斜层理发育，含黄铁矿	断层带中砂岩挤成粉状	色暗淡，无光，呈粉碎煤；有柔皱；夹石层受压分布很乱
煤层结构与补充素描			0.2 / 0.6 / 0.5 / 0.5 / 1.4		230°∠60° 地层断层9m	夹石 / 煤皱	

地质条件复杂时，采用三壁展开和迎头断面。如果只是局部地质条件复杂，可采用一壁编录为主，局部辅以三壁展开的方法，这种方法一般在以下部位画三壁展开图：

1）见主采煤层或可采煤层时。
2）见断层、褶曲时。
3）两壁岩层倾角不一致时。

注意：不可以根据一壁和迎头断面资料推测另一壁情况来绘制三壁展开图，这样就失去了绘制三壁展开图的意义。

【工作任务实施】

1. 任务

表 4-3 所列为石门一壁的编录，巷道高度为 3m，试按 1∶200 的比例尺绘制地质素描图。

2. 场地

绘图室。

3. 要求

1）严格按比例尺绘制。
2）表中所标水平距离是从巷道底测得的，要严格按尺寸绘制。
3）表中岩层应按伪倾角绘制。

【工作任务考评】（见表4-4）

表4-4 工作任务考评表

考评项目	配分		考评内容
素质目标	20	6	遵章守纪情况
		7	认真听讲情况、积极主动情况
		7	团结协作情况、组内交流情况
知识目标	40	40	熟悉穿层巷道地质编录的方法及步骤
技能目标	40	10	明确任务方案，工具使用正确
		15	操作程序正确，鉴定方法运用得当
		15	独立并正确完成任务

课题三　顺层巷道和回采工作面地质编录

【工作任务描述与分析】

顺层巷道包括顺层斜井、运输大巷、总回风巷及沿煤层开掘的所有准采巷道。回采工作面地质编录的基本任务是查明采区内的地质变化及其发展趋势，以指导回采工作的正常进行。顺层巷道的地质编录与回采工作面类似。本课题重点介绍顺层巷道和回采工作面的地质编录方法，通过本课题的实施，学生应熟悉顺层巷道和回采工作面的地质编录方法，并具备绘制顺层巷道和回采工作面地质素描图的基本能力。

【知识学习】

一、顺层巷道地质编录

一般岩石巷道，如顺层斜井、运输大巷、总回风巷等，其地质编录方法与石门编录方法相似，但其更为简单。比例尺一般采用1∶200；对于沿煤层掘进巷道，比例尺一般采用1∶500。

根据煤层厚度和倾角大小的不同，煤巷地质编录有以下方法。

（一）编录巷道壁和巷道迎头的方法

这种方法适合对在倾斜、缓倾斜煤层掘进的巷道进行编录，也适合沿倾向掘进的急倾斜煤巷的地质编录。

1）对于巷道能够揭露煤层顶、底板的薄煤层及部分中厚煤层，可以直接编录巷道壁和巷道迎头断面，如图4-22所示。

2）当煤层倾角较缓时，一般不需要采用连续测绘的方法，只要隔适当距离观察一次煤层全厚，或者实测一个煤层小柱状图或迎头断面即可，煤层小柱状图或迎头断面应包含煤层厚度、产状、结构和顶、底板情况。

在沿可采煤层掘进的巷道内，根据煤层的稳定程度，煤层观测点的间距一般为：稳定煤层 50~100m，较稳定煤层 25~50m，不稳定煤层 10~25m，极不稳定煤层小于或等于 10m。遇地质构造时，可适当加密观测点，以反映煤层变化的实际情况。

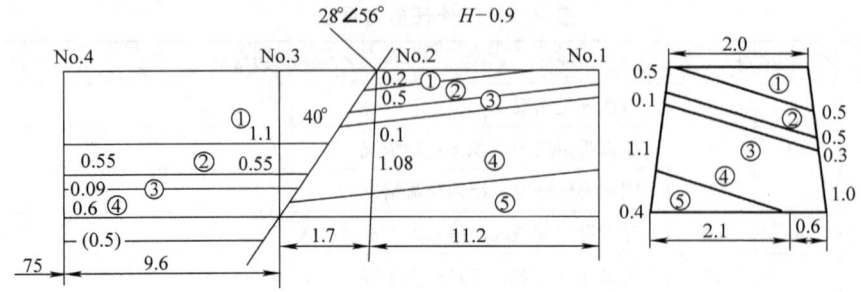

图 4-22　井下煤巷编录草图（单位：m）
①—黑色粉砂岩，坚硬　②、④—暗淡型煤　③—黑色泥岩　⑤—灰褐色泥岩，含植物根化石

各观测点间的距离应视煤层稳定性而定，以能够如实反映煤层的变化情况为宜。当煤层厚度、结构变化较大时，应加密观测点，并作连续观测。编录巷道一壁剖面图的方法与石门的编录方法相同。如采用实测层面控制点法或实测小柱状图法测绘煤层及其他地质现象，则各项观测数据可记录在实测草图上，也可记录在井下记录本和煤层观察卡片上。在连续观测的基础上，将各实测小柱状和控制点按照实际情况连接起来，就绘成了巷道一壁剖面图，如图 4-23 所示。

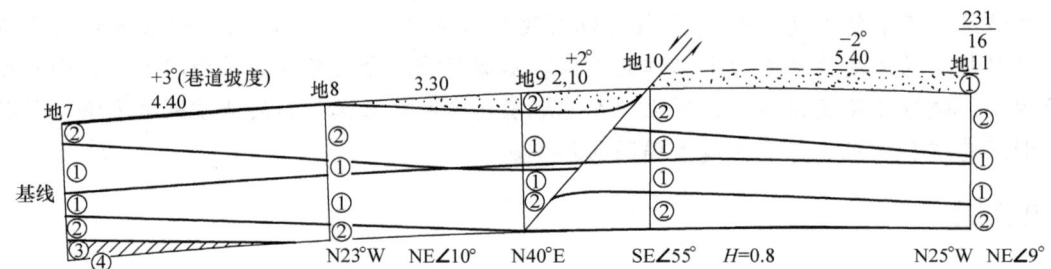

图 4-23　巷道一壁剖面图（单位：m）
基线上：①—腐泥煤 0.80m　②—半亮型煤 0.40m
基线下：①—腐泥煤 0.40m　②—半亮型煤 0.35m　③—炭质泥岩 0.15m　④—光亮型煤 0.10m

对于煤巷中出现的重要地质现象要详细观察，并用巷道断面图、局部素描图或展开图、井下摄影等手段如实记录下来，作为认识煤层变化规律的资料。

3）根据煤层稳定性确定观测点间距，编录巷道壁和巷道迎头断面，注明煤层厚度、结构，以及顶、底板岩性、产状、断层等，如图 4-24 所示。巷道迎头上断面图一般在巷道迎头上实测，也可以根据巷顶及两壁的情况恢复当时的掘进迎头情况。断面图比例尺一般和一壁一致，如构造复杂可以放大，采用 1∶50~1∶100。

4）急倾斜煤层可沿倾向掘进的巷道编录，由于一壁煤层倾角较陡，煤巷沿顶或底掘进，因此便于采用一壁素描图记录现场地质资料；还可以配合迎头断面进行编录，如图 4-25 所示。

应该指出的是，一般煤巷测量晚于地质编录，即测点前尚有一截巷道没有经过测量控制。如果巷道方向或坡度有变化，则地质人员在收集资料时，就必须先采用罗盘和皮尺来测

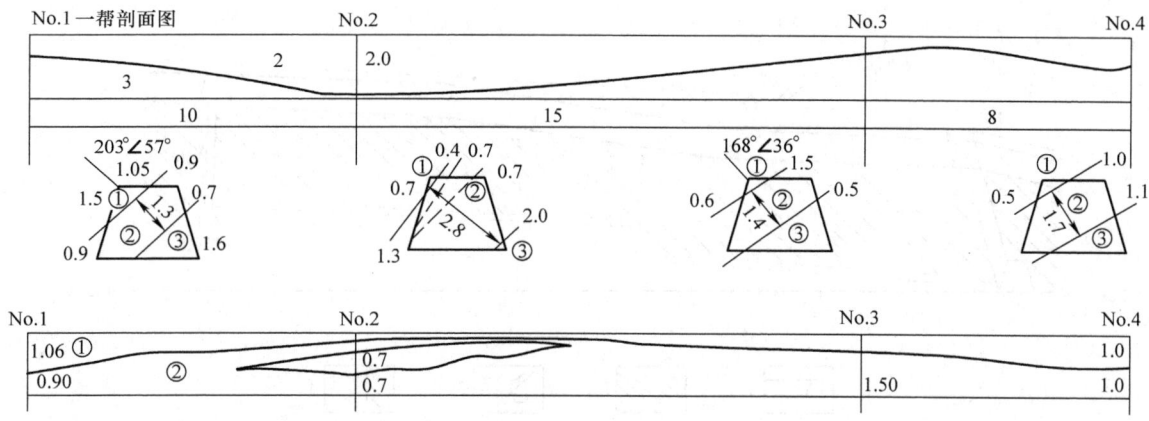

图 4-24 急倾斜薄煤层编录方法示意图

①—黑色粉砂岩，含黄铁矿结核 ②—煤层上部为半亮型，破碎 ③—灰白色细砂岩，由向而上变细煤层直接底为黏土岩，含植物根化石

量巷道，才能完成地质编录任务。具体方法为：编录时沿着巷道腰线挂一条皮尺，使皮尺与巷道底面平行，拉紧皮尺，读长度；在两端分别测坡角、巷道方位，如两读数差在 5°内，则取平均数；如巷道方向、坡度有变化，则应分段进行测量并绘制草图。

以上方法是在见地质构造时，为绘制地质素描图而临时采用的方法。测量后，应按测量数据正式进行绘制。

5）煤巷探煤厚一般在掘进工作面圈出后进行，地质部门根据煤层稳定性、倾角等特征进行探煤厚设计。

探煤厚有两种方法：一种是开煤门，这种方法适用于倾角较大的区域，特别是急倾斜区域，其施工简单，不影响其他工种作业，而且地质人员可以直接进入煤门进行编录，资料准确可靠；另一种是施工钻孔，一般适用于缓倾斜、倾斜区域。所有厚煤层在开采前必须探煤厚。当两个相邻探煤厚点的煤厚相差 0.5m 时，应在中间补充一个探煤厚点，以确保对煤厚的控制。

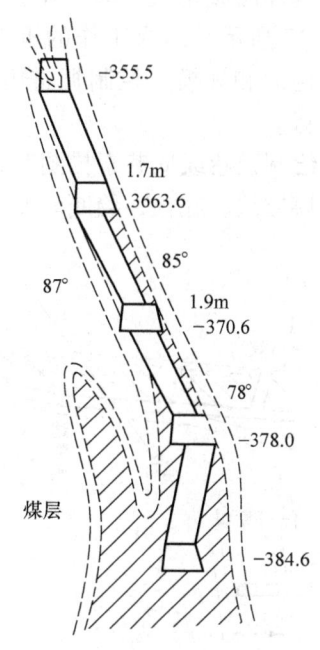

图 4-25 急倾斜局部素描图（单位：m）

工作面探煤厚后，应把探煤厚成果填到工作面素描图上，这时，地质素描图上的煤层顶、底板应齐全（图 4-26）。然后根据工作面素描资料修改煤层图、地质剖面图等，根据探煤厚资料绘制煤厚等值线图。

（二）编录巷道水平切面图和迎头断面法

编录巷道水平切面图和迎头断面法适用于急倾斜区域平巷的编录。一般来说，急倾斜煤层受倾角的限制，其工作面规模比较小，工作面运输巷道和回风巷一般采用平巷掘进。

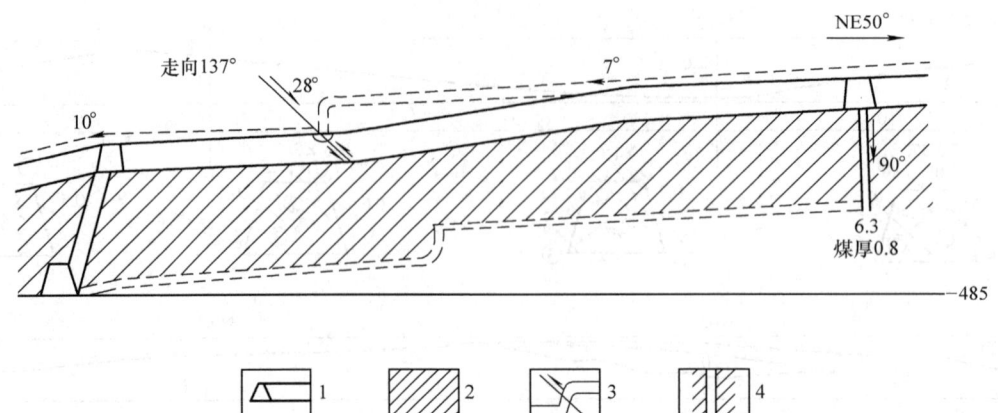

图 4-26 探煤厚后补齐顶、底板示意图（单位：m）
1—巷道 2—煤层 3—断层 4—探煤厚钻孔

当煤层倾角较陡时，不方便绘制一壁素描图，应编绘巷道所在高程的水平切面图，如图 4-27 所示。编录工作的重点是及时发现构造变动和岩性变化，查明巷道通过位置处的构造性质和规模，控制掘进方向与岩层走向的关系，保证巷道开掘沿着设计的层位和方向进行。

绘制顶巷或底巷素描图时，巷道位置可以直接从比例尺为 1∶500 的巷道图上抄绘，然后绘制煤层顶、底板，绘制时要注意断面与平面图的对应关系。

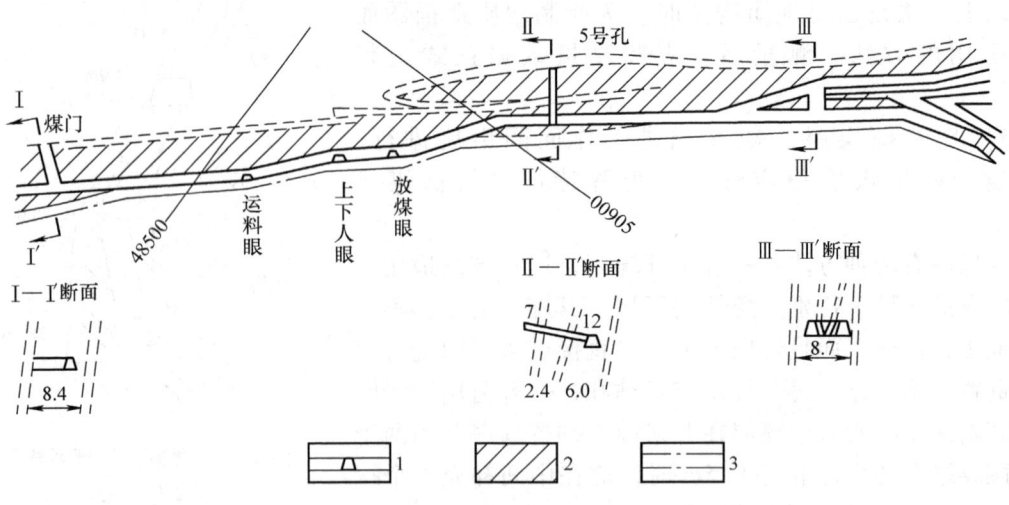

图 4-27 煤层平巷顶部水平切面示意图
1—巷道 2—煤层 3—煤层顶、底板

二、回采工作面地质编录

回采工作面地质编录的基本任务是查明采区内的地质变化及其发展趋势，以指导回采工作的正常进行；测量煤厚、采高和浮煤厚度，计算工作面损失率，监督煤炭资源的利用情况；探测厚煤层的剩余厚度，为厚煤层的合理开采提供技术依据。

回采工作面地质编录方法有观测点法和剖面图法两种。

(一) 回采工作面观测点法编录

对于地质条件简单的工作面，只需要每隔一段时间（3~5天）检查一次工作面，在工作面上均匀地布置几个观测点，测量煤厚、采高、浮煤厚度、顶煤厚、底煤厚和产状，将结果填绘在回采工作面平面图上。

(二) 回采工作面剖面图法编录

对于地质条件比较复杂的工作面，除了要增加工作面的检查次数外，在遇到地质变化时，还应编录沿工作面那一壁的采面素描图，编录方法与顺层煤巷基本相同，比例尺用1:200~1:500，如图4-28所示。

对于分层开采的工作面，要系统地进行探煤厚工作，以便合理地确定下分区开采高度，避免出现不合理丢煤，根据探煤厚资料，及时修改地质图和绘制剩余煤厚等值线图。

对于综采放顶煤的工作面，由于一次采全厚，工作面巷道均布置在底板上，开采前应向上探煤厚，以便准确地计算回采工作的储量。回采中，还要根据地质构造复杂程度和煤层稳定性，选择适当的间距在采面探煤厚，以便对资源回收情况进行翔实的评价和对资源利用情况进行监督，并有针对性地指导煤炭生产。

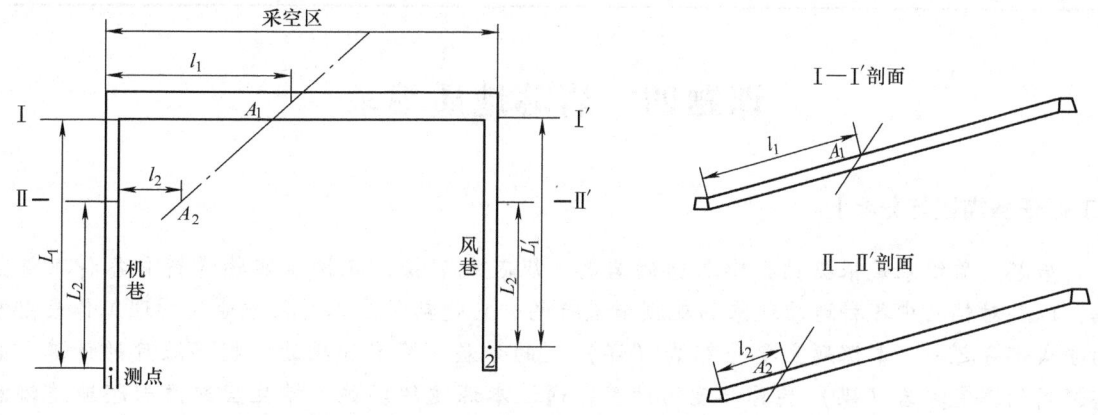

图4-28 回采工作面巷道剖面编录

应该指出的是：开采近距离煤层群时，还要对下部煤层煤厚和层间距进行探测，避免因地质构造而误采下部煤层的事故发生；所有综采工作面在回采前均应做无线电坑透，对回采工作面内部地质构造进行探测；开采急倾斜厚煤层时应注意采出量，防止出现误采工作面上方煤柱，造成老空水溃入采面。

【工作任务实施】

1. 任务

根据图4-22所示草图，按1:500的比例尺绘制地质素描图。

提示：

1) 1:500的比例尺是指图上2mm代表实际距离1m。

2) 草图上的岩层在画素描图时不用编号，要用岩性图例表示。

3) 煤厚标注真厚度，岩层产状标注视倾角，其他数据不用标注，使用者可以按比例在图上量取。

2. 要求

1）仔细分析数据，进行合理分层。

2）完成后，组内同学互相检查。

【工作任务考评】（见表4-5）

表4-5 工作任务考评表

考评项目	配分		考评内容
素质目标	20	6	遵章守纪情况
		7	认真听讲情况、积极主动情况
		7	团结协作情况、组内交流情况
知识目标	40	40	熟悉顺层巷道地质编录的方法和步骤
技能目标	40	10	明确任务方案，工具使用正确
		15	操作程序正确，绘图方法运用得当
		15	独立并正确完成任务

课题四　岩芯地质编录

【工作任务描述与分析】

岩芯地质编录是根据钻孔中取出的岩芯、煤芯或岩粉、煤粉等实物资料和各种测量数据，以及对钻孔中各种地质现象的观测来进行的，它是钻探施工过程中地质管理工作最重要的组成部分之一。本课题主要介绍岩（煤）芯的分层、鉴定和描述，换层深度的计算、岩芯倾角的测定和岩（煤）层真厚度的计算，通过本课题的实施，学生应熟悉岩芯地质编录的主要内容，并初步具备编录岩芯的能力。

【知识学习】

井下钻探工程受井下条件限制，一般施工深度在100m以内。由于钻探施工深度浅，歪斜程度低，所以不进行测斜和测井，为简化起见，一般也不考虑残存岩芯等问题。

一、岩（煤）芯的分层、鉴定和描述

从钻孔开始钻进到提出岩芯，称为一个回次。每个回次提出的岩芯应按自上而下、由左向右的顺序放入岩芯箱内。地质人员要根据岩性对所取岩芯进行分层，对于分层后的不同岩性的岩芯，分别测量其在本回次中的长度，再除以本回次岩芯采取率，即得到岩层在本次提钻中的伪厚度。

由于岩石的硬度各异，在钻进过程中磨损情况不同，如煤层、泥岩等易磨损，而砂岩、石灰岩等难磨损，故各岩层所确定的伪厚度仅是初步的，真正确定岩（煤）芯的分层，还应参照钻探判层记录。对岩芯分层后，应逐层详细鉴定和描述岩石的成因标志和构造特征，如岩溶或裂隙发育程度、断层面及其破碎带等。

二、换层深度的计算

换层深度即岩（煤）分层界面在钻孔中的深度。在岩（煤）芯分层后，可根据岩（煤）芯采取率、回次钻探深度及岩（煤）芯磨损与回次残留岩芯情况等，通过计算获得换层深度。

岩层的换层界面有时正好在回次终点换层，但多数情况是在回次进尺中间换层，并且一个回次中常常有一个或几个换层界面。在钻进过程中，由于不同岩性的岩芯磨损存在很大差异，使得回次岩芯不能代表回次进尺的孔段长度，再加上残留岩芯的影响，使换层深度的计算更为复杂。现简要介绍换层深度计算的一般方法及步骤。

1. 求岩芯采取率

岩芯采取率分为回次岩芯采取率和分层岩芯采取率两种，如图4-29所示。

（1）回次岩芯采取率（X）　某回次所取岩芯长度与本回次实际进尺的百分比，称为回次岩芯采取率即

$$X = \frac{\sum L}{L_A} \times 100\%$$

（2）分层岩芯采取率　某岩层的岩芯累计长度与其相应的实际钻探进尺的百分比，称为分层岩芯采取率。

2. 计算不同岩性的岩芯孔段长度

$$S = \frac{h}{X}$$

式中　S——各岩层岩芯孔段长度（m）；

　　　h——对应岩层岩芯采长（m）；

　　　X——回次岩芯采取率（%）。

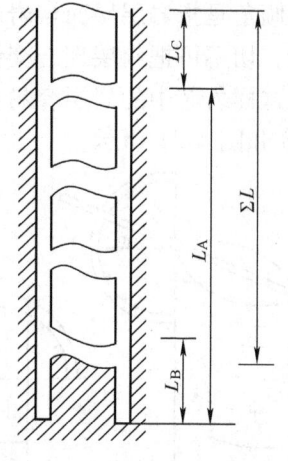

图4-29　岩芯采取率的计算

$\sum L$—本回次实际进尺　L_A—本回次实际岩芯
L_B—本回次残存岩芯　L_C—上回次残存岩芯

需要指出，上述计算公式中，都将同一回次中不同岩性的岩芯采取率视为相同。但由于岩石在钻探过程中的磨损情况差别很大，因此其岩芯采取率的差别也很大，松软岩层的岩芯采取率低，坚硬岩层的岩芯采取率高。

若用回次岩芯采取率计算岩芯孔段长度，将与实际情况相差很多，故在计算不同岩性岩芯孔段长度时，必须采用岩层岩芯采取率。不同岩性的岩层岩芯采取率，通常可以通过对大量资料的统计分析获取其经验数据。

3. 计算换层深度

求出岩芯采取率和回次中各岩层的岩芯孔段长度后，便可计算各岩层的换层深度。换层有以下两种：

（1）回次进尺终点换层　即岩层换层位置恰好位于回次进尺的终点，这种情况比较简单，其换层深度即为回次累计孔深。

（2）回次进尺中间换层　即岩（煤）层的换层界面位于回次钻进所采取的岩芯之间。

此时，换层深度的计算公式为

$$H_W = H_n - \sum S_2 \text{ 或 } H_W = H_{n-1} + \sum S_1$$

式中　H_W——换层深度；
　　　H_n——本回次累计孔深（m）；
　　　$\sum S_1$——本回次中，换层上部各岩层岩芯孔段累计长度（m）；
　　　H_{n-1}——上回次累计孔深（m）；
　　　$\sum S_2$——本回次中，换层下部各岩层岩芯孔段累计长度（m）。

三、岩芯倾角的测定

岩芯倾角是指岩层层面与岩芯横断面之间的夹角。通常利用岩层分界面和水平层理面等进行测量，切不可把斜层理、交错层理及节理面误认为层面。测量岩芯倾角时可把岩芯用水洗一下，这样岩芯中的岩层容易显示出来。岩芯倾角可利用量角器或地质罗盘仪直接测量，如图 4-30 和图 4-31 所示。

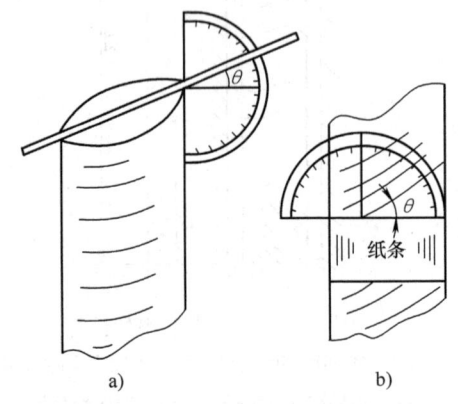
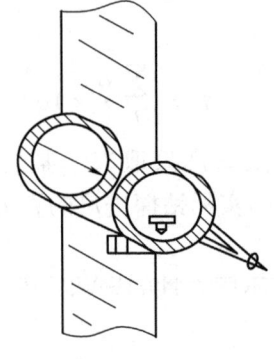

图 4-30　用量角器测量岩芯倾角　　　　　图 4-31　用地质罗盘仪测量岩芯倾角
a）岩芯端有平整的层面时　b）岩芯端没有平整的层面时

四、岩（煤）层真厚度的计算

岩（煤）层真厚度的计算公式为

$$M = L\cos\theta$$

式中　M——岩（煤）层真厚度（m）；
　　　L——岩（煤）层钻探伪厚度（m）；
　　　θ——岩芯倾角。

【工作任务实施】

1. 任务

本回次实际进尺为 5.2m；取芯 3.7m，从上往下分别为泥岩 1.4m 和细砂岩 2.3m；测得岩芯倾角为 20°。试求：①本回次岩芯采取率；②泥岩、细砂岩孔段长度；③计算各岩层厚度。

2. 要求

1）仔细分析数据，进行合理分层。

2）完成后，组内同学互相检查。

【工作任务考评】（见表4-6）

表4-6 工作任务考评表

考评项目	配分		考评内容
素质目标	20	6	遵章守纪情况
		7	认真听讲情况、积极主动情况
		7	团结协作情况、组内交流情况
知识目标	40	40	熟悉钻孔地质编录的方法和步骤
技能目标	40	10	明确任务方案，工具使用正确
		15	操作程序正确，鉴定方法运用得当
		15	独立并正确完成任务

【习题】

一、填空题

1. 原始地质编录的基本要求有_____、_____、_____和_____。
2. 井巷地质编录方式一般有_____、_____及_____三种。
3. 穿层井巷通常有_____、_____、_____和_____等。
4. 根据地质条件的复杂程度，竖井井筒编录一般有_____、_____和_____三种方式。
5. 写出六种巷道展开方式：_____、_____、_____、_____、_____、_____。

二、是非题

1. 地质观测点必须选择测量点。（　　）
2. 见顶见底的煤层在迎头断面上垂直顶、底板测量的厚度是煤层真厚度。（　　）
3. 主观测壁必须与勘探线剖面的读图方向一致。（　　）
4. 地质编录一般不采用展开式编录。（　　）
5. 圆竖井按照外接正方形绘制东、南、西、北四帮井壁。（　　）
6. 可以根据一壁地质资料推另一壁来绘制展开图。（　　）
7. 石门见煤时，必须在现场控制顶、底板和夹石情况，不可推测。（　　）
8. 观测点编录需要连续进行。（　　）
9. 井巷地质编录方式的选择，主要取决于地质条件和巷道支护形式。（　　）
10. 岩芯中可以量出岩层倾角。（　　）

三、简答题

1. 试述展开图式编录法的适用条件。
2. 试述断层观测的内容。
3. 试述岩溶陷落柱的观测内容。
4. 试述煤层观测和描述的要求。
5. 现场草图与地质素描图有什么区别？

四、计算题

1. 某水平巷道的掘进方向为180°，揭露某一层位底板后又进尺10m，然后拐弯以200°掘进，再进尺20m见顶板，地层产状为60°∠30°。问该地层的厚度是多少？

2. 某煤巷一壁煤层倾角为23°，向回倾，迎头断面煤层倾角为36°，向左倾，巷道掘进方向为118°。试根据现场资料求煤层产状。

3. 钻孔在100.2~121.6m见煤，煤层岩芯倾角为25°。求煤层厚度。

第五单元
常用矿井地质图件

【单元学习目标】

本单元由矿井地质剖面图、煤层底板等高线图和矿井水平地质切面图三个课题组成,矿井地质图件是在地质勘探所提交的地质图件的基础上,根据井下实掘巷道和生产勘探钻孔揭露的地质资料、补充勘探等资料,经不断修改、补充而完善的图件,它们是地质勘探综合图件的延续,是矿井地质工作的重要技术成果。矿井原始地质编录是编绘矿井地质图件的基础。通过本单元的学习,学生应熟悉煤矿常用地质图件的内容,能够识读常用地质图件,并具备初步绘制常用地质图件的能力。

矿井地质图能全面、系统地反映出各种地质现象的相互关系和变化规律,是进行地质分析、地质预测、地质综合资料编写的基础;是指导煤矿采掘设计、生产、管理的依据;是编制矿井开拓延深、设计采区及回采工作面和编制采掘作业规程等工作的基础图件;是编制矿井年度、季节、月度生产计划和长远规划的必备图件;是矿井地质勘探工程布置、扩大储量和延长矿井服务年限的依据;也是指导矿井储量计算与管理的必备图件。

矿井地质图件的种类较多,各矿可根据矿井地质情况和生产需要进行绘制。生产矿井日常具备的图件有井田地形地质图、煤系综合柱状图、煤岩层对比图、地质剖面图、开采水平切面图、煤层底板(或顶板)等高线图、储量计算图等。其中,地质剖面图和水平切面图和煤层底板等高线图(急倾斜煤层要加绘立面投影图)因在生产中经常使用并起重要作用,而被称为矿井地质三大基本图件。矿井地质图件的比例尺通常为1:2000;当构造简单且煤层稳定时,可采用1:5000的比例尺;对于构造复杂、煤层不稳定的矿井,可采用1:1000的比例尺。

课题一 矿井地质剖面图

【工作任务描述与分析】

矿井地质剖面图可以直观地反映煤层、岩层、标志层等地层情况和断层、褶皱等构造形态,因而,它是煤矿技术人员最常使用的一种图件。本课题主要介绍矿井地质剖面图的主要内容和编制方法，通过本课题的实施，学生应熟悉矿井地质剖面图的内容和绘制方法。在此基础上，能够根据地质资料绘制地质剖面图，从而为煤矿开采设计、施工打下基础。

【知识学习】

矿井地质剖面图是过某假想直线，铅垂向下切剖面而成的图，这条假想直线称为剖面线。矿井地质剖面图一般沿用勘探线作为剖面线，也可以根据矿井生产需要加密一些剖面线。

按剖面线与地层走向的关系，地质剖面图可分为大致垂直地层走向的倾向地质剖面图（最常用）和大致沿地层走向的走向地质剖面图。

按编制方法，地质剖面图可分为勘探线地质剖面图和图切地质剖面图。前者是用井上、下勘探工程和井下工程揭露的地质资料编绘而成的，属于级别较高的图件；后者是根据工作需要，临时用现有地质图件切剖面成的图件，如用水平切面图切剖面等。

石门等主要巷道工程一般布置在勘探线上，这样方便充分利用资料。地质剖面图往往是编制煤层底板等高线图、煤层立面投影图和水平地质切面图等图件的基础图件，是分析地质构造、布置勘探工程的基础资料，是生产部门进行矿井开拓设计、留设煤柱的依据。

一、地质剖面图的主要内容

矿井地质剖面图的内容有：剖面线方向和编号、地形地物、经纬线或准线、勘探工程（钻探、坑探、物探等）、井巷工程、老窑采空区、地质界线、第四系冲积层、煤层、标志层、含水层、断层线、褶皱、岩浆侵入体和岩溶陷落柱等，如图5-1所示。

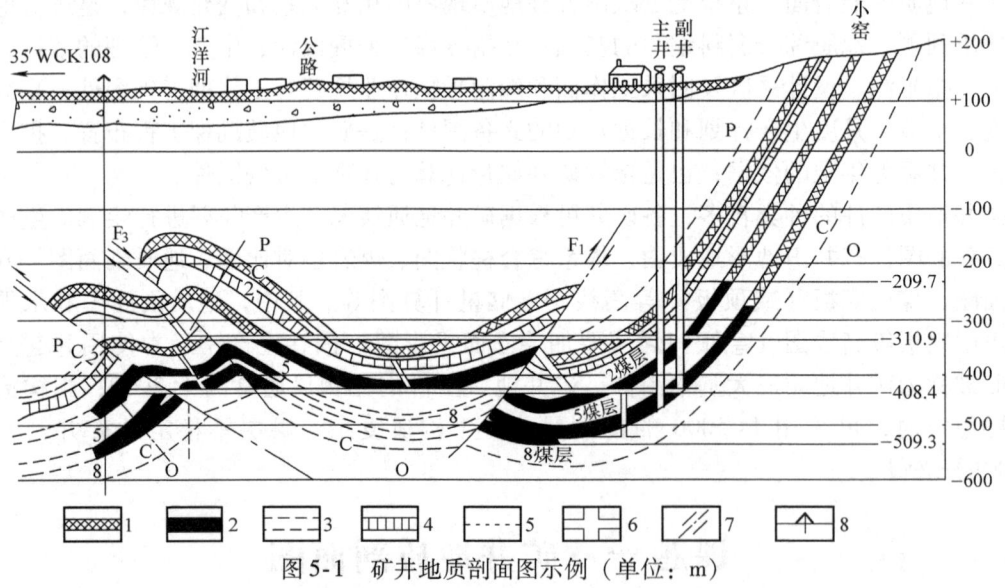

图5-1 矿井地质剖面图示例（单位：m）

1—采空区 2—煤层 3—推测煤层 4—标志层 5—地质界线 6—井巷工程 7—断层 8—钻孔

二、地质剖面图的编制方法

（一）采用勘探工程、巷道工程等揭露的地质资料编绘地质剖面图

采用勘探工程揭露的地质资料编绘地质剖面图，是地质勘探部门常采用的方法之一。地

质图件移交到矿山后,矿井地质人员根据新揭露的地质资料不断对这些图件进行修改,要想很好地完成修改图件工作,就必须熟悉这些图件的编绘过程。

1. 在平面图上确定剖面的位置与方向

1)矿井地质剖面图的方位应与原勘探线剖面的方位尽可能保持一致,以便于充分利用原有勘探工程资料,保持矿井地质剖面与资源勘探资料的连续性和继承性。

2)一个矿井要有统一的读图方向,以便于剖面图的使用。

3)矿井地质剖面应与设计的主要石门或上、下山位置基本保持一致,以便于在石门或上、下山设计与施工之前,沿拟定的剖面方向有针对性地布置补充勘探工程,查明巷道方向线上的地质情况;还可以在石门或上、下山施工之后,利用巷道资料修改矿井地质剖面图。

4)矿井地质剖面图应尽可能与主要构造线垂直,这样能够较真实地反映构造形态(倾向剖面图)。必要时,也可以将煤层走向、伪倾向或褶皱枢纽方向作为矿井地质剖面的方向(走向剖面图)。

5)剖面方向一般是一个,如果地层走向发生变化,也可以出现拐点,但不要超过两个。

2. 确定比例尺

矿井地质剖面图的比例尺最好与平面图一致,这样便于使用。

3. 收集和整理用来编绘剖面图的有关资料

绘制地质剖面图时,首先应全面收集剖面线上及与其邻近的钻孔柱状图、剖面切过的井巷素描图等图件;同时,还要收集整理钻孔、煤层、构造、水文地质等台账;检查不同类型平面图上的剖面线方向和位置,以及钻孔和巷道的见煤位置和高程等,以确保编图质量。

剖面附近 20m 以内的实见资料可以采用投影的方法使用。

4. 设计图面和绘制水平高程线

在正式绘图之前,应根据图的比例尺、剖面图的长度、剖面最高点和最低点的高差来选裁图纸,设计图面,绘制高程线。高程线是控制剖面高程的一组等间距水平线,其间距的大小取决于所选的比例尺。在图面上,相邻两高程之间的距离为 25mm 或 50mm;对于同一矿区或矿井其在,地质剖面图的高程线要统一。

5. 投绘平面与剖面的对应线

为建立平面图和剖面图之间的对应关系,一般采用的对应线有经纬线和准线两种。

(1)经纬线 用经纬线控制平、剖面图投绘资料的方向和距离,便于确定平、剖面图的对应关系。

将平面图上经纬线与剖面线的交点投绘到剖面图中,并过该点绘制垂直于剖面高程线的铅直线。使平面图上的经纬线和剖面图上相应的铅垂线相对应,以对应线与剖面线的交点为起点,测量各地质界线和剖面线交点处与对应线的平距,在剖面图上根据平距和高程投绘各种资料,如地形、钻孔、巷道等。

(2)准线 剖面上的准线是准线面与剖面的交线,准线面是人为规定的,通常选择与煤层走向大致平行的铅垂面作为准线面。准线面与平面相交的交线即为平面图内的准线。一个矿井一般只有一条准线,如矿井范围较大或地层走向有较大的变化,也可以设置两条准线,但不宜过多。准线一旦确定以后,就确定了准线起始坐标,不管在哪个平面图上,其位置都不应随便改变。

在准线与经纬线的选择上,建议首选经纬线作为平面、剖面联络线,这样有利于保证图件精度,特别是用 CAD 制图时。

如图 5-2 所示,$ABCD$ 面为煤层,$abcd$ 面是准线面,$efgh$ 面为剖面,直线 cd 为平面上的准线,直线 EF 为剖面上的准线。

如果以经纬线为对应线,则应将平面图上剖面线与经纬线的交点投绘到剖面图中,其投绘到剖面上是一条垂直于高程网的直线。

在剖面图上投绘地形、钻孔、巷道等各种资料时,均应以对应线为起点来测量平距,不要以钻孔间距分段度量。

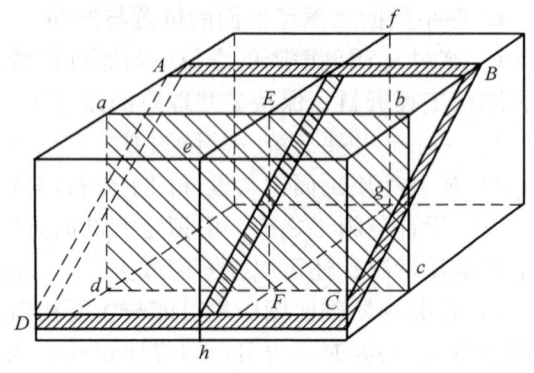

图 5-2 准线面与准线关系图

6. 绘制地形线和地物

根据实测钻孔高程,参照地形地质图和井上下对照图等,绘制剖面线切过的地形线和地物。

7. 投绘钻孔柱状

剖面线上的钻孔,可直接根据平面图上钻孔中心与对应线间的平距来确定其在剖面图上的位置。对于不在剖面线上,但又邻近剖面线的钻孔(与剖面线的垂距小于 15m),为了增加编图资料,可按两种方法投绘:一种是垂直投影法,即在平面图上,过钻孔中心向剖面线作垂线,得到一个交点,然后在剖面图上根据交点位置和高程确定所投绘的钻孔位置;另一种是走向投影法,即在平面图上,根据钻孔附近的煤、岩层产状,过钻孔中心点作平行煤层、岩层走向的直线,该直线与剖面线的交点即为被投绘的钻孔位置,然后按剖面线上的钻孔进行绘制。

投绘剖面线附近的钻孔时,剖面图上被投绘的钻孔两壁用虚线表示,以与剖面线上的钻孔相区别;被投绘钻孔的煤层、地质界线等根据原柱状图填绘,当投绘的钻孔孔口高程与实际地形剖面高程不一致时,地形剖面按实切高程绘制,并在投绘钻孔上方注明钻孔孔口高程;当钻孔与剖面线之间有断层通过、有褶曲存在或煤层不稳定时,一般均不投绘。

>>> **提示**

因钻孔资料无法获得地层走向数据,所以绝大多数都采用垂直投影法,但投影后的位置需要进行改正:

1)先采用垂直投影法填绘钻孔并绘制剖面图,然后根据剖面图作平面图。这时在平面图上可以看出,因钻孔采用垂直投影法而造成煤层底板等高线方向在剖面线附近有明显改变,这显然是人为的,不是自然形成的,所以应给予适当的修正,使之自然。

2)根据平面图反过来修改剖面图,使平、剖面图之间保持对应关系。

8. 实切和投绘井巷工程

剖面线所切过的井筒、石门、上(下)山、煤巷等工程,应按照其在剖面线上的位置和高程填绘到剖面图上。当剖面切过的巷道部位未指明高程时,可根据附近测点高程进行内插估算,或从巷道素描图上量出。

如剖面图资料较少,也可以将剖面线附近15m内的巷道投影到剖面上,投绘井巷工程采用垂直投影法,被投绘的巷道要用虚线表示。

9. 投绘煤、岩层和构造点

剖面线实切的煤、岩层和构造点,可根据钻孔柱状和实测资料,按照其位置、高程、倾向和倾角(真倾角或伪倾角)直接填绘在剖面图上。当需要利用剖面线附近的构造和煤、岩层资料时(限15m以内),可采用走向延展法和辅助剖面法投绘。

(1)走向延展法 将平面图上的煤层和断层按照走向延长,求出走向延长线与剖面线的交点,把交点按照位置和高程投绘到剖面图中。根据煤层或断层在剖面线附近的倾向和倾角,在剖面图中绘出剖面所切过的构造形态。图5-3所示为一石门中的F_1断层和三石门中的B_4煤层按走向延长与剖面线交于a点和b点,a点高程为-110m,b点高程为-50m,投绘到剖面图中分别为a'点和b'点。

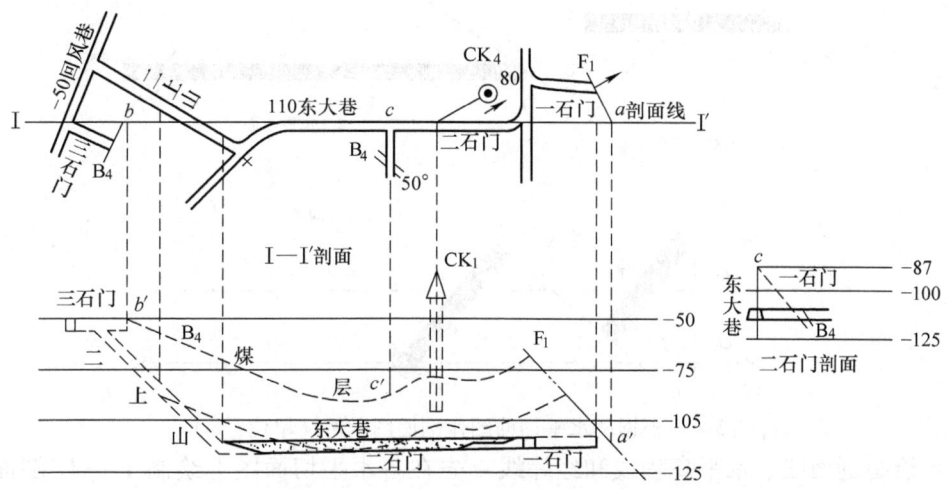

图5-3 根据实际资料用走向延展法作剖面图(单位:m)

(2)辅助剖面法 当煤层或断层与剖面线近于平行时,如果要绘制煤层、断层与剖面线的交点,可绘制平面图上与剖面线近于垂直的辅助剖面图,根据辅助剖面图求出煤层或断层与剖面线的交点。如图5-3所示,二石门中的B_4煤层因其走向与剖面线近于平行,而不能采用走向延展法。此时,可通过绘制沿二石门的辅助剖面图,从右图上求出剖面线与辅助剖面线交点c处的B_4煤层底板高程,投绘到剖面图中为c'点。则c'点就是B_4煤层底板在剖面上的一个控制点。

10. 对比和连接

根据图面投绘的各种实际资料,参照邻近地区的地质情况进行对比连接。连接的主要内容是煤层、标志层、地质界线、断层线等。连接断层时,要考虑断层的性质和倾角的变化。对于控制点较少的煤层,可根据沉积地层具有平行相似的特征进行连接。

11. 审核和清绘

审核时要做到四校对:用煤层基础资料校对各项原始数据是否准确;用煤岩层对比图校对煤层层位、断层的位置和性质以及断距是否合理;用地形地质图校对剖面地形线、地层层位和构造位置;用煤层底板等高线图校对煤层底板高程、褶曲的位置、断层的产状、断层的性质及断距。

由专人审核,并对质量作出评价,发现问题及时修改。对已经探查揭露的部分可以上墨着色,带有推测部分则用铅笔勾绘,以便于修改。

(二)根据水平切面图作剖面图

1. 根据几个不同高程的水平切面图作剖面图

图 5-4 所示是根据 0 和 −50m 两个水平切面图作Ⅰ—Ⅰ′剖面图的示例,具体方法如下。

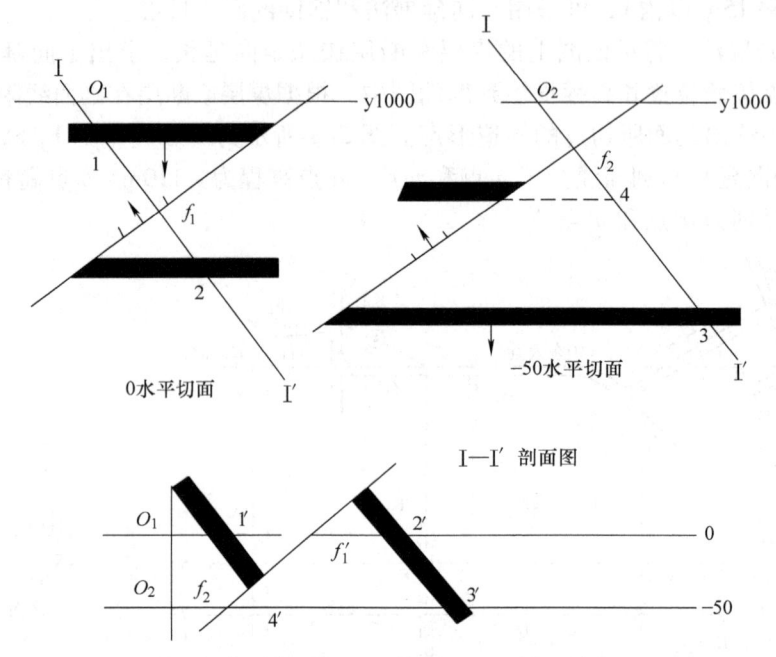

图 5-4　根据两水平切面图作剖面图示例(单位:m)

(1) 绘制剖面线、水平高程线和经纬线　先在各水平切面图上绘制Ⅰ—Ⅰ′剖面线,同一剖面线在各水平切面图上的位置应严格重合,然后在剖面图上按比例尺绘制 0、−50m 水平高程线。剖面线与同一经纬线的交点 O_1 和 O_2,在剖面线上处于同一铅垂线上,该铅垂线就是向剖面图上投绘资料的对应线(y1000);

(2) 投绘煤层和构造点　将每一水平切面图上的煤层、断层与剖面线的交点,按照它们到对应线的方向和距离,分别投绘到剖面图中相应的水平高程线上。例如:±0 水平切面图上的 1、2 和 f_1 点,投绘到剖面图中的 ±0 水平线上为 1′、2′和 f'_1 点;−50m 水平切面图上的 3 和 f_2 点,投绘到剖面图中的 −50m 水平线上为 3′和 f'_2 点。

(3) 连接断层和煤层　在剖面图中首先连接断层,然后连接同一盘的相同煤层。将同一断层的 f'_1 点和 f'_2 点连接,就是剖面图上的断层线。把断层下盘同一煤层的 2′点和 3′点连接,并将其延长至断层,即为剖面图上的断层下盘煤层。

在剖面图上,由于断层上盘煤层仅有 ±0 水平上的一个控制点 1′,说明上盘煤层尚未延伸到 −50m 水平就被断层错断,在 −50m 水平切面图延伸煤层走向线到剖面上得到一个虚点 4。把这一点按到对应线的方向和距离,投绘到剖面图中 −50m 水平高程线上得到 4′点,连接 1′点和 4′点即是剖面上盘煤层。但是,虚点 4′到断层这段不画出,因为 4′点为辅助点,不是真的见煤点。

2. 根据一个水平切面图作剖面图

若水平切面图上的见煤点和断层点均有实测产状,则可以根据一个水平切面图作剖面图。

图 5-5 所示为根据 -50m 水平切面图作Ⅰ—Ⅰ'地质剖面图的示例，具体做法如下：

（1）作水平线　在剖面图上画 -50m 水平线，并垂直水平线画准线，准线和水平线的交点 d' 与水平切面图上准线与剖面线的交点 d 对应。

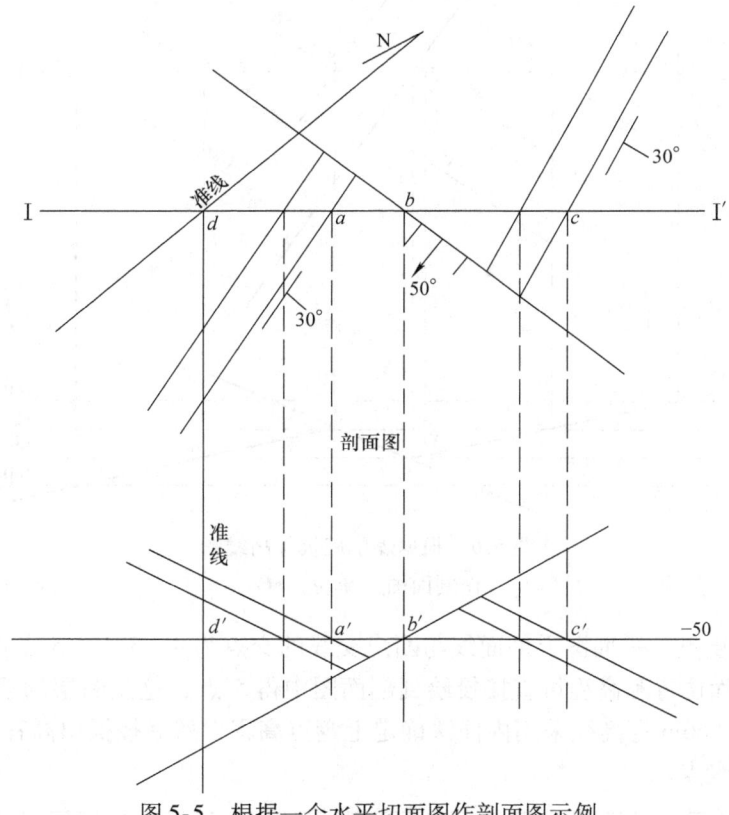

图 5-5　根据一个水平切面图作剖面图示例

（2）画断层

1）投绘构造点。按照各构造点到对应线（准线）的方向和距离，分别将其投绘到剖面图中相应的水平高程线上。本例中，-50m 水平切面图上的 b 点，投绘到剖面图中的 -50m 水平线上为 b' 点。

2）在水平切面图上量出断层与Ⅰ—Ⅰ'剖面之间的锐夹角，然后用真倾角与伪倾角换算公式求得伪倾角

$$\tan\alpha_1 = \tan\alpha\sin\theta$$

式中　α、α_1——地层（或断层）真倾角、伪倾角；

θ——伪倾角所在剖面方向与地层走向的夹角。

3）在剖面上按断层的倾斜方向和伪倾角画出断层线。

（3）画上、下盘地层线　先求煤层的伪倾角，再量出上、下盘地层的位置，按伪倾角画地层线。

3. 根据煤层底板等高线图作剖面图

利用煤层底板等高线图作地质剖面图，也是一种常用方法。通过切剖面，既可以校核煤层底板等高线绘制得是否合理，也可以应生产需要作为地质预测剖面使用。

图 5-6 所示是依据煤层底板等高线图作地质剖面图的示例，具体方法如下：

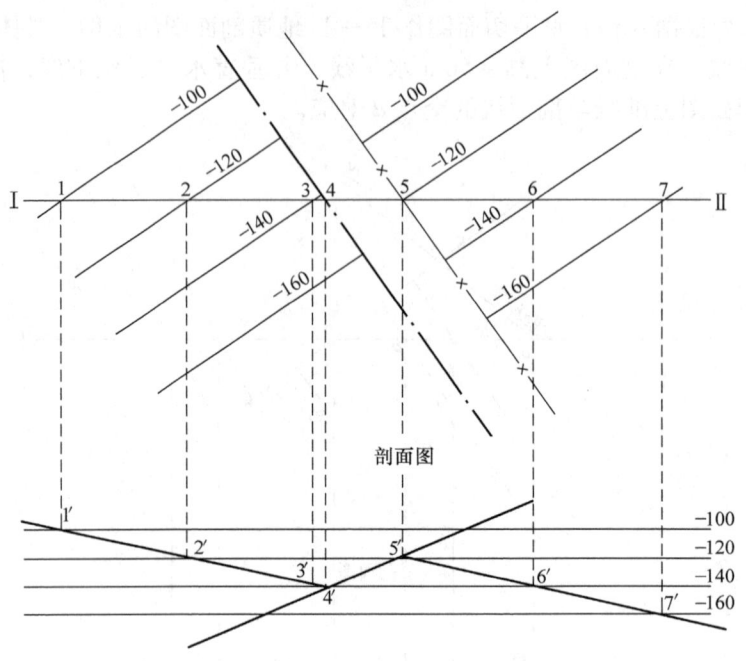

图 5-6 根据煤层底板等高线图
作剖面图（单位：m）

（1）投绘断层点　平面图上剖面线与断煤交线的交点为 4、5 点，5 点正好在 −120m 等高线上，按其平面位置和高程可直接投绘到剖面图中得 5′点，这是断层的下盘点；4 点需要根据 −140m 和 −160m 等高线采用内插法确定上盘点高程，然后按插出高程投绘到剖面图上得 4′点，即为上盘点。

> 📖 小资料
>
> ### 内插法
>
> 内插法有多种方法，地质绘图中有很多线和点都有预测的成分，精度要求不是太高，所以一般采用目估法和相似三角形法。
>
> **1. 目估法**
>
> 目估法是手工制图和修图中最常用的一种方法。如图 5-7 所示，首先将已知高程的两点之间的线段一分为二或一分为三，再将需要插值的点所在的那段一分为二或一分为三，如此下去，等分点不断逼近插值点，从而作出高程值。如 c 点的高程为 −100m，d 点的高程为 −120m，两点间等分点的高程为 −110m，这样缩小范围，在 −100m 和 −110m 间进行等分，得 −107.5m，最后估出 a 点高程为 −109m。
>
> **2. 相似三角形法**
>
> 如图 5-8 所示，相似三角形法是借助三角板上的刻度，在其上找 10 等分刻度，使三角板一端的刻度起点与欲插值线段的一个端点 f 重合，连接三角板另一端与线段另一端点 e，这就构成了三角形，用另一个三角板平行三角形底边就能很容易地找到插值点所在的等分点。

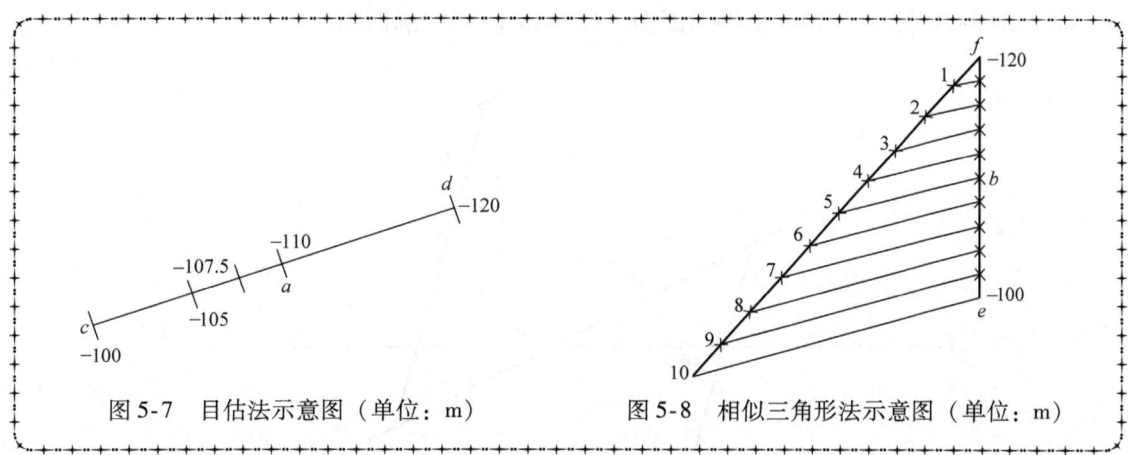

图 5-7 目估法示意图（单位：m）　　图 5-8 相似三角形法示意图（单位：m）

（2）连接断层点　在剖面图上连接上盘点 4′和下盘点 5′，即为断层在剖面上的对应线。

（3）投绘煤层点　按照平面位置和高程，可直接将剖面线与煤层底板等高线的交点投绘到剖面图中，如将图上的 1、2、3、6、7 点分别投绘到剖面图上为 1′、2′、3′、6′、7′点。

（4）连接煤层点　先分析煤层被断层分割成几个断块，然后分别在每个断块内连接煤层。例如，上盘 1′、2′、3′点与上盘点 4′连接，下盘 6′、7′点和下盘 5′点连接。

【工作任务实施】

1. 任务

（1）图 5-9 所示为 50m 水平、100m 水平两个切面图重叠在一起，试绘制Ⅰ—Ⅰ′剖面图。

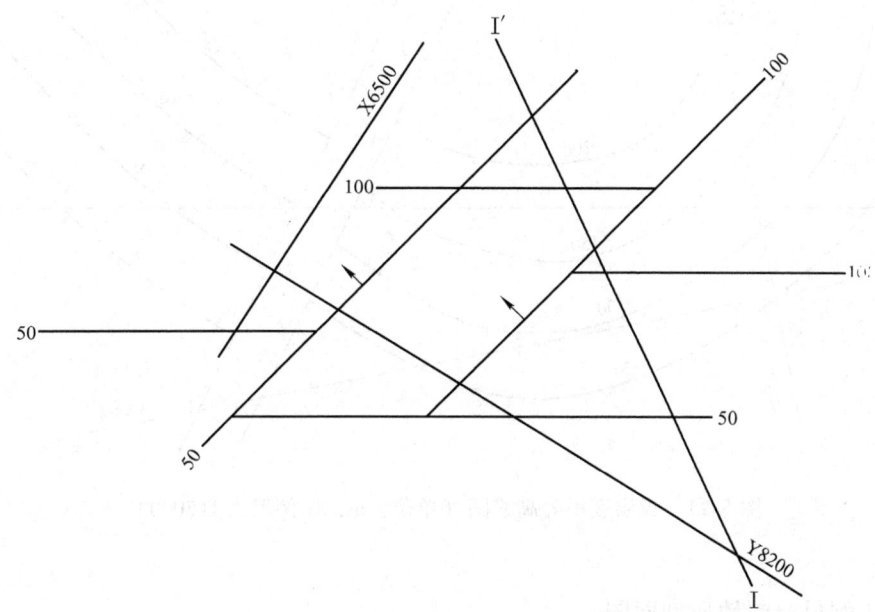

图 5-9　50m、100m 水平切面图（单位：m；比例尺为 1∶5000）

（2）图 5-10 所示为 50m 水平切面图，试绘制 Ⅰ—Ⅰ′剖面图。

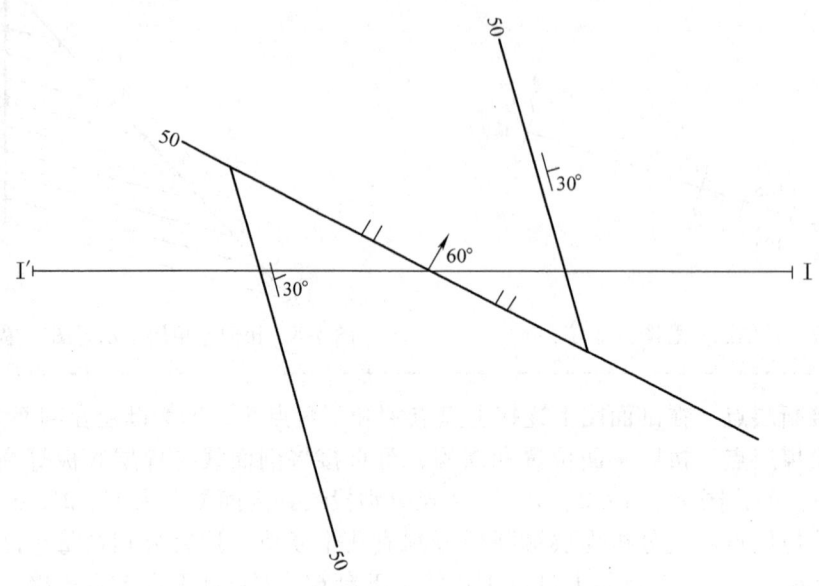

图 5-10　50m 水平切面图（单位：m；比例尺为 1∶5000）

（3）图 5-11 所示为 5 煤层底板等高线图，煤层厚度为 5m，试根据图 5-11 作地质剖面图。

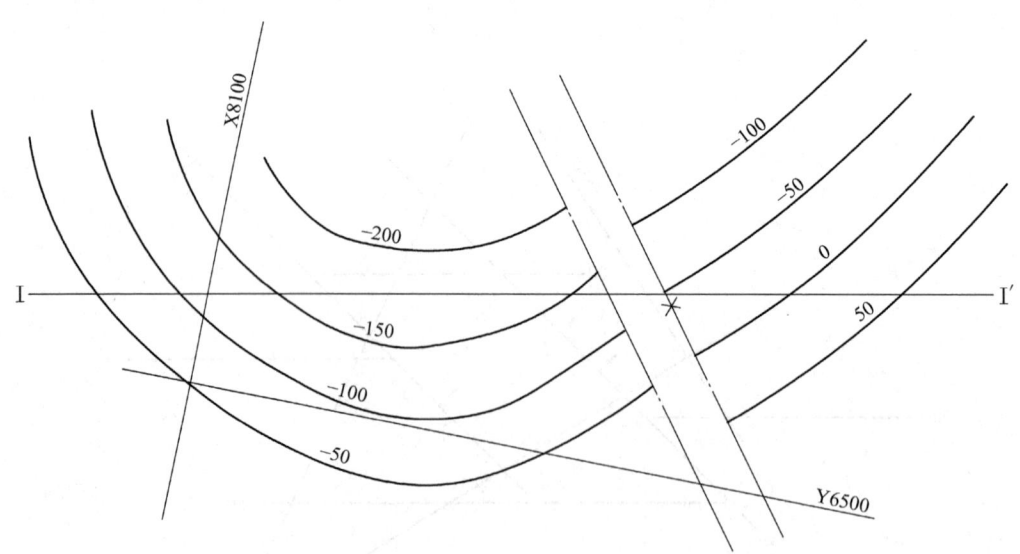

图 5-11　煤层底板等高线图（单位：m；比例尺为 1∶5000）

2. 要求

1）按比例尺绘制地质剖面图。

2）剖面图上的煤层厚度要画伪厚度。

【工作任务考评】（见表5-1）

表5-1　工作任务考评表

考评项目	配分		考评内容
素质目标	20	6	遵章守纪情况
		7	认真听讲情况、积极主动情况
		7	团结协作情况、组内交流情况
知识目标	40	20	熟悉矿井地质剖面图的内容等基本知识
		20	熟悉矿井地质剖面图的作图方法和步骤
技能目标	40	10	明确任务方案，工具使用正确
		15	操作程序正确，方法运用得当
		15	独立并正确完成任务

课题二　煤层底板等高线图

【工作任务描述与分析】

煤层底板等高线图是总结和分析地质构造规律，反映各种构造对煤层的影响及进行构造预测的重要图件；也是指导矿井设计、矿井日常生产、井巷施工、工作面回采，编制采掘生产计划和布置矿井补充勘探工程的重要依据；同时还是进行矿井储量计算与管理的基础图件。本课题主要介绍煤层底板等高线图、立面图的内容、编制方法和步骤，通过本课题的实施，学生可熟悉煤层底板等高线图的内容和绘制方法。在此基础上，能够根据地质资料绘制煤层底板等高线图，从而为煤矿开采设计、施工打下基础。

【知识学习】

煤层底板等高线图是煤层底板面与各高程水平面的交线在平面图上的投影图，如图5-12所示。它是根据煤层底板面的高程，采用水平投影的方法，利用等值线表示煤层构造形态特征的一种投影图件。由于煤层底板等高线能反映煤层的构造形态，所以也叫做煤层构造图。

一、煤层底板等高线图的内容

煤层底板等高线图的主要内容有：坐标网、指北针、井田边界线、图名、比例尺、图例、图签；地表水体、铁路及重要地面建筑；穿过该煤层的全部钻孔、探槽、探井、小窑、井巷工程；回采工作面的名称及编号、煤厚和见煤点底板高程，斜孔经投射校正后的见煤点位置；煤层的尖灭、分区、合区、断层、岩浆岩、陷落柱等的标记；煤层露头线，采空区边界线，风、氧化带边界线；勘探线及其编号、煤层底板等高线、断煤交线。如果作为储量计算底图，还要标出煤层最低可采边界线、储量分级界线、块段边界线和保安煤柱界线等，并绘制煤层小柱状和煤质主要指标表，注明煤层厚度、结构和煤质牌号。

煤层底板等高线图的比例尺可根据生产需要和地质条件选定。通常，反映整个井田情况

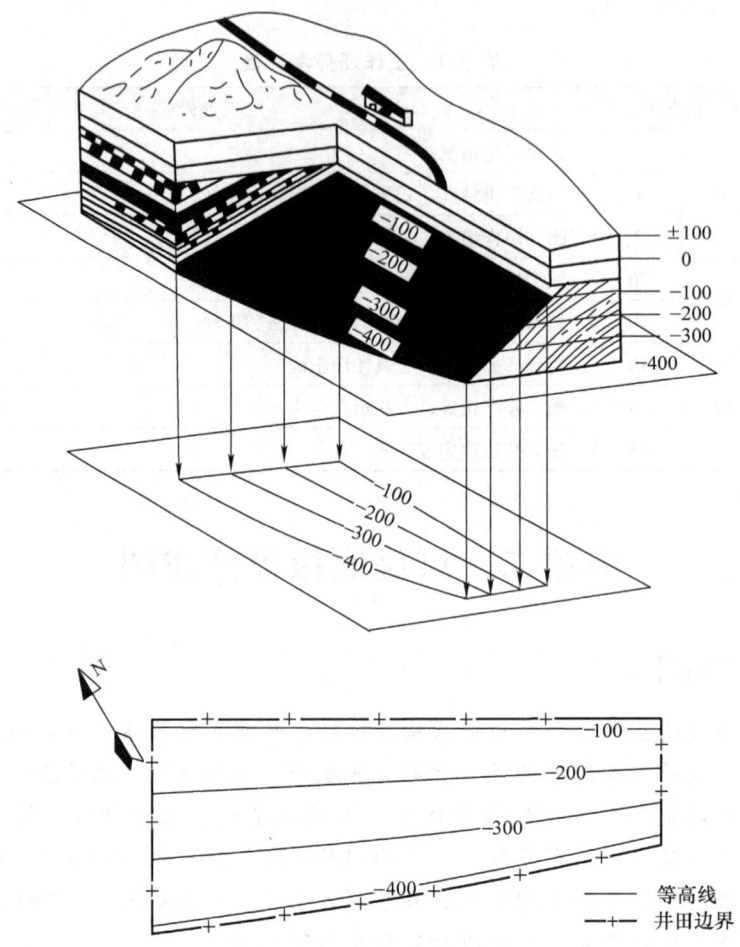

图 5-12　煤层底板等高线投影示意图（单位：m）

和用于开拓部署的图件一般采用 1:5000 或 1:2000；反映一个采区或回采工作面时，常用 1:2000 或 1:1000，个别矿区也可用 1:500。煤层底板等高线图的等高距取决于图件的比例尺和煤层倾角等因素，图的比例尺越大、煤层倾角越小，则等高距越小。

二、构造在煤层底板等高线图上的表现形式

（一）单斜构造

单斜构造在煤层底板等高线图上一般表现为一组大致呈直线的、相互平行的等高线，等高线就是走向线，其延伸方向就是煤层的走向方向，垂直于走向线由高处指向低处的方向为煤层倾向。当煤层倾角稳定时，等高线相互平行且均匀；当倾角有变化时，等高线疏密不均且不平行。等高线越密集，说明煤层倾角越大；反之，则煤层倾角越小，如图 5-13 所示。

（二）褶曲构造

1. 水平褶曲

煤层为水平褶曲时，煤层底板等高线表现为一组近于相互平行的直线。由褶曲轴线向两

侧，同高程等高线对应出现，等高值递减者为水平背斜，等高值递增者为水平向斜。

2. 倾伏褶曲

煤层为倾伏褶曲时，煤层底板等高线表现为"之"字形弯曲的、大致相互平行的曲线，弯曲最大点的连线为褶曲轴线（枢纽）。由轴线向两侧等高值递减者为倾伏背斜，等高线弯曲尖端指向褶曲倾伏方向；由轴线向两侧等高值递增者为倾伏向斜，等高线的弯曲尖端背向褶曲倾伏方向，如图5-14 所示。

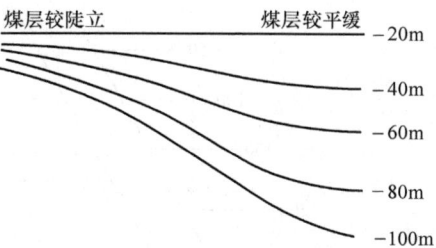

图 5-13　煤层倾角与煤层底板等高线的关系（单位：m）

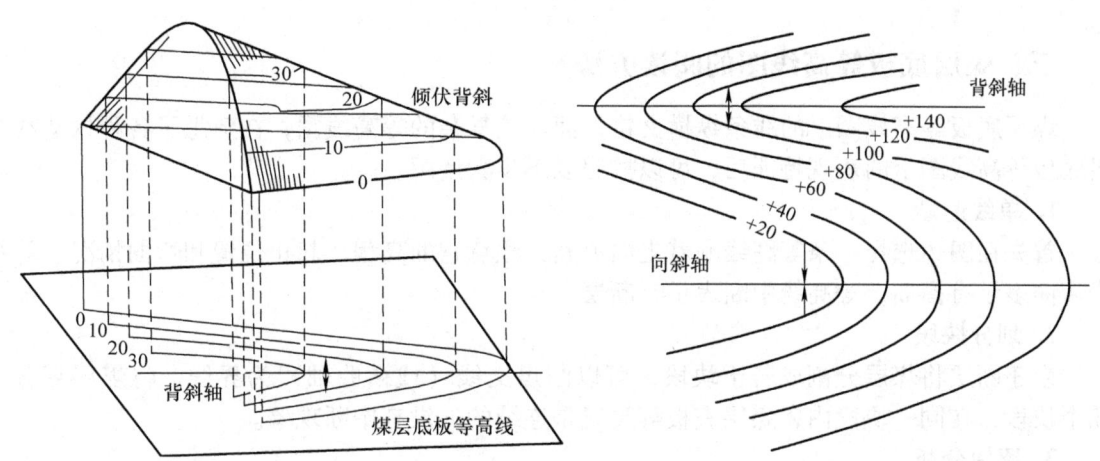

图 5-14　倾伏褶曲在煤层底板等高线图上的表现（单位：m）

3. 穹隆和构造盆地

煤层为穹隆和构造盆地时，煤层底板等高线表现为封闭曲线，由中心向边缘，等高值递减者为穹隆，等高值递增者为构造盆地。

（三）断层

煤层中常有断层被揭露。在煤层底板等高线图上，断层表现为煤层底板等高线的中断和错动。断层用断煤交线表示。

1. 正断层

一般情况下，正断层造成煤层底板等高线在上、下盘断煤交线处中断，两断煤交线间无等高线穿过，如图5-15a 所示。上、下盘同高程等高线的错动规律为：上升盘顺着煤层的倾向方向错动，下降盘逆着煤层的倾向方向错动。

2. 逆断层

一般情况下，逆断层造成煤层底板等高线的中断而重复，即遇到逆断层后，煤层底板等高线在上、下盘断煤交线处中断；而在两断煤交线间，上、下盘等高线重复，如图5-15b 所示。上、下盘同高程等高线的错动规律与正断层相同。

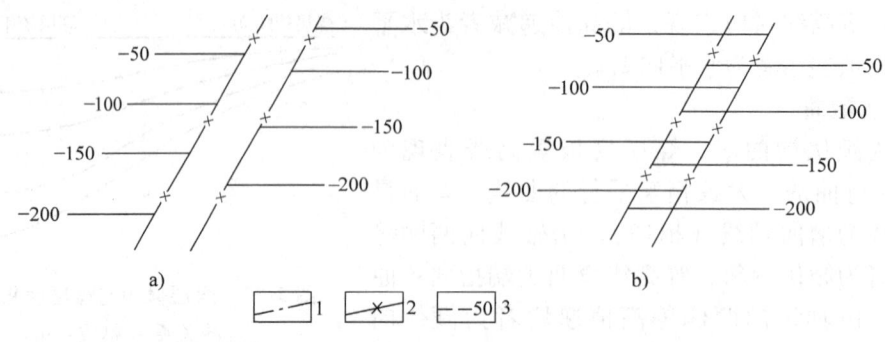

图 5-15　断层在煤层底板等高线图上的表现（单位：m）
a）正断层　b）逆断层
1—上盘断煤交线　2—下盘断煤交线　3—煤层底板等高线

三、煤层底板等高线图的阅读方法

煤层底板等高线图上的线条纵横交错，面对较复杂的等高线图，在熟悉了各种构造在煤层底板等高线图上的表现特征后，可以按照以下步骤读图。

1. 单线追索

首先在图边选择一条等高线顺着走向追索，注意它的高程、起止位置和弯曲情况。等高线弯曲表示有褶曲，等高线中断表示有断层。

2. 划分块段

由于断层将煤层分割成若干块段，可以断煤交线（或褶曲轴）为界线，将煤层划分为几个块段，在同一块段内，煤层底板等高线是连续的，没有中断现象。

3. 逐块分析

逐块分析所划分的等高线图各块段，并注意相邻块段间的关系。

4. 总结概括

完成以上工作后，将各块段联系起来综合分析，分清图内有几个断层，以及各断层的性质、断距、倾角；有几个背斜、向斜，它们的轴向和倾伏方向，以及各构造间的关系等。

四、煤层底板等高线图的编绘方法

煤层底板等高线图以分煤层的采掘工程平面图为底图，编图资料主要有井巷编录资料、钻孔资料、已经开采了的煤层底板等高线图、各开采水平地质切面图，以及根据实际资料编制和修改的地质剖面图等。具体编绘方法如下。

（一）整理和填绘实际地质资料

1. 煤层底板高程的换算

换算足够数量的、分布较均匀的、能够起到控制作用的煤层底板高程点，作为编制煤层底板等高线图的基础。换算可以在巷道实测剖面图上进行，煤层底板点的高程等于巷道顶板测量点的高程加上或减去两点的高差，如图 5-16 所示。对于能够控制煤层基本构造形态的点，如褶曲枢纽、断煤交线和煤层产状变化部位，必须换算足够数量的底板点高程。

2. 钻孔资料的投绘

对于所有穿过本煤层的地面钻孔，经过孔斜校正后，均应按照坐标将其投绘到图上。对于井下钻孔,根据钻孔的开孔位置、方位、倾斜角和见煤底板孔深绘制地质剖面图,从剖面图上求出见煤底板位置和高程,然后沿钻孔方位投绘到平面图上,如图 5-17 所示。对于井下斜孔的见煤底板位置和孔口与煤层底板的高差,可根据斜孔的长度及角度进行计算。

3. 煤层产状和构造的填绘

将控制煤层产状的褶曲枢纽、断煤交线和有代表性的实测产状准确地填绘在图上。

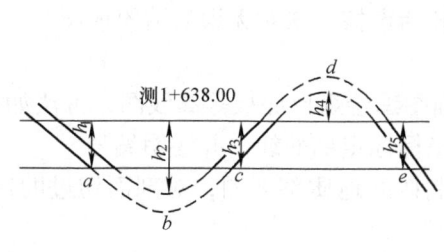

图 5-16 煤层底板高程的换算   图 5-17 井下钻孔资料填绘（单位：m）

4. 煤厚资料的填绘

除了钻孔见煤厚度需要填写在钻孔附近外,还需在巷道中实测有代表性的煤厚点,并用数字或小柱状图填写到实测部位。

（二）绘制煤层底板等高线

通常采用插入法、地质剖面法和水平地质切面图法绘制煤层底板等高线。

1. 插入法

插入法主要用于巷道资料较多、煤层底板高程点分布零散的采掘地段。以图 5-18 为例,具体方法如下:

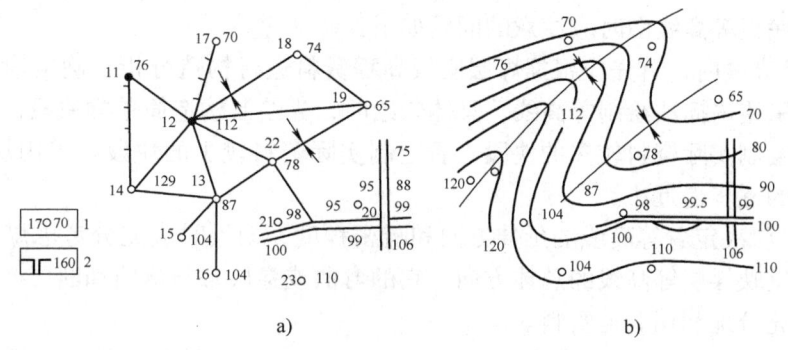

图 5-18 用插入法编绘煤层底板等高线图（单位：m）
a) 连三角网 b) 连等高线
1—标高点（左：编号,右：煤层底板标高,单位：m） 2—巷道见煤点,底板标高

（1）分析煤层底板高程点的分布特点 在已经填绘了实际资料的采掘工程平面图上,分析煤层底板高程的分布特点及其变化趋势;概略判断编图范围内煤层构造的总体轮廓,大

致标出褶曲枢纽和断煤交线的位置与方向。

(2) 连接三角网　将断层同一盘、褶曲同一翼上的相邻底板高程点连接成三角网。连接三角网时，不允许跨越褶曲枢纽和断煤交线，否则会造成煤层构造形态失真。

(3) 内插高程点　在已有高程点能基本控制煤层底板起伏形态时，依据高程均匀变化的原理，在每一条三角边上按照等比例内插高程点。

(4) 连接等高线　将相同高程的煤层底板点按照合理的顺序连接成圆滑曲线，即为煤层底板等高线。

(5) 审核清绘　完成上述工作后，从原始资料开始审核，核对无误后清绘成图。

2. 地质剖面法

生产矿井常根据矿井地质剖面图和实测地质素描图编绘煤层底板等高线图，方法如下：

(1) 标定剖面线　在采掘工程平面图上，按照坐标标定剖面线，并注明编号。

(2) 编制剖面图　根据实际资料修改或重新编制矿井地质剖面图，对剖面切过的钻孔、巷道和构造应仔细校核。

(3) 投绘剖面资料　将剖面图上煤层底板与水平高程线的交点和断煤交点垂直投绘到该煤层采掘工程平面图中相应的剖面线上。

(4) 连接断煤交线和煤层底板等高线　首先连接同一盘的断煤交线，然后用平滑曲线连接同一断层盘上煤层底板高程相同的点，即为该盘煤层的底板等高线。

3. 水平地质切面图法

当开采水平巷道较多、实测资料丰富时，可以用水平地质切面图编制煤层底板等高线图，具体方法如下：

1) 将各水平地质切面图上某一煤层的底板线和断失点逐一描绘在该煤层的采掘工程平面图上，绘出各水平的煤层底板等高线，并将同一断层同一断盘各水平煤层断失点按顺序连接成断煤交线。

2) 在上述几条煤层底板等高线的控制下，根据实际资料用内插法加密所需的底板等高线。

绘制煤层底板等高线图时应注意的问题如下：

1) 勾绘等高线时，首先应根据煤层底板高程资料进行构造分析，确定构造轮廓，并在此基础上合理采用内插法绘制等高线。具体勾绘时，先绘制构造简单的块段，后绘制构造复杂的块段；先绘制实际资料较多的块段，后绘制实际资料较少的块段。采用从简单到复杂，由已知到未知的逐步逼近法。

2) 煤层产状决定着等高线的延伸方向和疏密程度，勾绘时应充分考虑煤层产状及其变化。煤层平巷反映煤层等高线的总体方向，它的弯曲或穿层常与褶曲和断层构造有关。绘制等高线时，要充分地利用巷道资料。

3) 在有断层存在的地区，应先连接断煤交线，后连接煤层等高线。断层两侧等高线的位移情况必须与断层性质和断距大小相符合。

五、煤层底板等高线图上断煤交线的绘制方法

断煤交线是断层面与煤层底板面的交线。在煤层底板等高线图上，断层是用断煤交线的水平投影来表示的，断煤交线反映了断层的位置和方向。煤层中的断层影响着采区和采

面的布置,也决定着巷道的掘进方向,所以,正确地测绘和推断断煤交线具有重要的意义。常用的断煤交线绘制方法有以下几种。

(一)巷道实测法

在井下巷道所揭露的同一条断层面与两盘煤层的交点处水平拉线绳,用罗盘直接在线绳上测量断层面的走向和倾向,在巷道两壁上直接测量断层面的伪倾角,然后通过计算求出断层面的倾角。依据实测的两条断煤交线的位置数据绘制断层的断煤交线。

(二)根据地质素描绘制断煤交线法

如图 5-19 所示,在地质素描图上标出断煤交点 a、d、b、e 顶板断点,然后按照各断煤交点至测量点的水平距离 l_1、l_2、l_3、l_4,将它们投绘在平面图上,分上、下盘连接断煤交线,则 ab 为上盘断煤交线,ce 为下盘断煤交线。

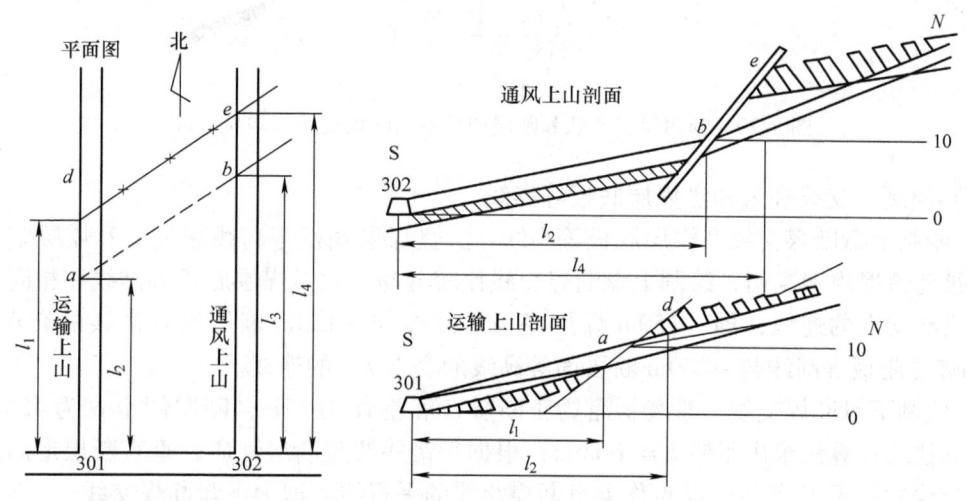

图 5-19 根据巷道局部地质素描作断煤交线示意图(单位:m)

(三)根据断层面等高线绘制断煤交线

断煤交线是煤层底板面与断层面的交线,也是煤层底板等高线与相同高程断层面等高线交点的连线。根据这一原理,需要绘出煤层底板等高线图和断层面等高线图,并把两者叠置起来,求出相同高程的煤层底板等高线和断层面等高线的交点,连接这两个交点即为断煤交线。

1. 利用煤层产状和断层产状绘制断煤交线

如图 5-20 所示,在 -150m 顺槽中揭露一个正断层,其上盘煤层的断失点为 $F_{上}$,实测煤层产状为 150°∠30°,断层产状为 202°∠45°,断层落差为 17m,要求根据所测数据绘制断煤交线,并且推测 -200m 顺槽中见到该断层的位置。

(1)绘制断层面和已知盘煤层底板等高线 在足够小的范围内,煤层和断层面可以看作平面。这时已知煤层产状、断层产状和等高距,即可利用作图法和计算法求出相邻等高线的平距,绘出煤层和断层等高线。首先过断层上盘煤层断失点 $F_{上}$,按照煤层倾角(30°)和断层倾角(45°)作出直角三角形 ABC 和直角三角形 DBC,则底边 AC 和 DC 分别为煤层底板和断层面等高线的平距。利用求出的等高线平距,参照煤层和断层倾向,即可绘出

−200m 煤层底板等高线和断层面的等高线。

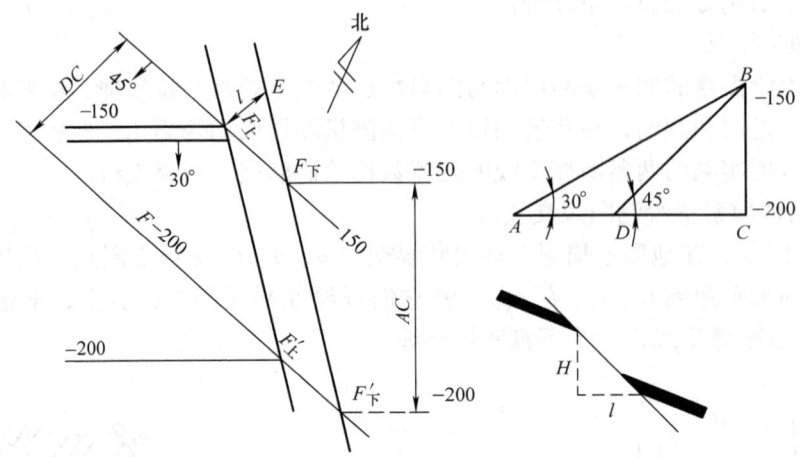

图 5-20　利用煤层产状和断层产状绘制断煤交线（单位：m）

（2）绘断煤交线和未知盘煤层底板等高线

1）绘制上盘断煤交线及煤层底板等高线。上盘煤层底板等高线断失点和煤层底板等高线已经被巷道揭露和查明，绘制上盘断煤交线比较容易。它是煤层底板等高线和相同高程断层面等高线交点的连线，即 −150m 煤层底板等高线与 −150m 断层面等高线的交点 $F_{上}$ 和 −200m 煤层底板等高线与 −200m 断层面等高线的交点 $F'_{上}$ 的连线。

2）绘制下盘断煤交线。现场揭露为正断层，落差 H 为 17m，断层倾角 α 为 45°，则可以用作图法或计算法求出平错 $L = H/\tan\alpha$；根据平错并按照断层性质，垂直断层走向量取下盘断煤交线的位置 E 点，过 E 点作上盘断煤交线的平行线，即为下盘断煤交线。

3）绘制下盘煤层底板等高线。−150m 和 −200m 断层面等高线与下盘断煤交线交于 $F_{下}$、$F'_{下}$，过 $F_{下}$、$F'_{下}$ 作上盘煤层底板等高线平行线，即为 −150m 和 −200m 煤层底板等高线。

2. 利用岩巷断层资料绘制断煤交线

采用断层面等高线法，将岩巷中的断层推测到煤层中去，绘出断煤交线。以图 5-21 为例，具体作法做下：

1）投绘断层位置，将岩巷中见断层的位置，按照坐标投绘到煤层底板等高线图上，在图 5-21 中为 A 点。

2）绘制断层面等高线。根据断层揭露点的高程和断层产状，采用与煤层底板等高线一致的比例尺和等高距，用计算或作图的方法求出断层面等高线的平距，在煤层底板等高线图上绘出断层面等高线。

3）连接断煤交线。下盘煤层 −100m 顺槽已部分掘进，煤层底板等高线已经控制和查明，绘制下盘断煤交线比较容易，它是断层面等高线与相同高程煤层底板等高线交点 F_0、F_1、…、F_4 等的连线。但是，原上盘煤层底板等高线由于没有考虑断层面，因此与实际情况不符，需要已知断层的性质和断距才能够绘出上盘断煤交线和煤层底板等高线。具体作法是：从下盘断煤交点 F_0、F_1、…、F_4，按照逆断层沿其走向上的水平地层视断距 ab

（75m），逐点量出上盘断煤交点 F'_0、F'_1、…、F'_4，据此即可连接绘出上盘断煤交线和修改断层附近的上盘煤层底板等高线。

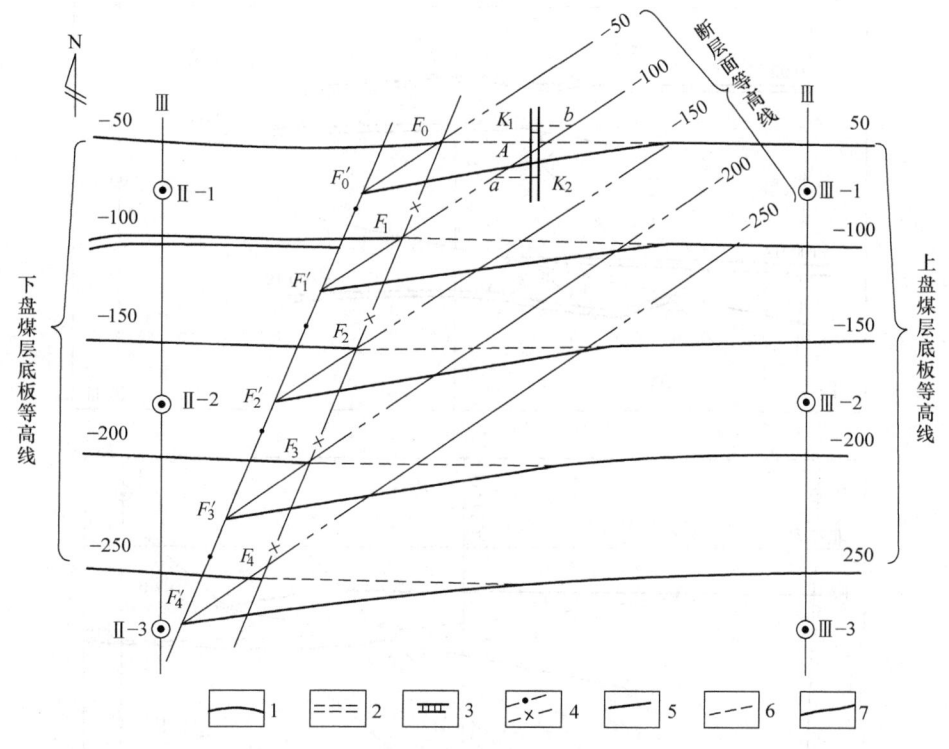

图 5-21　利用巷道揭露的逆断层绘制断煤交线（单位：m）
1—煤巷　2—岩巷　3—标志层　4—断煤交线　5—修改后的煤层底板等高线
6—推测的煤层底板等高线　7—断层面等高线

3. 利用上部煤层揭露的断层资料绘制下部煤层中的断煤交线

如图 5-22 所示，要求根据五号煤层的实测资料绘制出七号煤层的断煤交线，具体方法如下：

1）在五号煤层底板等高线图上，连接高程为 ±0 的两个断失点 a 和 b，此连线为 ±0 断层面的一条等高线；然后连接高程为 -100m 的两个断失点 c 和 d，则 cd 线为断层面的一条 -100m 等高线。

2）将五号煤层与七号煤层底板等高线图按照坐标重叠起来，把五号煤层上的 ±0 和 -100m 断层面等高线图投绘到七号煤层等高线图上。

3）根据五号煤层煤巷中的实见情况，修改七号煤层底板等高线。从第 Ⅱ 剖面线向东，按照五号煤层实测走向修改七号煤层的 ±0 和 -100m 底板等高线，并使其与相同高程的断层面等高线相交得到 f_1 和 f_2，连接 f_1 和 f_2 得到断层下盘断煤交线。用同样的方法，从第 Ⅲ 条剖面线向西侧修改七号煤层的 ±0 和 -100m 等高线，得到其与相同高程断层面等高线的交点 f'_1 和 f'_2，连接两个断失点 f'_1 和 f'_2，即为上盘断煤交线。

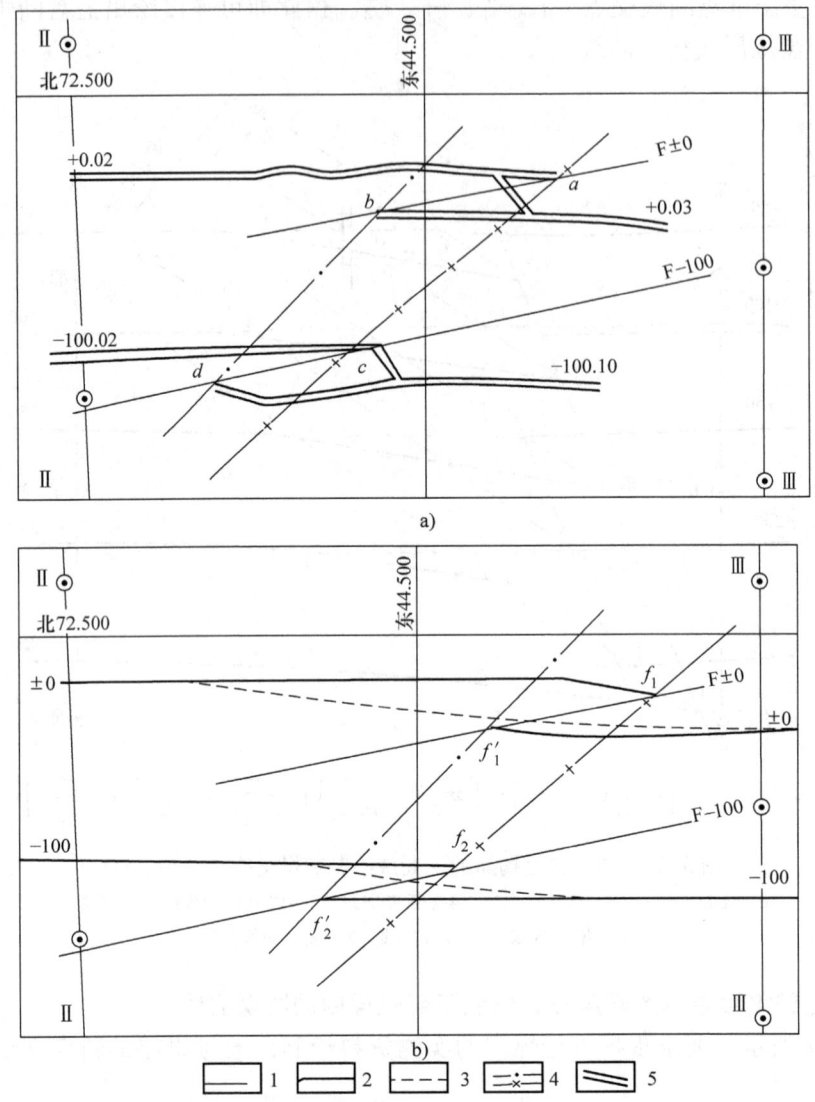

图 5-22 利用上部煤层揭露的断层资料绘制下部煤层中的断煤交线（单位：m）
a）五号煤层　b）七号煤层
1—断层面等高线　2—修改后的煤层底板等高线　3—原推测的煤层底板等高线　4—断煤交线　5—巷道

六、煤层立面投影图

开采倾角大于 60°煤层的矿井时，因煤层陡立，利用平面投射时会造成等高线密集和巷道的重叠，给绘图、识图和用图带来了困难。所以，生产上用绘制煤层立面投影图的方法来解决这一问题。

煤层立面投影图是将竖直面作为投影面，采用垂直投射的方法来反映急倾斜煤层的构造和采掘工程的图件。在立面投影图上，煤层走向线均为水平直线，不能反映煤层沿走向和倾向的产状变化，所以煤层立面投影图不能独立使用，一般绘制在煤层底板等高线图上方，作为急倾斜区域煤层底板等高线图的一个补充。

（一）煤层立面投影图的主要内容

煤层立面投影图上标有煤层水平高程线、井田边界线、采空区边界线、煤层露头线、断煤交线、风氧化带边界线，以及穿过该煤层的全部钻孔和生产矿井的井巷工程。在煤层立面投影图上，还应该标出最低可采边界线及零点边界线、储量分级线、块段边界线、保安煤柱界线等，穿过煤层的全部勘探工程及生产巷道见煤点的真厚度、底板高程、煤层结构小柱状和煤质指标表，以及图名、比例尺、图例、责任表等。

（二）煤层立面投影图绘制原理

立面投影图是用一个竖直面作为投影面（即立面），采用正射高程投影，投射线为垂直于竖直面的一组水平线，将空间各点投射到这个平面上得到物体的投影图。如图 5-23 所示，V 为竖直面，H 为水平面，两面垂直相交，其交线 MN 为投影轴。A 为空间任意一点，由 A 点向 H 面和 V 面作垂线，其与 H 面的交点 a' 为 A 点的水平投影，与 V 面的交点 a'' 为 A 点的竖直投影。为了便于绘图和度量，将 V 面绕 MN 轴旋转到水平位置，就将立体示意图转换为两面投影图，即下面为水平投影图，上面为立面投影图，一般急斜矿井煤层图均由这两种图组成。

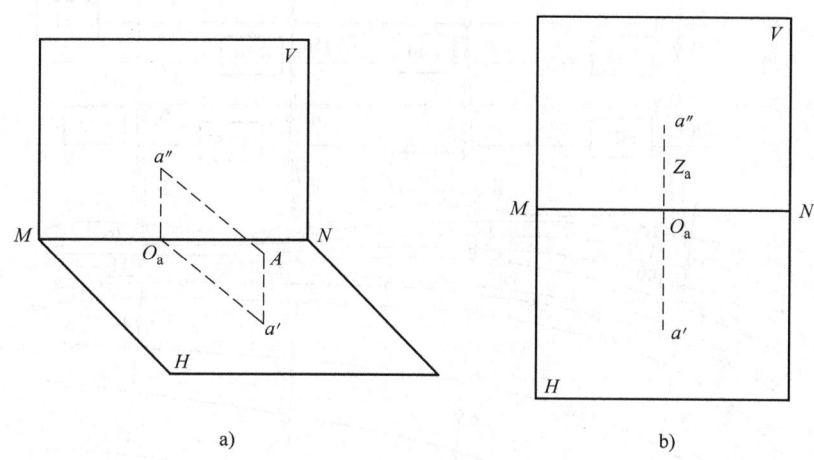

图 5-23 立面投影示意图
a）立体透视图　b）立面与水平面投影关系图

立面投影图投影轴的选择原则为：
1）一个矿井可以有一个或几个投影轴，但尽量不要超过三个。
2）投影轴应大致平行于煤层的总体走向。
3）投影轴一旦确定后，其方向不论在哪张煤层图上都应保持不变。

（三）煤层立面投影图的绘制方法

煤层立面投影图的位置应该尽量与煤层走向线平行或大致平行，图幅大小取决于煤层走向方向延长的长度及煤层露头的最大高程和储量计算的最小高程，具体绘制方法如下：

1. 根据实际资料编制煤层立面投影图

1）以急倾斜煤层的分煤层采掘工程立面投影图为底图，把巷道编录的地质资料和钻孔煤厚资料投绘到立面投影图的相应位置。

2）分析对比，连接不同水平同一断层的各个上、下盘断煤交点及同一个褶曲轴的端点，即为断煤交线或褶曲枢纽线在立面投影图上的投影。

3）绘出煤层露头线和风氧化带界线、可采边界线、安全煤柱线等界线后，就绘制出了煤层立面投影图。

2. 根据煤层底板等高线图编制煤层立面投影图（图 5-24）

1）投影面应尽量与煤层的走向线平行或大致平行，其夹角不大于 15°。在煤层底板等高线图上，确定编制立面投影图的范围和投射区段。

2）按照与煤层水平投影图相同的比例尺和等高距，在立面投影图上绘出高程线。

3）将煤层底板等高线图上煤层露头线的位置，按照其相应的高程垂直投射到立面图上，并删除煤层露头线上方的水平高程线。

4）将煤层底板等高线图上所有的勘探工程、井巷工程的见煤点，按照其高程垂直投射到立面图上相应水平高程线的位置。

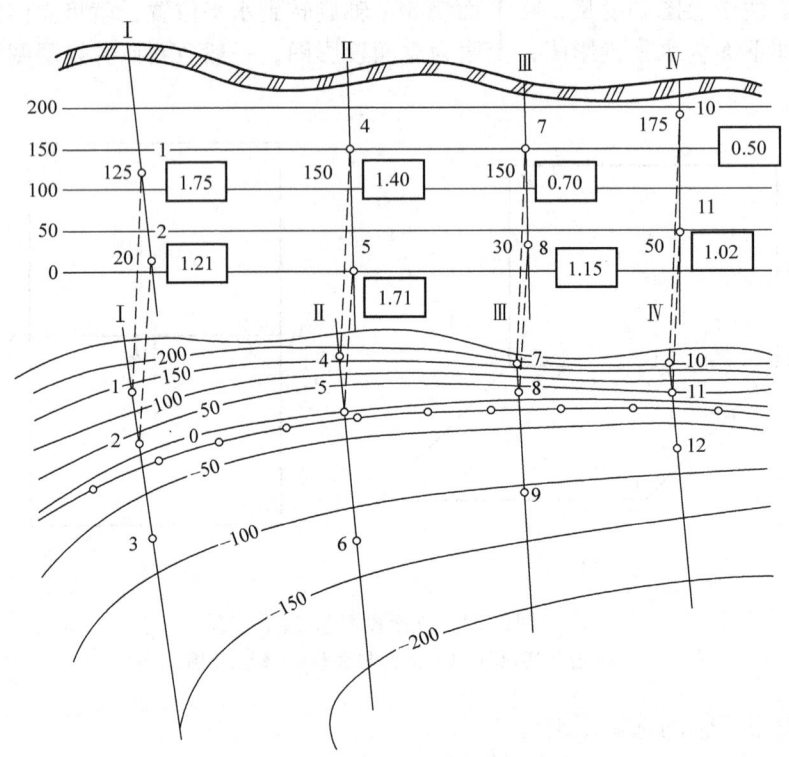

图 5-24　根据煤层底板等高线图编制立面投影图（单位：m）

5）投绘、连接各种界线，如断煤交线、可采边界线、岩浆岩界线、风氧化带界线、井田边界线等。

上述步骤完成后，即绘出了煤层立面投影图。

七、煤层底板等高线图的应用

（一）了解煤层的埋藏和构造形态

如图 5-25 所示，断层线左侧煤层的走向为东西方向，等高线间隔从上至下逐渐增大，即煤层由北向南逐渐变缓。在煤层东部向斜轴处有一逆断层，等高线重复，煤层重叠。

煤层和断层的倾角，可在煤层底板等高线图上用图解法求出。为了确定 a、b 两点间煤层的倾角，可从 a 点作煤层等高线的垂线 ab，并按比例尺截取等高距的长度 ac，连接 bc，则角 δ 即为煤层的倾角。煤层的倾向垂直于煤层走向，且从高等高线指向低等高线，即 ab 方向。

（二）根据煤层底板等高线图确定断层的走向、落差和平错

如图 5-26 所示，连接上、下盘同高程断点，即为断层 $-50m$、$-100m$ 走向，沿着煤层的倾斜方向Ⅰ—Ⅰ作垂直剖面，剖面线分别交上、下断煤交线于 a、b 点，由 a、b 确定的上、下盘之间的水平距离即为平错，用内插法得出两点高程，其高程差即为断层落差 H。

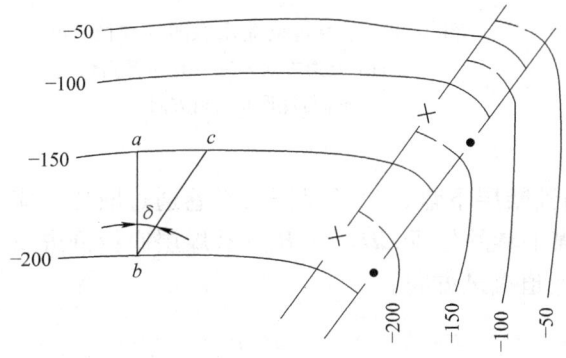

图 5-25　煤层的埋藏和构造形态示意图（单位：m）　　图 5-26　断层落差和平错图解示意图

（三）确定巷道与断层相遇点的位置

在进行采掘工程设计时，常常要确定巷道与断层相遇点的位置。如图 5-27 所示，在 $-50m$ 上平巷的掘进中，在 A 点见一断层，并测定出断层的产状。现在掘进 $-100m$ 下平巷，须确定其与断层相遇点的位置。为解决这一问题，首先根据所测资料，在图上画出 $-50m$、$-100m$ 断层面等高线。因为下平巷的高程为 $-100m$，故与断层相通点的高程也为 -100。延长 $-100m$ 下平巷与断层面 $-100m$ 等高线相交，其交点 B，即为巷道与断层的相遇点。

（四）平巷过褶曲设计

如图 5-28 所示，在 $-60m$ 水平沿煤掘进一条运输平巷。为此，首先在 $-50m$、$-100m$ 等高线之间的 1/5 处绘出 $-60m$ 等高线，$-60m$ 平巷则位于 $-60m$ 等高线位置，即图上的 AB、CD 段。煤层底板等高线在 BC 之间有一个褶曲构造，由于褶曲弯曲较大，巷道若沿着等高线方向掘进，则不便于运输。另外，褶曲处岩层往往有破碎，巷道掘进和维护都较困难。因此，必须采用打底取直通过。

（五）煤平巷过正断层时的掘进设计

如图 5-29 所示，$-60m$ 煤平巷在 B 点处遇到断层下盘，为了保证煤层平巷通过断层，首先在断层线的另一盘（上盘）确定 $-60m$ 煤平巷的位置 C。则沿着断层面掘进石门 BC，即可达到上盘煤层。再从 C 点沿等高线方向掘进巷道 CD，则 BC、CD 即为设计巷道的掘进方向。

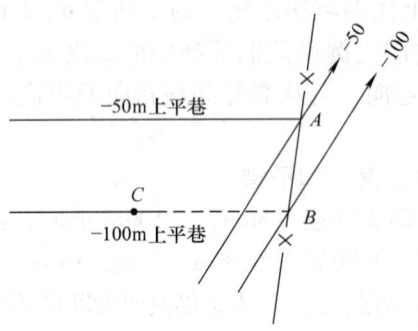

图 5-27 确定巷道与断层的相遇点示意图（单位：m）

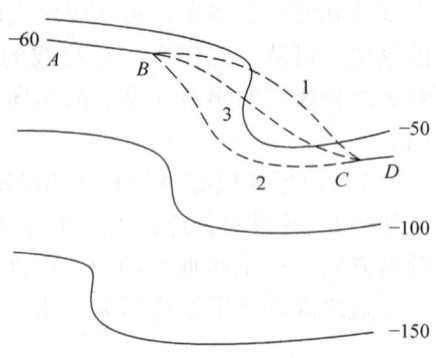

图 5-28 平巷过褶曲示意图（单位：m）
1—打底巷道方向 2——60m 等高线
3—打底取直巷道方向

（六）煤平巷过逆断层时的掘进设计

如图 5-30 所示，−60m 煤平巷在 B 点处遇到断层下盘，为了保证煤平巷通过断层，应在煤层底板等高线图上设计出断层上盘 −60m 煤平巷的位置 CD。从 B 点沿煤层底板掘进石门，与煤层 C 点相遇，则 BC、CD 即为设计的巷道掘进方向。

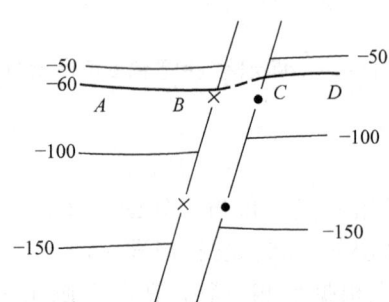

图 5-29 煤平巷过正断层示意图（单位：m）

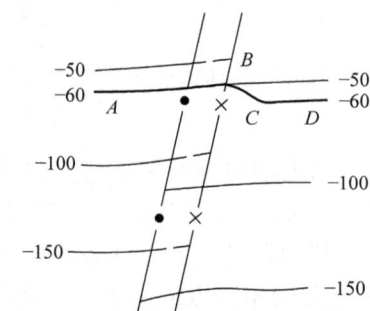

图 5-30 煤平巷过逆断层示意图（单位：m）

【工作任务实施】

任务 1 如图 5-31 所示，在 −100m 沿底掘进的煤巷中揭露一个逆断层，其上盘煤层的断失点为 $F_上$，实测煤层产状为 70°∠40°，断层产状为 195°∠50°，断层落差为 23m。要求根据所测数据：①绘制断煤交线；②推测 −150m 顺槽中见到该断层的位置；③沿煤巷中线切一地质剖面；④如巷道方向不变，试问如何过断层？

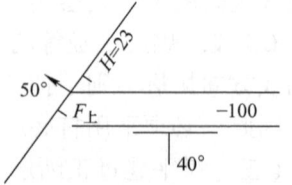

图 5-31 利用巷道揭露的断层资料绘制断煤交线（1∶5000）

任务 2 在煤层图上求煤层产状和断层产状、落差。图 5-32 所示为一煤层底板等高线图。要求①求 A 点的煤层产状；②从图上判断断层的性质并求断层产状、落差和平错；③BC 为一设计沿煤层底板掘进的煤巷，问这条煤巷的坡度是多少？

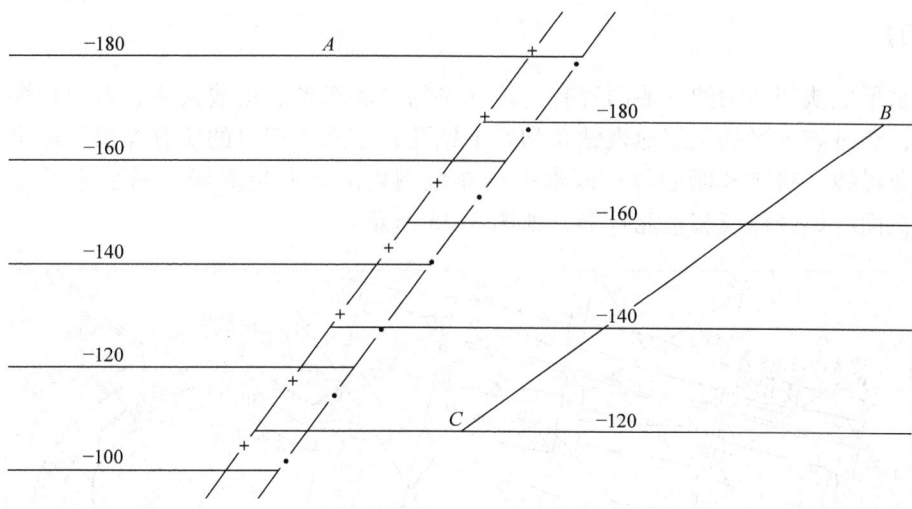

图 5-32　煤层底板等高线图（单位：m；比例尺为 1∶2000）

【工作任务考评】（见表 5-2）

表 5-2　工作任务考评表

考评项目	配分		考 评 内 容
素质目标	20	6	遵章守纪情况
		7	认真听讲情况、积极主动情况
		7	团结协作情况、组内交流情况
知识目标	40	20	熟悉煤层底板等高线图的内容、断煤交线等基本知识
		20	熟悉煤层底板等高线图的绘制和识图方法
技能目标	40	10	明确任务方案，工具使用正确
		15	操作程序正确，方法运用得当
		15	独立并正确完成任务

课题三　矿井水平地质切面图

【工作任务描述与分析】

矿井水平地质切面图是沿某一开采水平编制的地质图，它反映了该水平的全部地质情况和巷道情况，是多水平矿井进行开拓部署、巷道设计和掘进施工的主要依据，是倾斜、急倾斜多煤层矿井必备的基础地质图件。矿井水平地质切面图能反映出水平方向上的构造和煤层分布情况及变化规律，是本区及邻区地质预报的依据。本课题主要介绍矿井水平地质切面图的内容、编制方法和步骤，通过本课题的实施，学生可以熟悉矿井水平地质切面图的内容及绘制方法。在此基础上，能够根据地质资料绘制矿井水平地质切面图，从而为煤矿采掘设计、施工打下基础。

【知识学习】

矿井水平地质切面图的主要内容有：该水平的井底车场、运输大巷、石门和煤巷等主要井巷工程；穿过该水平的全部地表钻孔和井下钻孔；该水平切过的所有煤层、标志层、含水层、地层分界线、褶皱和断层等；该水平所在范围内的矿井边界线、采区边界线、煤柱界线、地质剖面线、经纬线和指北针等，如图5-33所示。

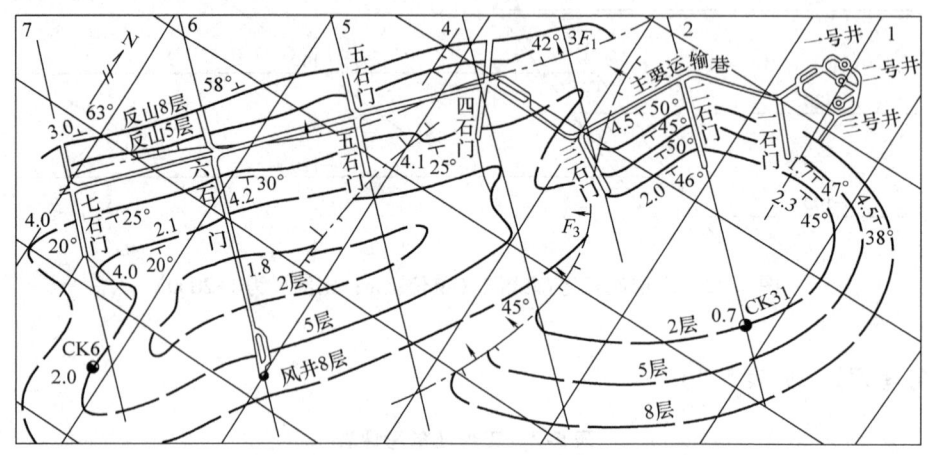

图5-33 矿井水平地质切面图（单位：m）

编绘水平地质切面图的比例尺一般应与煤层图、剖面图一致，常用1:2000和1:5000，对于构造复杂和煤层不稳定的小型矿井，可采用1:500。矿井水平地质切面图的常用编绘方法如下。

一、根据煤层底板等高线图编绘水平地质切面图

这种方法常用在水平未开拓之前，根据水平设计高程在煤层底板等高线图上找到相应的等高线，然后抄绘到水平地质切面图上。下面以用W矿的B_9和B_4煤层底板等高线图（图5-33）绘制-315m高程的水平地质切面图为例，说明其绘制方法。

（一）抄绘煤层底板界线和断点

1）当水平切面的高程与某条煤层底板等高线的高程相同时，可以直接将各煤层底板等高线图上的该条等高线抄绘到水平切面图上，如图5-34中的-315m煤层底板等高线。

2）当水平切面的高程与某条煤层底板等高线的高程不一致时，可以用内插法求出与水平切面高程相同的那条煤层底板等高线后，再抄绘到水平切面图上。

3）遇断层时，应将与水平切面高程相同的断层与煤层的交点抄绘到水平切面图上。本例中，是将图5-33a中的$F_{7上}$点和$F_{7下}$点、图5-33b中的$F_{8上}$点和$F_{8下}$点抄绘在水平切面图上，如图5-35所示。

（二）连接同一断层的各个断点

连接F_7断层的$F_{7上}$点和$F_{7下}$点，连接F_8断层的$F_{8上}$点和$F_{8下}$点，分别得到F_7和F_8断层在水平切面图上的走向线。

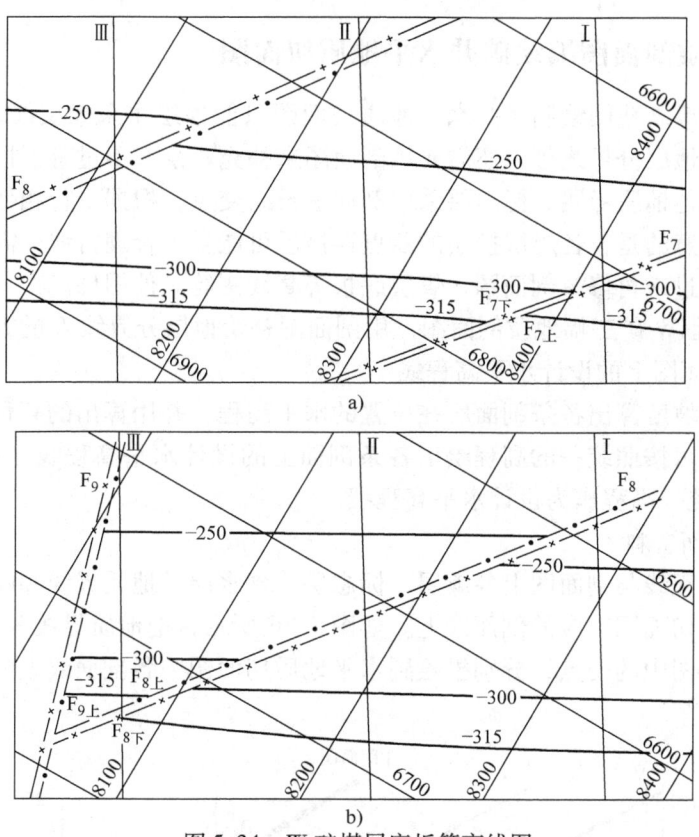

图 5-34　W 矿煤层底板等高线图

a）B_9 煤层底板等高线图　b）B_4 煤层底板等高线图

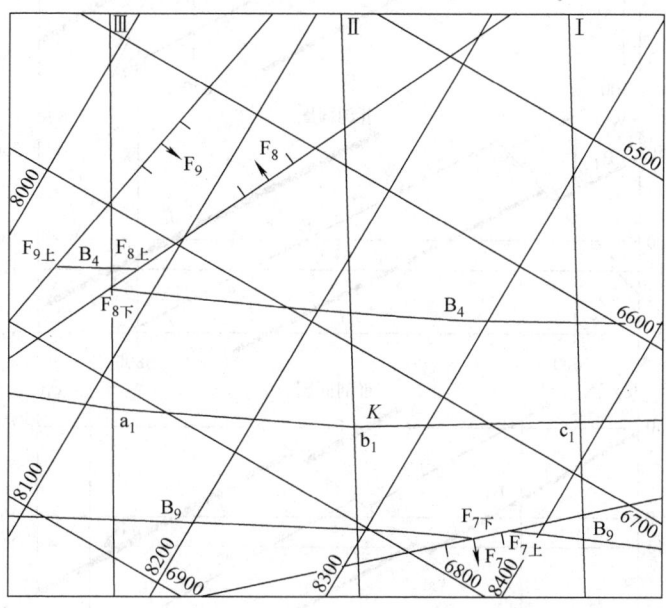

图 5-35　W 矿 – 315m 水平切面图

二、根据地质剖面图编绘矿井水平地质切面图

利用煤层底板等高线图绘制矿井水平地质切面图只能抄绘主采煤层线,对于煤层顶板、标志层、含水层、地层分界线等,还需要用剖面图来补充填绘。不过有了抄绘过来的主采煤层线作为参考,其他地质界线、标志层采用剖面法投绘交点,根据平行相似原则进行连接就简单多了。应该注意的是,各煤层抄绘的断点连接后可能呈不合理折线,需要将其调整成自然曲线状,然后反过来再修改剖面图、煤层底板等高线图等其他图件。

图 5-35 所示是 W 矿三幅地质剖面图,用剖面图补绘地层分界线 K 的方法如下。

（一）绘制剖面图上的设计水平高程线

按照巷道设计坡度算出各条剖面所在位置的水平高程,并用算出的高程绘制剖面中的设计水平高程线;也可按照统一的高程绘出各条剖面上的设计水平高程线。图 5-35 中的各剖面采用 $-315\mathrm{m}$ 的统一高程作为设计水平高程线。

（二）投绘剖面资料

将设计水平高程线与剖面图上各煤层、标志层、含水层、地质界线和断层等地质界线的交点,投绘到水平切面图对应的剖面线上。如图 5-36 所示,把地质界线 K 与 $-315\mathrm{m}$ 水平线在 Ⅰ、Ⅱ、Ⅲ 剖面图中的交点,分别投绘到水平地质切面图中各剖面线上的相应位置,分别为 a_1、b_1、c_1 等点。

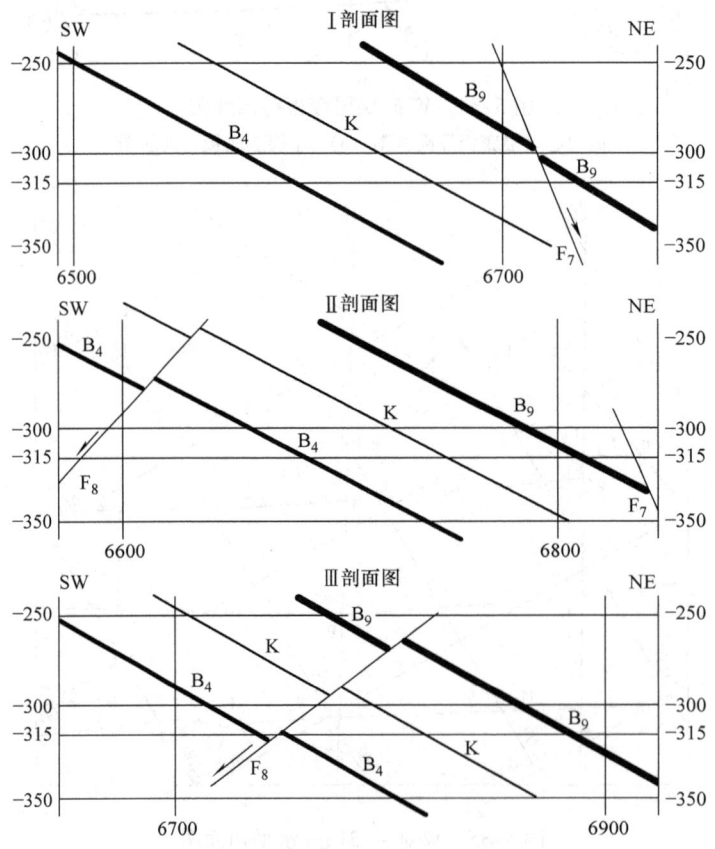

图 5-36　W 矿 Ⅰ、Ⅱ、Ⅲ 地质剖面图（单位：m）

（三）对比连图

经过分析对比，先连接相邻剖面线上同一断层的断点，绘出断层线，然后连接断层同一盘相同层位的煤层、标志层、含水层和地层界线，连线时要考虑煤岩层的产状、断层的性质、产状和断距。本例因先采用煤层底板等高线图抄绘了主采煤层的煤层线，所以在连线时，只要注意在同一断块内连线，同时注意与先期绘制的煤层线保持平行相似，就很容易绘制成功。

三、根据井巷实测资料修改水平切面图

水平开拓后，各种开拓巷道不断有新揭露的地质资料，如见煤点、见断层点、见标志层、地质界线点等资料，要及时将这些资料填绘到水平地质切面图上并对其进行修改，才能满足地质分析、地质预测预报的需要，才能更好地指导煤矿安全生产。

按照各地质观测点的坐标和地质点与测量点的相互关系将地质资料投绘到图上。图5-37所示为根据-50m风巷右壁剖面实测资料编制-50m水平切面图实例，其编绘方法如下。

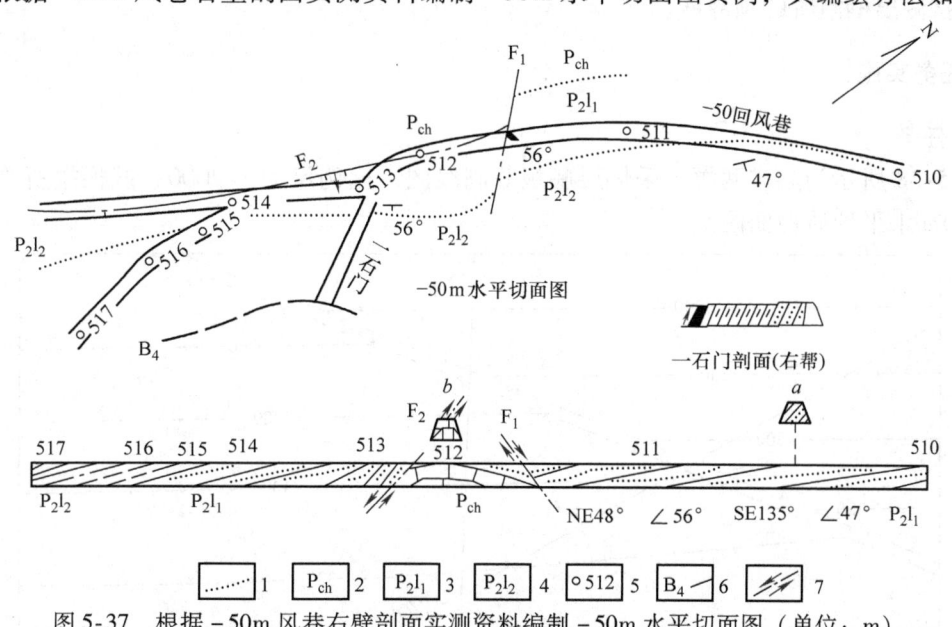

图5-37 根据-50m风巷右壁剖面实测资料编制-50m水平切面图（单位：m）
1—地层界线 2—栖霞阶 3—官山段 4—老山段 5—测点编号 6—煤层 7—断层

（一）填绘风巷的地层和断层

根据测点510与511之间的 a 点断面图和测点515附近巷道右壁实测剖面图，将官山段（P_2l_1）和老山段（P_2l_2）地层界面与巷道顶的交点标定在水平切面地质图上，并标注产状符号。F_1和F_2断层与巷道顶的交线，可以根据测点512附近的 b 点断面图和巷道右壁实测剖面图填绘在水平切面图上，并注明断层性质和产状。

（二）填绘一石门的地层和煤层

根据一石门右壁实测剖面图，将官山段与老山段地层界面和B_4煤层顶、底界面与巷道顶的交线填绘在水平地质切面图上，并按照走向作适当的延展。

（三）对比分析连接地质界线

在填绘好实际地质资料的水平切面底图上，对比煤层和分析构造，并根据实测产状连接煤层、标志层、含水层、地层分界线和各种构造线。图5-37中的连接过程如下：

1. F_1 断层两侧地层界限的连接

-50m 风巷中测点 515 附近的官山段与老山段地层界线和一石门中的同一界线,由于其间没有断层,可以按照地层走向连接,并推延到 F_1 断层,构成 F_1 断层下盘的地层界线;断层上盘官山段与老山段地层界线,也可以从实见位置按照地层走向延展到 F_1 断层。

在该矿井水平地质切面图上,断层两侧同一地质界线应该错开,错开的方向和距离与断层的性质和断距有关。两盘同一地质界线错开的距离等于水平地层断距。

2. B_4 煤层与栖霞阶顶界的连接

B_4 煤层可以从一石门的实见点按照煤层走向和距官山段顶面的水平厚度作适当的延展和推测。对于栖霞阶顶界的确定,在 F_1 断层以南,由于 F_2 断层的原因,造成栖霞阶与官山段呈断层接触,并已被巷道所揭露,只要把 F_2 断层连出,即可大致确定栖霞阶的分布情况。在 F_1 断层以北,可以根据官山段在该处的厚度和倾角,算出官山段的水平厚度,并用该水平厚度推测出栖霞阶的顶界线。

【工作任务实施】

1. 任务

图 5-38 所示为某矿两幅主采煤层底板等高线图,比例尺为 1:2000,试根据所给资料绘制 -290m 水平地质切面图。

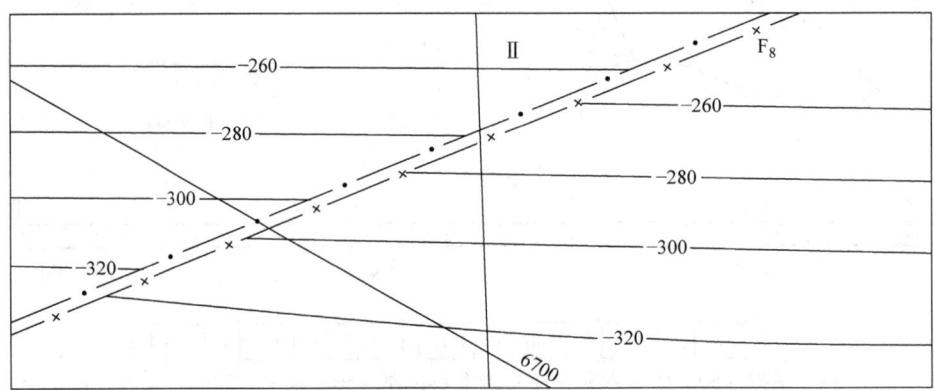

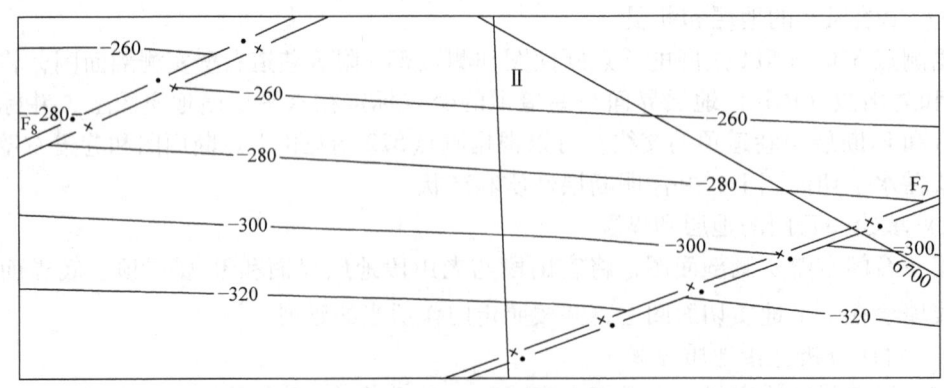

图 5-38 某矿两幅主采煤层底板等高线图(单位:m)

2. 要求

除绘制 –290m 水平地质切面图外，还要求出断层、煤层产状及落差，并在水平切面图上用符号将断层产状、落差表示出来。

【工作任务考评】（见表 5-3）

表 5-3　工作任务考评表

考评项目	配分		考 评 内 容
素质目标	20	6	遵章守纪情况
		7	认真听讲情况、积极主动情况
		7	团结协作情况、组内交流情况
知识目标	40	10	熟悉矿井水平地质切面图的内容等基本知识
		30	熟悉矿井水平地质切面图的编制方法和步骤
技能目标	40	10	明确任务方案，工具使用正确
		15	操作程序正确，方法运用得当
		15	独立并正确完成任务

【习题】

一、填空题

1. 矿井地质三大基本图件是指_____、_____和_____。
2. 生产矿井日常具备的图件有_____、_____、_____、_____、_____、_____、_____、_____等。
3. 按剖面线与地层走向的关系，剖面图可分为_____和_____；按编制方法，可分为_____和_____。

二、单选题

1. 不能把_____作为平面图和剖面图严格的对应线。
   A. 经纬线　　　　　B. 准线　　　　　C. 钻孔、巷道
2. 在剖面图上，相邻两高程之间的距离一般为_____。
   A. 10mm 或 20mm　　B. 20mm 或 25mm　　C. 25mm 或 50mm
3. 上盘断煤交线在煤层底板等高线图上用_____表示。
   A. – – – –　　　　B. – – × – –　　　C. – – · – –
4. _____区域需要画煤层立面投影图。
   A. 缓倾斜　　　　　B. 倾斜　　　　　C. 急倾斜
5. 在水平切面图上，断层以_____体现。
   A. 走向线　　　　　B. 断层线　　　　C. 倾斜线
6. 准线与剖面线的交点在地质剖面图上反映为_____。
   A. 一个交点　　　　B. 一条铅垂线　　C. 一条水平线
7. 煤层在剖面图上量得的倾角为_____。
   A. 真倾角　　　　　B. 伪倾角　　　　C. 真倾角或伪倾角

8. 断层是平面，煤层为曲面，那么断煤交线为_____。
   A. 直线　　　　　　B. 曲线　　　　　　C. 直线或曲线
9. 在剖面图上，垂直煤层顶、底板量得的煤厚为_____。
   A. 伪厚度　　　　　B. 真厚度　　　　　C. 真厚度或伪厚度

三、是非题

1. 煤层走向的方向和准线的方向平行。（　　）
2. 煤层底板等高线图与水平切面图、剖面图可以通过经纬线联系。（　　）
3. 在煤层底板等高线图上，等高线越密说明煤层倾角小。（　　）
4. 煤层底板等高线实际上就是煤层走向线。（　　）
5. 正断层的断煤交线之间通常没有等高线。（　　）
6. 在煤层底板等高线图上，垂直煤层等高线从大高程向小高程方向为煤层倾向。（　　）
7. 水平褶曲在煤层底板等高线图上表现为"之"字形弯曲。（　　）
8. 断煤交线和断层走向一致。（　　）
9. 煤层立面图的投影轴和准线是一条线，只是用在不同的图上而已。（　　）
10. 基岩地质图是以地形图为底图绘制的。（　　）

四、简答题

1. 试述地质剖面图的主要内容。
2. 什么是煤层底板等高线图？它为什么又称为构造图？它在煤矿生产中有哪些用途？
3. 走向断层断煤交线如何绘制？
4. 准线与立面投影轴有什么异同？
5. 断煤交线、断层线和断层走向线有什么区别？

第六单元
矿井综合地质资料

【单元学习目标】

本单元由地质报告、地质说明书和地质预报三个课题组成。矿井综合地质资料的编制，是从矿井建设开始到开采结束的整个开发过程中，为矿井规划、水平和采区的设计、井巷工程施工和矿井日常生产等方面，提供地质说明书、地质报告、地质预报等各种综合地质资料。通过本单元的学习，学生应对地质报告、地质说明书和地质预报等地质资料的内容有所了解。

课题一　地　质　报　告

【工作任务描述与分析】

建矿地质报告、生产矿井地质报告和矿井报废地质总结是矿井不同时期地质工作及地质成果的总结。本课题主要介绍上述三个地质报告的文字、图表内容，通过本课题的实施，学生可熟悉这些地质报告的内容，以便将来到了采掘生产岗位，能够充分利用这些地质报告，掌握矿井地质构造特征和煤层分布规律，为矿井改扩建、发展规划、开拓设计和安全生产服务。

【知识学习】

一、建矿、生产地质报告

建矿地质报告是对矿井建井全过程地质工作的总结，是地质勘探报告的延续，起着承上启下的作用。同时，由于它对原勘探地质报告作了验证和补充，因而其文字和图件必须精炼，凡原报告已有交代，而建矿期间又没有新发现和新进展的部分，应一律从略，但对新获得的资料必须认真进行综合分析，充分予以总结。凡与原报告的观点和结论不同的部分，以及与今后生产与矿井补充勘探有重要关系的地方，必须交代清楚。基建矿井移交生产前6个月，煤矿建设单位应组织编写《建矿地质报告》。

生产矿井地质报告是以井田勘探报告、建井地质报告或原有生产矿井地质报告为基础，充分利用矿井开采过程中积累的全部地质编录及生产勘探资料，经分析研究综合编制而成的。矿井投产后，经过一定时期的开拓、生产和补充勘探，积累了大量的原始地质资料。为加强地质工作，提高矿井生产的地质保障能力，进一步掌握储量资源动态，指导井田深部和后续采区的进一步勘探，控制影响采掘的地质变化，保证矿井安全和煤炭资源的合理开发及利用，必须全面地修正和补充原地质报告的基本内容，对井田地质条件进行重新评价。从而为矿井改扩建、发展规划、开拓设计和安全生产提供准确可靠的地质资料。

建矿、生产地质报告由文字、图件和附表三部分组成。

《煤矿地质工作规定》要求，基建矿移交生产后，应在3年内编写生产地质报告，之后每5年修编一次。

附：《煤矿地质工作规定》附录B 煤矿（建矿、生产）地质报告编写提纲

1 绪论
1.1 目的、任务及要求，报告编写依据
1.2 煤矿位置、自然地理、与四邻关系
1.3 煤矿及周边老窑、老空区分布及相邻煤矿生产情况
1.4 煤矿（建设、生产）概况

2 以往地质工作及质量评述
2.1 煤田勘查及补充地质勘探工作
2.2 煤矿采掘揭露及井下地质探测工作
2.3 煤矿地质工作质量评述

3 地层构造
3.1 地层（矿区地层、煤矿地层）
3.2 含煤地层（地质年代、厚度、岩性、可采煤层数、煤层总厚度及煤系变化等）
3.3 构造（区内主要断层、褶曲的分布特征、控制程度及对煤岩层的破坏程度。中小构造发育特征，对煤层开采的影响。岩浆岩体分布、产状及对煤质的影响）
3.4 地质构造复杂程度评价

4 煤层、煤质及其他有益矿产
4.1 煤层（含煤性、可采煤层特征和煤层对比等）
4.2 煤岩、煤质（煤岩特征，煤质特征，煤种及变化特征，煤中有害元素及其变化规律，煤的风氧化带）
4.3 煤的用途
4.4 其他有益矿产
4.5 煤层稳定程度评价

5 瓦斯地质
5.1 煤层瓦斯参数和矿井瓦斯等级
5.2 矿井瓦斯赋存规律
5.3 矿井瓦斯涌出量预测
5.4 煤与瓦斯区域突出危险性预测
5.5 矿井瓦斯类型评价

6 水文地质
6.1 水文地质概况（区域及井田水文地质、含水层和隔水层特征）

6.2 充水条件及充水因素

6.3 涌水量构成及预测

6.4 煤矿水害及防治措施，主要突水点位置、突水量及处理措施

6.5 煤矿水文地质类型评价

7 工程地质及其他开采地质条件

7.1 岩层物理力学性质、坚硬程度、软弱层的发育程度及分布规律，岩层含水性及其对边坡稳定性的影响

7.2 煤层顶底板

7.3 地层产状要素

7.4 其他开采地质条件（陷落柱、冲击地压、地热和天窗等）

7.5 工程地质及其他开采地质条件评价

8 资源/储量估算

8.1 煤炭资源/储量估算（估算范围及指标、资源/储量类型划分、估算方法及参数确定和估算结果）

8.2 瓦斯（煤层气）资源/储量估算（估算范围、资源/储量类型划分、估算方法及参数确定和估算结果）

9 煤矿地质类型

9.1 煤矿地质类型划分要素综述

9.2 煤矿地质类型综合评定

10 探采对比

10.1 地质因素探采对比（构造、煤层、瓦斯、水文地质等）

10.2 资源/储量探采对比

10.3 地质勘探类型探采对比

10.4 原勘探工程合理性评述

11 结论及建议

11.1 主要认识

11.2 主要问题

11.3 建议

12 附图

12.1 煤矿地形（基岩）地质图

12.2 煤矿地层综合柱状图

12.3 补充勘探钻孔柱状图

12.4 可采煤层底板等高线和资源/储量估算图（急倾斜煤层加绘立面投影图）

12.5 煤矿地质剖面图

12.6 矿井瓦斯地质图

12.7 煤矿综合水文地质图

12.8 矿井充水性图

12.9 井上下对照图

12.10 采掘（剥）工程平面图

12.11 主要井巷地质素描图
12.12 工程地质平面图（露天煤矿）
12.13 工程地质断面图（露天煤矿）
12.14 其他必要图件
13 附表
13.1 勘探钻孔成果表
13.2 煤炭资源/储量估算基础表和汇总表
13.3 煤岩、煤质测试成果表
13.4 瓦斯参数测定成果表
13.5 水质分析成果表
13.6 其他有关成果表

二、矿井报废地质总结

矿井报废地质总结是以井田地质报告、建井地质报告、矿井生产地质报告等为基础，结合矿井补充勘探及生产地质资料进行分析研究，核定残存地质储量的可采性及老区丢煤复采的可能性后编制而成的。矿井报废地质总结是在矿井的总储量已有80%～90%被采出，且无进一步扩大储量的可能时，为矿井的收尾、报废而提交的一份向上级部门报审的地质鉴定材料。

【工作任务考评】（见表6-1）

表6-1 工作任务考评表

考评项目	配分		考评内容
素质目标	30	8	遵章守纪情况
		10	认真听讲情况、积极主动情况
		12	团结协作情况、组内交流情况
知识目标	70	70	熟悉地质报告的种类及内容

课题二 地质说明书

【工作任务描述与分析】

地质说明书是矿井地质部门为煤矿建设和生产各阶段所提供的地质资料。它通常分为采区地质说明书、掘进工作面地质说明书和回采地质说明书等。本课题主要介绍各类地质说明书的内容，通过本课题的实施，学生可以熟悉地质说明书的内容，以满足采掘工程设计、施工和管理的需要。

【知识学习】

一、编制地质说明书的基本要求

目前，虽然各个矿区编制的地质说明书的格式不一致，但都必须满足以下基本要求。

1. 目的明确

地质说明书是供煤矿建设、开拓、掘进和回采设计、施工与管理的地质依据。编制地质说明书时，应掌握设计意图和施工要求，熟悉地质变化对建井、开拓、掘进和回采的影响，查明主要影响因素，有针对性地提供地质资料，这样才能满足设计、施工和管理的需要。

2. 地质与生产情况清楚

编制地质说明书时，必须清楚地质说明书编制范围内的地质与生产情况，包括地质构造，煤厚，煤质变化，顶、底板岩性，岩浆侵入体位置，陷落柱分布范围，水、火、瓦斯灾害地质情况，周围情况，井上、下关系，地质研究程度等。

3. 资料准确

地质说明书列举的资料和测绘的图件须准确。

4. 简明方便

地质说明书的内容必须简明扼要、切实有用、重点突出、有的放矢。对影响采掘的主要地质问题和有关生产安全的问题，要着重交代清楚。图件要清晰准确，能用图表反映的就不用文字叙述。一般情况下，建井地质说明书、水平延深地质说明书和采区地质说明书，由于涉及的面积较大且问题较多，常由图件和文字两部分组成；掘进地质说明书和回采地质说明书常用图表表示。

5. 勤修改勤总结

在地质说明书提出后，随着采掘工程的进展，应及时进行修改和补充。工程结束后，还应对该区的地质情况作出地质总结。

二、采区地质说明书

采区地质说明书是在采区设计之前，根据煤炭勘探和生产地质资料编制的，为采区设计和施工提供的综合性地质资料。采区设计前3个月应提出采区地质说明书，并由总工程师批准。

采区地质说明书的重点是阐述采区内影响采区设计和施工的地质构造、可采煤层特征、水文地质、工程地质、地温、地压、瓦斯及其他对回采有直接影响的地质因素。

（一）采区地质说明书编写的主要内容及要求

1. 正文部分

1）采区位置、范围、四邻关系，井上下对照关系，勘探工作等。

2）相邻采区实见地质构造、瓦斯地质和水文地质等。

3）区内煤（岩）层产状和煤层厚度变化，断层与褶皱的特征、分布范围和控制程度，对采区开拓、开采的影响等。

4）可采煤层厚度、结构及可采范围，可采煤层的可采性。

5）各煤层顶底板类型、岩性、厚度、富水性及物理力学性质，各煤层群（组）之间的间距和岩性变化。

6）陷落柱、岩浆岩体、冲刷带等情况。

7）煤层瓦斯赋存地质规律，瓦斯（煤层气）资源/储量。

8）水文地质条件，采空区及周边老空区范围，预测正常涌水量、最大涌水量和突水危险性，防隔水煤（岩）柱和探放水等工程技术要求。

9）地温及地热危害，煤自燃危险程度。

10）采区煤炭资源/储量。

11）工作面回采对地表建（构）筑物的影响。

12）针对存在的地质问题应注意的事项和建议。

2. 附图

1）井上下对照图。

2）采掘工程平面图。

3）采区地层综合柱状图。

4）采区煤层底板等高线及资源/储量估算图。

5）采区回风水平和运输水平的地质切面图（煤层倾角大于25°）。

6）采区地质剖面图。

7）采区煤层厚度等值线图。

8）采区瓦斯地质图。

（二）采区地质说明书的编制方法与步骤

1. 收集采区地质资料

首先分析开拓区域地质说明书或地质勘探报告，然后汇集与编制说明书有关的地质资料，如采区内所有的勘探钻孔；通过采区的勘探线剖面图、邻近采区的煤层底板等高线图、邻近巷道实测剖面图及地形地质图等，以及影响采区的地面建筑物、地表水体等资料。

2. 绘制采区地质说明书图件

收集并核实采区地质资料，认真分析与研究，按照一定的程序和方法编绘说明书图件。

3. 计算采区储量

按照设计部门的规定，在各煤层底板等高线图及储量计算图上，标出采区各种煤柱，计算各类储量。

4. 编写文字说明

根据采区地质图件和收集的各种原始数据，按照设计与采掘部门的需要，简明扼要地编写文字说明。

三、掘进工作面地质说明书

回采工作面掘进地质说明书是在回采工作面掘进前，在经过修正的采区地质说明书及邻近已开掘巷道揭露的地质资料的基础上编制的，作为制定工作面掘进巷道设计方案及指导施工的地质依据。其重点是工作面内地质及水文地质情况、瓦斯地质、煤层的主要特征及其对采掘的影响。

《煤矿地质工作规定》规定：在回采工作面设计前1个月，必须根据已有的地质资料加以综合分析，提出掘进工作面地质说明书，并经矿总工程师审批后交采掘部门使用。

（一）掘进工作面地质说明书编写的主要内容及要求

1. 正文

1）工作面位置、范围及与四邻和地面的关系。

2）区内地层产状和地质构造特征及其对本工作面的影响，断层落差，掘进找煤方向及褶皱的位置和形态。

3）邻近工作面煤层厚度、煤层结构、煤体结构及其变化等。

4）煤层顶底板岩性、厚度、物理力学性质。

5）工作面瓦斯地质特征。

6）主要含水层和主要导水构造与工作面的关系，工作面周边老空区范围，预测正常涌水量、最大涌水量和工作面突水危险性，防隔水煤（岩）柱、探放水措施建议等。

7）岩浆岩体、陷落柱等对工作面掘进造成的影响。

8）地热、地应力和煤自燃危险程度等。

9）针对存在的地质问题的建议。

2. 附图

1）井上下对照图。

2）工作面煤层底板等高线图。

3）工作面预想地质剖面图或局部地质构造剖面图。

4）地层综合柱状图。

（二）掘进工作面地质说明书的编制方法与步骤

1）根据任务通知书要求，进行分工：以地质组为主，进行地质分析、煤层分析、顶底板岩性分析等；水文组进行水文地质分析与涌水量预测；储量组进行储量估算。

2）根据工作面内及其附近的钻孔、巷道揭露的地质资料编制煤层顶底板综合地层柱状图。要求提供至少是采高的 5 倍的煤层顶板岩性资料，煤层底板要求包括直接底和基本底的岩性资料。

3）分析研究开拓区域地质说明书、采区地质说明书和以往的地质资料，了解巷道设计与施工要求，收集地质资料，绘制掘进工作面预想剖面。

4）根据地质资料编制地质说明书图件及文字说明。

5）查找与工作面相关的水文资料、上部工作面及相邻工作面水文资料、工作面内及附近钻孔资料（特别是封孔情况），进行水文地质分析及涌水量预测。

6）提出资料的可靠程度及地质灾害的预测依据，并建议在施工中的注意事项及防治的措施。

7）经审核报矿总工程师审批后，提交生产部门使用。

【案例 6-1】（见表 6-2）

表 6-2　T_1454 工作面掘进地质说明书

	煤层名称	5 煤层	水平名称	14 水平	采区名称	铁一区
	工作面名称	T_1454	地面高程/m	12	工作面高程/m	$-720 \sim -920$
概况	地面位置	京山铁路				
	四邻情况	T_1454 工作面位于铁一区 14 水平，北邻 T_1453 工作面目前正在掘进，南部、西部尚无采掘工程，东至 T_1452 甲边眼				
	走向长/m	1180～1280 1230	倾斜长/m	160	面积/m²	196800
煤层情况	煤层总厚	1.30～4.44 3.2	煤（矿）层结构/m	单一结构	煤（矿）层倾角/(°)	13°～26° 20°
	该煤层煤质较好，主要以亮煤为主					

（续）

	顶底板名称	岩石名称	厚度/m	岩性特征
煤层顶底板情况	老顶	灰白色中细砂岩	7.0	粉细砂岩互层，水平层理
	直接顶	深灰色粉砂岩	4.0～6.0	以粉砂质为主，水平层理
	伪顶	深灰色泥岩	0.1～0.5	易冒落，且上有0.2m左右的小煤线
	直接底	深灰色粉砂岩	1.0～2.0	含植物根化石，划痕灰白色
	老底	浅灰色细砂岩	4.5～6.0	成分以石英、长石为主，硅质为主

地质构造情况	本工作面位于大型向斜之南，产状多变。北部T_1453风道已掘，对向斜中央形成控制，工作面内及其附近有岳26、扩水05、岳31、岳33等几个零星钻孔控制。从现有资料看，该工作面内没有大断层，但有小断层存在：在岳26孔附近存有一条DF29正断层，T_1453风道掘进揭露F1正断层，预计对掘进有一定影响。				
	构造名称	倾向	倾角	性质	落差/m	对掘进影响程度
	F1断层	297°	65°	正	1.6	有影响
	DF29断层	4°	79°	正	0～6.0	有影响

水文地质及建议	5煤层顶板为强含水层，静储量丰富，动水补给充沛，水量大且不易疏干。T_1452掘进时最大涌水量达到过$0.5m^3/min$。另外，本工作面内有岳26钻孔，已封至5煤层以上140m		
	最大涌水量	$2.00m^3/min$	正常涌水量	$0.50m^3/min$

其他影响因素	瓦斯	绝对涌出量为$0.72m^3/min$
	煤（矿）尘	有爆炸危险性，爆炸指数为36.4%
	煤的自燃	
	地温	
	地压	

预算储量	块段号	走向长/m	倾斜长/m	斜面积/m²	煤厚/m	容重/(t/m³)	地质储量/t	回采率（%）	可采储量/t
	T_1454	1230	160	196800	3.2	1.34	8143878	95	801684

建议问题	1. 本工作面伪板发育，且为复合顶板，极易引起顶板脱落，望掘进中加强支护 2. 本工作面位于向斜盆地，地层产状变化较大，掘进中会出现煤层起伏变化 3. 掘进过程中若遇隐伏构造，请与地测科联系
附图	T_1454煤层底板等高线图（1:2000）、8号地质剖面图（1:2000）、T_1454煤岩层柱状图（1:200）

四、回采地质说明书

回采地质说明书主要是根据工作面四周巷道（工作面运输巷、回风巷、切割眼及上下山等）的编录资料，结合邻区和上部煤层开采过程中揭露的地质资料，经过分析整理后编制而成的。它是回采工作面制定作业规程、安排生产计划、制定管理措施和进行回采的地质依据。

《煤矿地质工作规定》中规定：回采工作面形成后，应开展相关物探、钻探等补充地质工作，查明工作面内部地质构造情况，并在10日内提出回采工作面地质说明书，由矿井总工程师审批。

工作面回采地质说明书的内容由文字（或表格）说明和图纸组成。

（一）编写的主要内容及要求

1. 正文

1）工作面位置、范围、面积以及与四邻和地表的关系。

2）工作面实见地质构造的概况，实见或预测落差大于三分之二采高断层向工作面内部发展变化。

3）实见点煤层厚度、煤层结构和煤体结构情况，及其向工作面内部变化的规律。

4）实见点煤层顶板岩性、厚度，裂隙发育情况。

5）预测岩浆岩体、冲刷带、陷落柱等的位置及其对正常回采的影响。

6）预测工作面瓦斯涌出量。

7）预测工作面正常涌水量和最大涌水量。

8）工作面煤炭资源/储量。

9）地热、冲击地压和煤自燃危险程度等。

10）针对存在的地质问题应注意事项及建议。

2. 附图

1）井上下对照图。

2）工作面煤层底板等高线及资源/储量估算图。

3）煤层厚度等值线图。

4）主要地质预想剖面图。

5）煤层顶底板综合柱状图。

6）其他相关图件。

（二）工作面回采地质说明书的编制方法与步骤

1. 收集回采工作面地质资料

收集工作面所在采区的地质说明书及相邻工作面地质资料，以及工作面四周巷道的原始编录资料。

2. 编绘回采地质说明书图件

整理回采工作面巷道素描，并将其填绘到煤层底板等高线图和地质剖面图等地质图件上，在此基础上编绘回采地质说明书相关图件。

3. 计算回采工作面储量

按规定圈出各种煤柱储量，计算回采煤量。

4. 编写文字说明

针对有可能影响回采工作的地质、水文地质和瓦斯地质等问题，简明扼要地撰写文字说明。

【案例6-2】（见表6-3）

表6-3　5080工作面回采地质说明书

概况	煤层名称	8、9	水平名称	11水平	采区名称	南翼
	工作面名称	5080	地面高程/m	+12.0	工作面高程/m	−610～−567
	地面位置					
	四邻情况	北邻5082、5084等采空区，南邻5182、5184等采空区，东邻5188采空区，西邻新风井保护煤柱，上方为5050、5052等采空区				
	走向长/m	540	倾斜长/m	110 100～120	面积/m²	59400

（续）

煤层情况	煤层总厚/m	6.0~10.0 8.8	煤（矿）层结构/m	2.4(0.4) 4.5(0.2) 1.9	煤层倾角	4°~16° 10°
	可采指数	1.0	变异系数（%）	35.6	稳定程度	较稳定
	从工作面掘进情况看，8、9煤层底板不平程度较为严重，是煤层基底不平所致，造成煤层厚度变化较大。另据附近工作面回采情况看，在接近切眼附近可能存在一煤厚变薄带					

煤质情况	M	A	V	Q	S	Y	工业牌号
	0.72	16.08	34.4	20.68	0.36	22.0	1/3焦
	该工作面煤质稳定						

煤层顶底板情况	顶底板名称	岩石名称	厚度/m	岩性特征
	老顶	灰色细砂岩	21.2	石英、长石为主，硅质胶结，层理不明显
	直接顶	深灰色砂质泥岩	2.3	以泥质为主，砂质次之，含黄铁矿较多
	伪顶	无		
	直接底	深灰色砂质泥岩	1.0	以泥质为主，砂质次之，有植物根化石
	老底	深灰色泥岩	4.6	泥质，贝壳状断口，有菱铁质结核

地质构造情况	该工作面地质条件较为复杂，主要为断层构造和煤层底板基底不平。风道掘进揭露两条正断层，这两条断层的断煤交线因与工作面近似垂直穿过，所以对回采有一定影响				
	构造名称	倾向	倾角	性质	落差/m	对回采的影响程度
	1	73°	82°	正	4.3	对回采影响较大
	2	300°	48°	正	1.2	对回采有一定影响

水文地质及防治水建议	工作面位于5~12煤含水层之间，是弱含水层段，水文地质条件简单。5086工作面回采时涌水量为0.98~1.30m³/min。本工作面掘进期间无水		
涌水量预计	最大涌水量	0.05m³/min	正常涌水量	0.01m³/min

影响回采的其他地质情况	瓦斯	瓦斯绝对涌出量为0.24m³/min			
	煤（矿）尘	煤尘爆炸指数为32.08%，有爆炸危险性			
	煤的自燃	8~12个月			
	地温	20~23℃			
	地压				
	普氏硬度	煤层	夹矸	直接顶（抗压强度）	直接底（抗压强度）
		3.0	无	127MPa	80.4MPa

储量计算	块段号	走向长/m	倾斜长/m	斜面积/m²	煤厚/m	容重/(t/m³)	地质储量/t	回采率（%）	可采储量/t
	5080	540	110.0	59400	8.8	1.48	773625	93	719472

问题及建议	1. 基底不平可能对回采影响较大，回采部门应选择适当的开采方法，以保证资源的合理利用 2. 该工作面附近采空区较多，面内上、下老洞错综复杂，回采中应注意安全 3. 因断层与工作面近似垂直，过断层时可能造成煤壁片帮，所以回采过程中应注意安全
附图	5080采掘工程平面图（1:2000）、风道、溜子道、切割眼、中间眼素描图（1:500），17、18号地质剖面图（1:2000），5080煤层顶、底板柱状图（1:200）

【工作任务考评】（见表6-4）

表6-4　工作任务考评表

考评项目	配分		考评内容
素质目标	30	8	遵章守纪情况
		10	认真听讲情况、积极主动情况
		12	团结协作情况、组内交流情况
知识目标	70	20	熟悉地质说明书的内容、服务对象、提交时限等
		25	熟悉地质说明书的编写要求和步骤
		25	对案例中的地质说明书能正确发表个人意见

课题三　地质预报

【工作任务描述与分析】

为了更加密切地配合生产，在提交地质说明书的基础上，会定期或不定期地以图件或报单的形式预测采掘前方的地质变化。预测资料要有理有据，使生产部门能够及时针对影响采掘的地质问题采取措施，保证生产的正常进行，这种预测资料称为地质预报。本课题主要介绍地质预报分类、地质预报的方式、地质预报的内容、编制地质预报的方法和步骤、地质预报的审查及报出，通过本课题的实施，学生应熟悉矿井各类地质预报的内容、方式，以便更好地为采掘工程设计、施工和管理服务。

【知识学习】

一、地质预报分类

地质预报根据其使用期限和服务对象不同，可以有不同的分类方法。

1. 按使用期限不同分类

地质预报是动态预报，它针对采掘工作面存在的地质、水文地质、瓦斯地质等问题进行预测预报，按其使用期限不同，可分为年度预报、季度预报和月度预报，并可随着采掘工程的进展及时发出临时性预报。

（1）年度预报　一般是自年度生产计划下达后开始编写，下年度首月前报出，年度预报需附有关图件。年度预报的作用是对矿井全矿采掘区域进行指导性预报。

（2）季度预报　自季度生产计划下达后开始编写，下季度首月前报出，季度预报需附有关图件。季度预报是在年度预报的基础上，根据季度生产计划，结合最新的地质资料，对本季度采掘区域进行中期预报。

（3）月度预报　自下月生产计划下达后开始编写，下月5号前报出（如遇节假日可顺延）。月度预报是在季度预报的基础上，根据月生产计划，对矿井采掘工作面进行近期地质预报。

（4）临时性预报　临时性预报的编制是依据采掘工作面新揭露的最新地质资料，对原先的预报目标加以修改,特别是影响采掘工作面安全生产的地质因素,应及时反馈给生产单位,以确保生产正常、安全地进行。

2. 按服务对象的不同分类

按服务对象不同,地质预报可分为掘进巷道地质预报、回采工作面地质预报及单项预报(如断层、层位、岩性、水文、瓦斯地质等)。

(1) 掘进地质预报 掘进地质预报是在开拓区域或采区地质说明书的基础上,针对巷道掘进中可能出现的地质问题,在掘进过程中边收集资料、边分析研究、边预报掘进前方的地质变化及其对巷道施工的影响程度等,协同掘进区队采取措施,确保巷道施工正常、安全。预报方式一般类似于简化的掘进地质说明书,以图、表为主,并附简要说明。

(2) 回采地质预报 回采地质预报是在回采地质说明书的基础上,针对某些有可能影响回采的地质问题,在回采过程中边收集资料、边分析研究、边预报回采前方的地质变化和发展趋势及其对生产的影响程度,协同采煤区队采取对策,确保回采工作安全、顺利进行。预报方式一般是利用工作面地质图,填报预测资料。

(3) 单项预报 掘进不同巷道时,针对需要解决的重点地质问题,组织单项地质预报。它又包括断层预报、层位预报、岩性预报和瓦斯预报等。

1) 断层预报。在开拓或采准巷道的掘进中,对影响掘进的断层位置、性质和断距进行预报。

2) 层位预报。它是以巷道选定的层位和层位变动为主要内容的预报,对巷道掘进前方的岩层层位、产状变化和构造等作出预报,以便在允许范围内,调整巷道的方向、坡度和长度。

3) 岩性预报。在穿层巷道掘进中,对巷道掘进前方将要穿过的各岩层的岩石性质、厚度和产状等进行预报。

4) 瓦斯预报。在有煤和瓦斯突出危险的矿井中,根据煤和瓦斯突出的征兆和矿井瓦斯的分布规律,对巷道掘进前方的瓦斯含量和涌出量、煤与瓦斯突出的可能性等进行预报。

此外,还要对有水害威胁的老窑区、含水层、断层、钻孔等位置和水量进行预测。

二、地质预报的方式

地质预报的方式有图件、表格、报告单等,一般年度和季度预报多采用表格配合图件的方式,月度预报、单项预报和临时性预报则采用图表附文字说明的方式。

【**案例6-3**】(见表6-5)

某矿12月掘进工作面地质预报见表6-5。

表6-5 某矿12月掘进工作面地质预报

施工单位	掘1队	工作面	-530m西回风巷	工程量	542m	剩余工程量	254.1m	巷道方位	154°

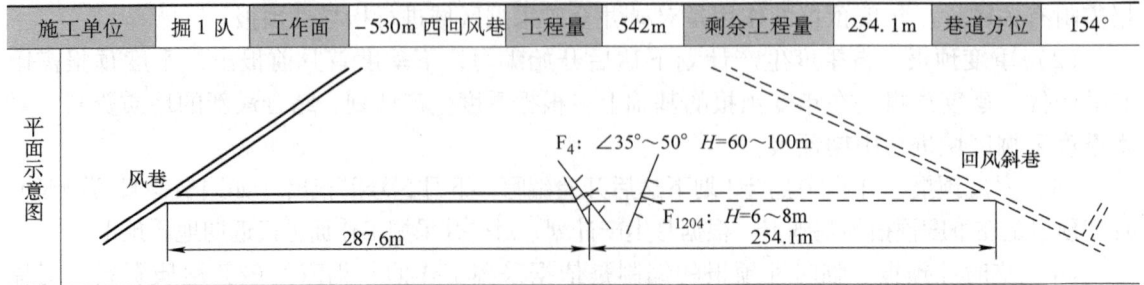

（续）

施工单位	掘1队	工作面	−530m 西回风巷	工程量	542m	剩余工程量	254.1m	巷道方位	154°
剖面示意图	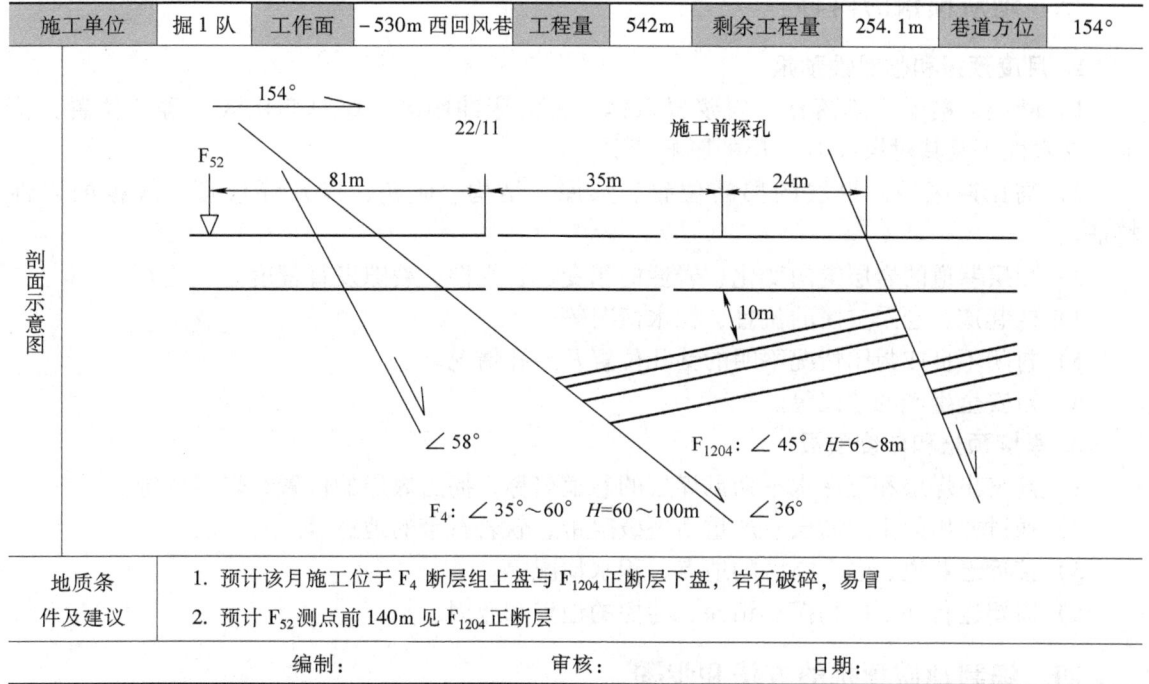									
地质条件及建议	1. 预计该月施工位于 F_4 断层组上盘与 F_{1204} 正断层下盘，岩石破碎，易冒 2. 预计 F_{52} 测点前 140m 见 F_{1204} 正断层								
编制：	审核：				日期：				

某矿 11 月 30 日发出的掘进工作面临时性地质预报见表 6-6。

表 6-6　掘进工作面临时性地质预报

施工地点	1541（3）上风巷 d17 测点前 24m		施工单位	掘二队
平面示意图	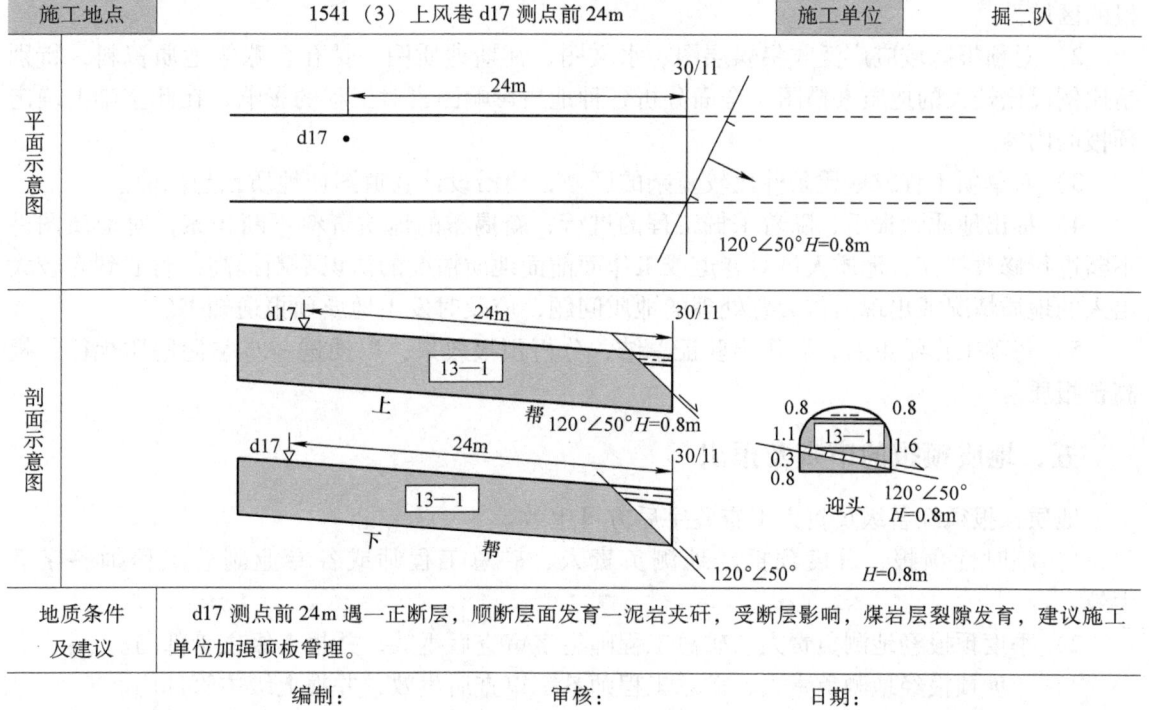			
剖面示意图					
地质条件及建议	d17 测点前 24m 遇一正断层，顺断层面发育一泥岩夹矸，受断层影响，煤岩层裂隙发育，建议施工单位加强顶板管理。			
编制：	审核：		日期：	

三、地质预报的内容

1. 月度预报和临时性预报

1）断层、褶皱、陷落柱、岩浆侵入体、古河床冲刷区、煤厚变化区域等的位置、特征、含水性等及其对煤（岩）层的影响情况。

2）高瓦斯区域，煤层的揭露位置、煤厚、结构、倾角，以及煤层顶、底板的岩性特征。

3）顺层巷道的岩层走向变化、岩性的相变、含水性、裂隙发育程度。

4）老巷道、老采空区的位置、积水情况等。

5）封闭不良或封闭情况不明的钻孔位置及封孔情况。

6）对安全生产的建议等。

2. 季度预报和年度预报

1）高突出煤层和延深水平初见煤层的巷道名称，揭露煤层的位置、煤层数等。

2）通过井田的主要断层、严重断裂破碎带、软岩石带的地点等。

3）接近老巷道、老采空区的地点、积水情况等。

4）需要进行井下的物探、钻探、巷探的地点和原因。

四、编制地质预报的方法和步骤

1）编制地质预报前，必须熟悉矿井年度、季度和月生产计划，熟悉需预报的采掘工程设计，清楚采掘工程设计、施工的目的，然后把采掘工程设计展绘到地质图件上，以确定预报的区域。

2）对预报区域应广泛收集煤层图、水文图、瓦斯地质图、钻孔台账等地质资料，特别是比例尺比较大的地质素描图，全面分析各种地质影响因素对工程的影响，在此基础上确定预报的内容。

3）对单项工程或地质条件比较复杂的区域，要沿设计巷道图切地质预想剖面。

4）提出地质预报后，随着采掘工程的进行，新揭露的地质资料不断积累，对地质图件不断进行修改补充，地质人员对巷道或工作面前面地质情况的认识不断提高，若遇到有较大出入的地质情况或出现需作紧急处理的地质问题，应及时发出地质预报通知书。

5）每项工作结束后，要作出验证总结，分析预报效果，以便进一步掌握地质规律，提高预报质量。

五、地质预报的审查及报出

地质预报须经各级负责人审查签字后方可生效。

1）临时性预报、月度预报经地测负责人、矿总工程师或各专业副总工程师签字后生效。

2）季度预报经地测负责人、矿总工程师签字审查后生效，并报上级主管部门。

3）年度预报经地测负责人、矿总工程师签字审查后生效，并报上级主管部门。

4）有重大地质问题的地质、水文地质预报须经上级主管部门审查。

临时性预报、月度预报须准备一份纸质复印件提供给施工单位，复印件的领取须进行登记。电子版预报须在规定时间内，在内部网站发布或上传至各单位信箱内。

【工作任务考评】（见表6-7）

表6-7　工作任务考评表

考评项目	配分		考 评 内 容
素质目标	30	8	遵章守纪情况
		10	认真听讲情况、积极主动情况
		12	团结协作情况、组内交流情况
知识目标	70	20	熟悉地质预测预报的内容和分类等
		25	清楚地质预报的编写要求、步骤、审核及报出
		25	对案例中的地质预报能正确发表个人意见

【习题】

一、填空题

1. 地质报告的内容一般包括_____、_____和_____三部分。
2. 地质说明书分为_____、_____、_____、_____、_____和_____六种。
3. 编制地质说明书的基本要求有_____、_____、_____、_____。
4. 在煤矿上经常编制的"三书"是指_____、_____和_____。
5. 地质预报按使用期限不同，可分为_____、_____、_____和_____四种。
6. 地质预报按服务对象不同，可分为_____、_____和_____三种。

二、单选题

1. 建矿地质报告是在_____提交的。
   A. 建矿前　　　　　B. 建矿中　　　　　C. 建矿后
2. 《煤矿地质工作规定》规定，生产矿井一般_____年要对原矿井地质报告进行修编。
   A. 3～5　　　　　B. 4～6　　　　　C. 8～10　　　　　D. 5
3. 矿井报废地质总结报告是在矿井的总储量已有_____被采出，且无进一步扩大储量的可能时，为矿井的收尾和报废而提交的一份向上级部门报审的地质鉴定材料。
   A. 70%～80%　　　　　B. 80～90%　　　　　C. 90%以上
4. 采区地质说明书是在_____，根据煤炭勘探和生产地质资料编制的，为采区设计和施工提供的综合性地质资料。
   A. 采区设计之前3个月　B. 采区设计之后　　C. 采区建设时
5. 在回采工作面_____，必须根据已有的地质资料加以综合分析，提出回采工作面掘进地质说明书。
   A. 设计前1个月　　　B. 掘进前1个月　　　C. 回采前1个月
6. 回采工作面系统形成后，应在_____天内提出该工作面的回采地质说明书。

A. 3　　　　　　　　B. 5　　　　　　　　C. 10

7. 月度预报自下月生产计划下达后开始编写，下月_____号前报出（如遇节假日可顺延）。

A. 1　　　　　　　　B. 3　　　　　　　　C. 5

三、简答题

1. 掘进工作面地质说明书的文字部分包括哪些主要内容？
2. 回采地质说明书主要提供哪些图件？
3. 试述月度预报和临时性预报的主要内容。

第七单元

矿井资源/储量估算及管理

【单元学习目标】

本单元由煤炭资源/储量分类及估算和矿井储量管理两个课题组成。通过本单元的学习，学生应熟悉煤炭资源/储量类型的划分及其编码、估算指标、块段划分和计算方法，矿井储量的动态管理，"三量"的划分及其可采期的计算；初步掌握煤炭储量计算边界及参数、煤炭资源/储量的估算，以及损失量和采出量的计算方法。

课题一 煤炭资源/储量分类及估算

【工作任务描述与分析】

煤炭资源/储量是煤炭地质勘查的工作成果，可反映出影响煤炭资源开采的各种地质因素的查明程度，并对煤矿开发的经济意义作出了可行性评价。煤炭资源/储量的数量、质量、分布、损失及变化情况，是合理开发与建设煤炭资源的依据。本课题主要介绍煤炭资源/储量分类依据、煤炭资源/储量类型及编码、煤炭资源/储量的估算指标、计算储量边界的确定、计算块段的划分、估算参数的确定及估算方法，通过本课题的实施，学生可熟悉煤炭资源/储量的类型及编码、计算块段的划分、估算参数的确定和估算方法等知识，为煤炭资源的合理开发与建设打下基础。

【知识学习】

资源量是煤炭从自然状态转化为煤炭资源后所赋予的一个数量概念，它一般具有或可能具有现实的或潜在的经济价值；储量则是在充分比较地质勘查和经济技术评价后，所确定的具有现实经济可行性的煤炭资源。也就是说，只有地质可靠程度达到控制的、探明的程度，其经济意义在边际经济以上的那部分煤炭资源才能确定基础储量；未进行可行性研究（预可行性研究）的煤炭资源，则只能确定为资源量。

一、煤炭资源/储量分类

（一）煤炭资源/储量分类依据

1. 可行性评价程度

为使地质勘查与矿山建设紧密衔接，避免地质勘查和矿山开发的投资失误，提高地质勘查和开发的经济效益与社会效益，在普查、详查和勘探三个阶段，都须进行相应的可行性评价。可行性评价工作分为概略研究、预可行性研究和可行性研究三种。

（1）概略研究　概略研究是指对矿床开发经济意义的概略评价，通常是在收集和分析该矿产资源国内外市场供需状况的基础上，分析已取得的普查或详查、勘探地质资料，类比已知矿床，结合矿区的自然经济条件、环境保护等，根据我国类似企业经验的技术经济指标对矿床做出技术经济评价，从而为矿床的进一步勘查或开发以及制订长远规划决策提供依据。

概略研究可由承担勘查工作的地质勘查单位完成。

（2）预可行性研究　预可行性研究是对矿床开发经济意义的初步评价，通常应在详查或勘探后进行。需要比较系统地对国内外该矿种的资源储量、生产、消费进行调查和初步分析，并对国内外市场的需求量、产品品种、质量要求和价格趋势做出初步预测；根据矿床规模、矿床地质特征及矿区地形地貌，借鉴类似企业的实践经验，初步研究并提出项目建设规模、产品种类、矿区总体建设轮廓和工艺技术的原则方案；参照类似企业，选择适合评价当时市场价格的技术经济指标，初步提出建设总投资、主要工程量、主要设备及生产成本等；通过初步经济分析，计算不同的资源/储量类型。从总体上、宏观上对项目建设的必要性、建设条件的可行性及经济效益的合理性做出评价，为是否进行勘探以及推荐项目和编制项目建议书提供依据。

预可行性研究工作应由具有一定资质的单位完成。

（3）可行性研究　可行性研究是对矿床开发经济意义的详细评价，通常应在勘探后进行。首先对国内外该矿种的资源储量、生产、消费进行认真调查、统计和分析，并对国内外市场的需求量、产品品种、质量要求、价格、竞争能力进行分析研究和预测；工作中对资源条件进行分析研究，充分考虑地质、工程、环境、法律和政府经济政策等各种因素的影响；对企业生产规模、开采方式、开拓方案、选冶工艺流程、产品方案、主要设备的选择、供水供电、总体布局和环境保护等方面进行调查研究、分析计算和多方案比较，并依据当时的市场价格确定投资、生产经营成本、销售收入、利润和现金流入流出等。其结果可以详细评价拟建项目的技术经济可靠性、计算不同的资源/储量类型、得出拟建项目是否应该建设以及如何建设的基本认识。

通过可行性研究的论证和评价，为有关部门投资决策、编制和下达设计任务书、确定工程项目建设计划等提供依据。

可行性研究工作应由具有一定资质的单位完成。

2. 经济意义

（1）经济的　煤炭数量和质量是依据符合市场价格的生产指标计算的，在可行性研究或预可行性研究当时的市场条件下开采，技术上可行、经济上合理、环境等其他条件允许，即每年开采煤炭的平均价值能满足投资回报的要求；或在政府补贴或其他扶持条件下，开发是可能的。通常把未来矿山企业的年平均内部收益率大于煤炭行业基准内部收益率10%、净现值大于零的煤炭资源划为经济的。

(2) 边际经济的 可行性研究或预可行性研究表明当时煤炭开采是不经济的，但接近于盈亏边界，只有在将来由于技术、经济、环境等条件的改善或政府给予其他扶持的条件下才可变成经济的。通常把未来矿山企业的年平均内部收益率大于零，而低于煤炭行业基准内部收益率10%，净现值等于零或接近于零的煤炭资源划为边际经济的。

(3) 次边际经济的 可行性研究或预可行性研究表明当时煤炭开采是不经济的或技术上是不可行的，需要大幅度提高煤炭产品价格或技术进步使成本降低后方能变为经济的。通常把未来矿山企业的年平均内部收益率和净现值均小于零的煤炭资源划为次边际经济的。

(4) 内蕴经济的 仅通过概略研究做了相应的投资机会评价，而未做可行性研究或预可行性研究。由于不确定因素很多，而无法区分是经济的、边际经济的还是次边经济的。

3. 地质可靠程度

(1) 探明的 探明的煤炭资源/储量在地质可靠程度方面必须符合下列条件：

1) 煤层的厚度、结构已查明，煤层对比可靠，可采煤层的连续性已经确定，煤类、煤质特征及煤的工艺性能已经查明，岩浆岩对煤层、煤质的影响已经查明。

2) 煤层底板等高线已严密控制，落差等于或大于30m的断层已经详细查明（在地震地质条件好的地区，落差等于或大于20m的断层已经查明）。

3) 各项勘查工程（物探、钻探、采样等）已经达到勘探阶段的控制要求。

(2) 控制的 控制的煤炭资源/储量在地质可靠程度方面必须符合下列条件：

1) 煤层的厚度、结构已基本查明，煤层对比可靠，可采煤层的连续性已基本确定，煤类、煤质特征及煤的工艺性能已基本查明，岩浆岩对煤层的影响已基本查明。

2) 煤层底板等高线已基本控制，落差等于和大于50m的断层已经基本查明。

3) 各项勘查工程（物探、钻探、采样等）已经达到详查阶段的控制要求。

(3) 推断的 推断的煤炭资源量在地质可靠程度方面必须符合下列条件：

1) 煤层的厚度、结构已初步查明，煤层对比基本可靠，煤类和煤质特征已经大致确定。

2) 煤层产状已初步查明，煤层底板等高线已经大致控制。

3) 各项勘查工程（物探、钻探、采样等）已经达到普查阶段的控制要求。

(4) 预测的 勘查工作程度达到了预查阶段的工作程度要求。在相应的勘查工程控制范围内，对煤层层位、煤层厚度、煤类、煤质、煤层产状、构造等均有所了解。

(二) 煤炭资源/储量类型及编码

国土资源部在2002年12月发布了地质矿产行业标准《煤、泥炭地质勘查规范》（DZ/T 0215—2002），提出了新的煤炭资源/储量分类，取代了1986年颁发的《煤炭资源勘探规范》的储量分类分级系统。煤炭资源/储量分类具有全面、具体、详细的特点，只有套用正确、合理才能更好地服务于生产，避免资源的损失和浪费。

《固体矿产资源/储量分类》标准（GB/T 17766—1999）参考《联合国国际储量/资源分类框架》并结合我国国情，采用经济意义、可行性评价程度和地质可靠程度三维分类模式，将固体矿产资源分为储量、基础储量、资源量三大类和16种亚类型，其中储量包括3种类型、基础储量包括6种类型、资源量包括7种类型见表7-1。

表 7-1 　固体矿产资源/储量分类表

经济意义	地质可靠程度			
	查明矿产资源			潜在矿产资源
	探明的	控制的	推断的	预测的
经济的	可采储量（111） 可研基础储量（111b） 预可采储量（121） 预可研基础储量（121b）	预可采储量（122） 基础储量（122b）		
边际经济的	可研基础储量（2M11） 预可研基础储量（2M21）	基础储量（2M22）		
次边际经济的	可研资源量（2S11） 预可研资源量（2S21）	资源量（2S22）		
内蕴经济的	资源量（331）	资源量（332）	资源量（333）	资源量（334）？

注：表中所用编码（111~334）的第 1 位数表示经济意义：1=经济的，2M=边际经济的，2S=次边际经济的，3=内蕴经济的，?=经济意义未定；第 2 位数表示可行性评价阶段：1=可行性研究，2=预可行性研究，3=概略研究；第 3 位数表示地质可靠程度：1=探明的，2=控制的，3=推断的，4=预测的；b=未扣除设计、采矿损失的可采储量。

1. 探明的煤炭资源/储量分类

（1）可采储量（111）　探明的经济基础储量的可采部分。勘查工作程度已经达到勘探阶段的工作程度要求，并进行了可行性研究，证实其在计算当时开采是经济的，计算的可采储量及可行性评价结果可信度高。

（2）探明的（可研）经济基础储量（111b）　它同可采储量（111）的差别在于，本类型是用未扣除设计、采矿损失的数量进行表述。

（3）预可采储量（121）　它同可采储量（111）的差别在于，本类型只进行了预可行性研究，估算的可采储量可信度高，但可行性评价结果的可信度一般。

（4）探明的（预可研）经济基础储量（121b）　它同预可采储量（121）的差别在于，本类型是用未扣除设计、采矿损失的数量进行表述。

（5）探明的（可研）边际经济基础储量（2M11）　勘查工作程度已经达到勘探阶段工作程度的要求。可行性研究表明，在当时开采是不经济的，但接近盈亏边界，只有当技术、经济等条件改善后才可变成经济的。估算的基础储量和可行性评价结果的可信度高。

（6）探明的（预可研）边际经济基础储量（2M21）　它同探明的边际经济基础储量（2M11）的差别在于，本类型只是进行了预可行性研究，估算的基础储量可信度高，但可行性评价结果的可信度一般。

（7）探明的（可研）次边际经济基础储量（2S11）　勘查工作程度已经达到勘探阶段工作程度的要求。可行性研究表明，在当时开采是不经济的，必须大幅度提高矿产品价格或大幅度降低成本后才能变成经济的。估算的基础储量和可行性评价结果的可信度高。

（8）探明的（预可研）次边际经济基础储量（2S21）　它同探明的次边际经济基础储量（2S11）的差别在于，本类型只进行了预可行性研究，基础储量估算可信度高，但可行性评价结果的可信度一般。

(9) 探明的内蕴经济资源量（331） 勘查工作程度已经达到勘探阶段的工作要求，但未做可行性研究或预可行性研究，仅做了概略研究，经济意义介于经济的与次边际经济之间，估算的资源量可信度高，但可行性研究可信度低。

2. 控制的煤炭资源/储量分类

（1）预可采储量（122） 勘查工作程度已经达到详查阶段工作程度的要求。预可行性研究结果表明开采是经济的，估算的可采储量可信度较高，可行性评价结果的可信度一般。

（2）控制的经济基础储量（122b） 与预可采储量（122）的差别在于，本类型是用未扣除设计、采矿损失的数量表述的。

（3）控制的边际经济的基础储量（2M22） 勘查工作程度已经达到了详查阶段工作程度的要求。预可行性研究结果表明，在当时开采是不经济的，但接近盈亏边界，待将来技术经济条件改善后可变成经济的，估算的基础储量可信度比较高，可行性评价结果的可信度一般。

（4）控制的次边际经济资源量（2S22） 勘查工作程度已经达到了详查阶段工作程度的要求。预可行性研究表明，在当时开采是不经济的，需大幅度提高产品价格或大幅度降低成本后才能变成经济的，估算的资源量可信度较高，可行性评价结果可信度一般。

（5）控制的内蕴经济资源量（332） 勘查工作程度已经达到了详查阶段工作程度的要求。未做可行性研究或预可行性研究，仅做了概略研究，经济意义介于经济的与次边际经济之间，估算的资源量可信度较高，可行性评价可信度低。

3. 推断的煤炭资源/储量分类

推断的内蕴经济资源量（333）是指勘查工作程度已经达到了普查阶段的工作要求。未做可行性研究或预可行性研究，经济意义介于经济的与次边际经济之间，估算的资源量可信度低，可行性评价可信度低。

4. 预测的煤炭资源/储量分类

预测的资源量（334）是指勘查工作程度已经达到了预查阶段的工作要求。它是在相应的勘查工程控制范围内，对煤层层位、煤层厚度、煤类、煤质、煤层产状、构造等均有所了解后所估算的资源量。

二、煤炭资源/储量估算

（一）煤炭资源/储量的特点

1）随着采掘工程及生产勘探的不断进展，地质揭露点不断增多，进一步查清了煤层赋存状态，还可能探查出新的储量，使矿井储量发生数量和级别的动态变化。要根据新获得的地质资料定期进行计算，掌握储量的动态变化。

2）用于矿井储量计算的煤层厚度、煤层面积、煤的视密度等基本参数更为可靠，计算的准确性相对有很大提高。

3）矿井储量计算块段的划分及其类型的确定，不仅要符合煤炭资源地质勘探规范，还要考虑生产要求，便于矿井"三量"管理。对已经开拓的区域，要求按开采水平、采区、工作面和煤柱等划分块段，要与"三量"相对应，并分煤系、分煤层、分煤种、分倾角进行计算。

4）矿井储量要反映采掘过程中，由安全、地质及水文地质和生产等导致的各种煤量损失,要对矿井储量进行相应的统计分析。

(二)煤炭资源/储量的估算指标

根据我国煤炭资源的状况和工、农业用煤及民用煤的质量要求,以及目前的开采技术条件,对煤炭资源/储量的估算是以煤层最低可采厚度、最高灰分、最高硫分为标准,采用的工业指标规定见表7-2。

表7-2 煤炭资源量估算指标(DZ/T 0215—2002)

项目			煤类			
			炼焦用煤	长焰煤、不黏煤、弱黏煤、贫煤	无烟煤	褐煤
煤层厚度/m	井采	倾角 <25°	≥0.7	≥0.8		≥1.5
		25°~45°	≥0.6	≥0.7		≥1.4
		>45°	≥0.5	≥0.6		≥1.3
	露天开采			≥1.0		≥1.5
最高灰分 A_d(%)				40		
最高硫分 $S_{t,d}$(%)				3		
最低发热量 $Q_{net,d}$/(MJ/kg)			—	17.0	22.1	15.7

上述煤炭资源量估算的工业指标适用于一般地区。煤炭资源贫缺地区的资源量估算指标由所在省、自治区、直辖市的煤炭工业主管部门规定,但是这部分资源量在有关统计表中应该单独列出。煤炭资源/储量的估算指标依据可行性研究或预可行性研究确定。

(三)划分各类型煤炭资源/储量计算块段的基本要求

1)在根据分类条件圈定各类型资源/储量计算块段前,应尽量搜集一切可能利用的物探、钻探、巷探、地质调查等获得的资料,包括勘查工程和采掘巷道全部见煤点的厚度资料,分煤层各个块段的面积、倾角、采用厚度和视密度等基础参数;充分理解设计和生产对资源/储量计算的要求;认真审查各种工程的质量(包括内业计算、文字资料和图件)是否符合规定的标准,工程质量低劣、达不到规定标准的钻探工程,不能作为圈定各类型资源/储量的依据。

2)圈定探明储量或基础储量的钻孔见煤点的综合质量,一般应符合煤田勘探钻孔质量标准甲级孔的规定;使用物探成果时,一定要有足够数量的工程验证;圈定其他各类型资源/储量的钻孔见煤点综合质量,乙级以上钻孔即可;丙级钻孔不能作为圈定资源/储量的依据。在生产井巷下部,如果两钻孔的间距超过勘探线距要求,但实见煤层及构造无变化,则可将下阶段划归探明的储量或基础储量。

3)划分各类型块段时,应考虑矿井的地质构造、煤层厚度、产状等自然因素,尽量利用达到相应控制程度的勘探线、煤柱和采区边界线、巷道及煤层底板等高线,一般将工程点连线作为块段分界线,使资源/储量块段形状简单,计算方便。相应的控制程度是指在相应密度勘查工程(或巷道)见煤点连线以内和在连线以外以本种基本线距的 1/4~1/2 的距离所推定的全部范围。

4)跨越断层划定探明的和控制的块段时,均应在断层的两侧各划出 30~50m 的范围作为推断的块段。断层密集时,不允许跨越断层划定探明的或控制的块段。

5) 小构造或陷落柱发育的地段，不应划定探明的或控制的块段。探明的或控制的块段不得直接以推定的老窑采空区边界、风化带边界或插入划定的煤层可采边界为边界。

6) 露天矿各类型块段的划分，不受初期采区内平行等距剖面加密的影响。

7) 如果存在下列情况，对原地质报告中圈定的各类型资源/储量应按规定的标准降级：在建井地点，经生产证实，发现地质条件与原地质报告有较大出入；地质构造复杂和极复杂类型的矿区，地质勘查部门提出的虽然是勘探地质报告，但生产过程中发现有重大出入，需要重新评价原确定的勘查类型；跨越落差大于 50m 的单个断层的资源/储量块段，在断层两侧 30~50m 的范围内探明的和控制的块段，应分别降为推断的块段；对于设计和生产实际意义不大的、小而孤立的块段，即使勘查程度较高，也不应单独圈为探明的和控制的块段。资源/储量类型的降级计算，必须在修改地质报告和全面核实资源/储量时进行。

（四）计算储量边界的确定

储量边界确定得正确与否，将直接影响储量计算的准确性和可靠性。因此，在计算储量之前，应在煤层底板等高线图或立面投影图上正确地确定计算边界。

1. 边界的种类

（1）天然边界　由于自然因素使煤层缺失或中断的界线称为天然边界，如煤层露头线、断层线、河流等。

（2）工业边界　根据工业指标的要求和开采技术条件，能被工业部门利用和开采的可采煤层边界线，称为工业边界。

（3）暂定边界　在工业边界内，根据实际需要，人为确定的临时边界线。

2. 边界的确定

边界的确定主要是指工业边界的确定。工业边界是以煤层的厚度、灰分含量、硫分含量的规定为标准确定的。在勘探区内，有的见煤点的煤层厚度、灰分或硫分符合要求；有的见煤点的煤层厚度、灰分或硫分不符合要求，甚至没有见到煤层，这时可根据煤层最低可采厚度工业指标的要求确定工业边界。确定工业边界的常用方法有直接观测法和内插法。

（1）直接观测法　一般在采掘巷道内，煤层厚度由厚变薄直至尖灭时，可以直接确定可采点（即可采与不可采的分界点），各可采点的连线即为工业边界（即可采边界）。该方法主要用于顺煤层巷道可采边界的确定。图 7-1 所示 A 点的煤层厚度为 1.5m，B 点为 0.5m，C 点为 0.7m，这三点均是可采边界点。

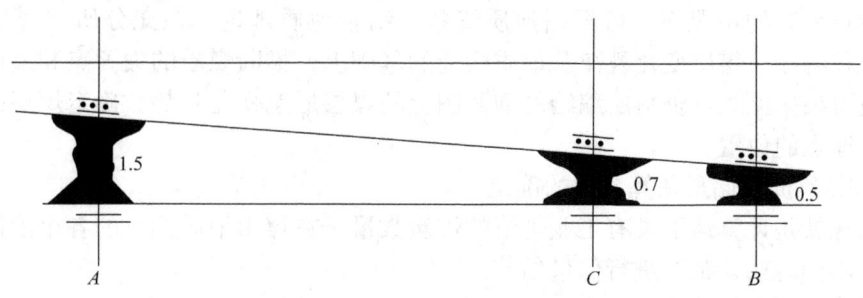

图 7-1　用直接观测法确定可采边界（单位：m）

（2）内插法　利用两个相邻钻孔或巷道的煤层可采与不可采点见煤资料，求出可采边界点，各可采边界点的连线即为可采边界线。

1）图解法。如图 7-2 所示的 A、B 两相邻钻孔，假定 A 钻孔的见煤厚度 H_A 未达到工业要求，B 钻孔的见煤厚度 H_B 符合工业要求。连接 A、B 两点，各作垂线 AA'、BB'，令 $AA' = H_A$，$BB' = H_B$；再连接 A'、B' 两点，使 $A'B'$ 以相应的比例尺平行移动煤层最低可采厚度 H_C 的距离到 $A''B''$ 位置。$A''B''$ 与 AB 相交与 C 点，则 C 点即为所求的煤层可采边界点。顺序连接各可采边界点，即为所求的煤层可采边界线。

2）平行线法。这是在储量计算图上直接找出可采边界线的一种比较简便的方法。如图 7-3 所示，假定 A 点钻孔的煤层厚度 $H_A = 1.2\text{m}$，B 点钻孔的煤层厚度 $H_B = 0.3\text{m}$，A、B 两点钻孔的厚度差为 $H_A - H_B = 1.2\text{m} - 0.3\text{m} = 0.9\text{m}$。然后在透明图纸上绘制出间隔为 0.1m 的 10 条等煤厚平行线，将其蒙在储量计算图上，使 A、B 两点位于两侧的等煤厚平行线上；连接 A、B 两点，AB 与煤厚为 0.7m 的平行线相交于 C 点，则 C 点即为所求的煤层可采边界点的位置。

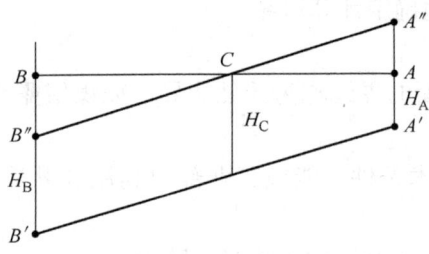
图 7-2 用图解法确定煤层可采厚度

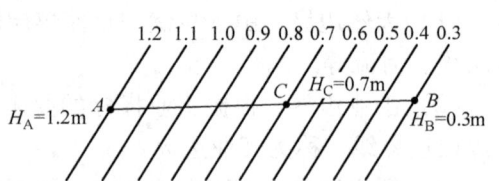
图 7-3 用平行线法确定煤层可采厚度（单位：m）

3）有限推断法。当相邻 A 点钻孔的煤层厚度已达到工业指标要求的可采厚度，且 B 点钻孔煤层尖灭时，假定 A、B 两点钻孔连线的中点为煤层尖灭点 O，即此处煤层厚度等于零，然后利用内插法或平行线法在 OA 线段内确定煤层可采边界点 C 的位置，如图 7-4 所示。

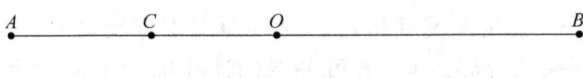

图 7-4 用有限推断法确定煤层可采厚度

4）无限推断法。在某一钻孔或巷道已达到工业指标要求的可采煤层厚度，且以外无其他钻孔或巷道控制的情况下，可根据地质资料，结合地质理论，在充分研究煤田的成因类型、含煤沉积特征、煤层变化规律及地质构造的基础上，推断煤层的尖灭点和最低可采煤厚的界线。也可根据见煤点资料所编绘的剖面图上的煤层形态变化趋势，确定煤层的尖灭点和最低可采煤厚点的位置。

（五）煤炭/资源储量估算参数的确定

储量估算就是计算地下具有工业价值的煤炭数量，在煤田地质勘查的各个阶段与矿井生产和建设的不同时期，都要进行储量估算。

储量估算的基本公式为

$$Q = Sm\rho$$

式中　Q——计算块段的储量（t）；
　　　S——计算块段煤层的真面积（m²）；

m——计算块段煤层的平均厚度（m）；

ρ——计算块段煤层的平均密度（t/m³）。

计算煤炭/资源储量需要确定的原始参数为煤层面积、煤层厚度和煤的视密度。

1. 煤层面积的确定

需要统计面积的煤层必须满足工业指标的要求。当煤层倾角不大于60°时，在煤层底板等高线图上计算储量；当煤层倾角大于60°时，在立面投影图上计算储量。首先在煤层底板等高线图或煤层立面投影图上圈定煤层面积，该面积是煤层水平投影面积 S' 和煤层立面投影面积 S''，然后把 S' 或 S'' 换算成煤层的真面积 S（图7-5），即

$$S = \frac{S'}{\cos\alpha} \text{ 或 } S = \frac{S''}{\sin\alpha}$$

式中　S——煤层真面积；

　　　S'——煤层水平投影面积；

　　　S''——煤层立面投影面积；

　　　α——煤层倾角。

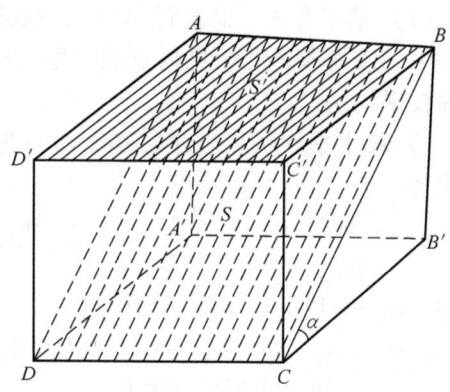

图7-5　真面积与水平投影面积的关系示意图

ABCD—真面积 S

$ABC'D'$—水平投影面积 S'

确定煤层的水平投影或立面投影面积时，常用的方法有以下几种。

（1）几何图形法　如图7-6所示，S' 是需要计算的煤层水平投影面积。一般作辅助直线，把面积 S' 分成简单的几何图形，如三角形、矩形、梯形及平行四边形等，分别计算各图形的面积 S'_1、S'_2、S'_3、S'_4、…、S'_n，则煤层的面积为

$$S' = S'_1 + S'_2 + S'_3 + S'_4 + \cdots S'_n$$

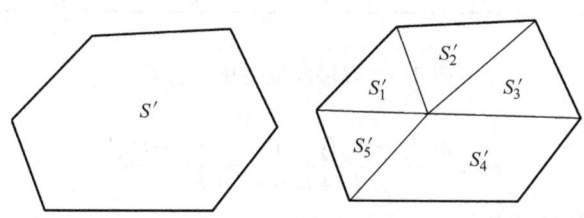

图7-6　用几何图形法求面积示意图

（2）求积仪法　求积仪有机械求积仪和电子求积仪两种。用该方法测定的面积精度较高。

（3）透明格网法　在透明纸上绘制正方格网，方格的边长一般为1cm，在每个方格的中心点一点，按比例每个点代表一定的面积值。用透明格网法测定面积时，将格网盖在图件上，数出覆盖图形的点数，即可求得该图形的面积。数点时，凡落在所测图形边界以内的中心点应全数，边界以外的不数，中心点落在边界上的算半点。为避免误差，一般按不同方向测量三次，然后取其平均值。

2. 煤层倾角的确定

煤层倾角是煤层面与水平面相交的最大锐角。计算储量时，需要根据煤层倾角将煤层水平投影面积 S' 换算成煤层实际面积 S。将煤层倾角 $\alpha < 8°$ 视为水平煤层，则 $S = S'$。

因为地质作用的影响，煤层倾角 α 一般是有变化的。为了准确计算煤炭储量，需要根据倾角的变化划分不同的块段，各块段内煤层倾角基本相同；然后根据块段顺序编号，分别计算其储量，最后将各块段储量相加求出总储量。

3. 煤层厚度的确定

（1）基本方法　储量计算应采用煤层真厚度，而块段煤层厚度是由许多见煤点组成的，需要采用该块段内几个见煤点煤层厚度的平均值计算储量。其计算方法有两种：算数平均法和加权平均法。

1）算术平均法。当煤层厚度均匀变化时，常用算术平均法计算煤层平均厚度，其计算公式为

$$m = \frac{m_1 + m_2 + m_3 + \cdots + m_n}{n}$$

式中　m——块段煤层的平均厚度；

　　　m_1、m_2、$\cdots$、m_n——块段内各见煤点的煤层厚度；

　　　n——块段内的见煤点数。

2）加权平均法。当计算储量范围内，不仅见煤点的厚度变化较大，见煤点之间的距离变化也很大时，常用加权平均法计算煤层的平均厚度（图7-7）。其计算公式为

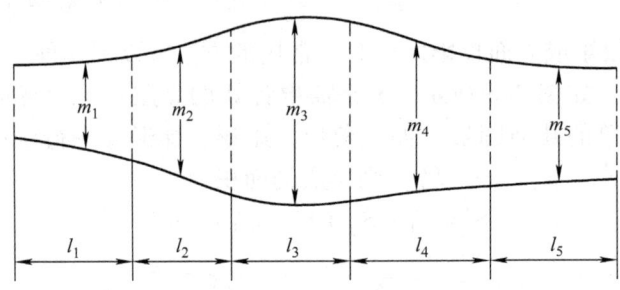

图 7-7　煤层厚度变化示意图

$$m = \frac{m_1 l_1 + m_2 l_2 + m_3 l_3 + \cdots + m_n l_n}{l_1 + l_2 + \cdots + l_n}$$

式中　m——煤层的平均真厚度；

　　　m_1、m_2、$\cdots$、m_n——储量计算范围内各见煤点的真厚度；

　　　l_1、l_2、$\cdots$、l_n——见煤点之间的距离。

（2）含有夹矸煤层采用厚度的计算方法　对于含有夹矸的煤层，其采用厚度（计算厚度）的计算方法如下：

1）煤层中单层厚度小于0.05m的夹矸层，可与煤分层合并计算采用厚度，但并入夹矸以后全层的灰分（或发热量）、硫分指标应符合估算指标的规定。

2）当煤层中夹矸的单层厚度等于或大于所规定的煤层最低可采厚度时，被夹矸所分开的煤层应分别视为独立层，一般应该分别计算其储量。如图7-8所示的第一个小柱状图：上分层的采用厚度为1.00m，下分层的采用厚度为1.80m（假设煤层最低可采厚度为0.6m）。但在其夹矸仅见于个别煤层点时，可不必分层计算储量。

3）当煤层中夹矸的单层厚度小于所规定的煤层最低可采厚度时，煤分层不作为独立煤

层；当煤分层厚度均等于或大于夹矸厚度时，可将上、下煤分层厚度相加，作为煤层的采用厚度，如图 7-8 所示第二个小柱状图的采用厚度为 2.10m（假设煤层最低可采厚度为 0.6m）。煤分层厚度小于夹矸厚度者，不应加在采用厚度内，如图 7-8 所示第三个小柱状图的采用厚度为 1.60m（假设煤层最低可采厚度为 0.6m）。

4）对于复杂结构的煤层，当夹矸的总厚度不大于煤分层总厚度的 1/2 时，以各煤分层的总厚度作为煤层的采用厚度。如图 7-8 所示第四个小柱状图的采用厚度 3.30m（假设煤层最低可采厚度为 0.6m）。

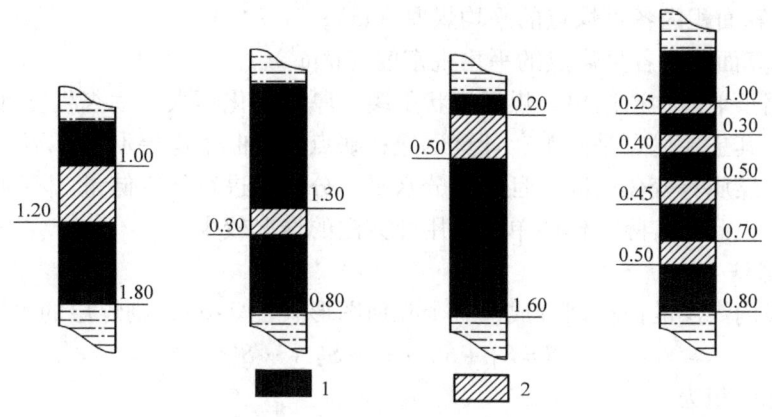

图 7-8　计算煤层储量采用厚度示意图（单位：m）
1—煤层　2—夹矸

4. 煤层密度的确定

煤种不同，煤的视密度也不相同，一般褐煤的视密度为 1.05~1.20t/m³，烟煤的视密度为 1.20~1.40t/m³，无烟煤的视密度为 1.35~1.90t/m³。煤的孔隙、温度也影响煤的视密度。所以，煤的视密度应该采用几个采样点视密度的平均值。

5. 含煤率

在进行资源/储量估算时，若煤层极不稳定，则不仅要考虑煤层面积、厚度和密度三个参数，还要考虑煤层在整个估算面积内所占的百分数，一般用含煤率来表示。

含煤率是指勘探区内见可采煤厚的钻孔数与见煤层位的钻孔数的比值，或沿走向或倾向巷道内可采煤体总长（或总面积或总体积）与巷道含煤层位的总长度（或总面积或总体积）的比值。含煤率计算公式为

$$q = \frac{n}{N} \times 100\% \quad 或 \frac{l}{L} \times 100\%$$

式中　q——含煤率（%）；

　　　n——见可采煤厚的钻孔数；

　　　N——见煤层位的钻孔数；

　　　l——巷道内可采煤体总长度（m）；

　　　L——巷道含煤层位总长度（m）。

（六）煤炭资源/储量的估算方法

储量估算的方法很多，应该根据实际条件选择适合的方法进行储量估算。常用的方法有

算术平均法、几何图形法、地质块段法和等高线法等,实际使用中往往是这几种方法的综合运用。

1. 算术平均法

将全区的总面积乘以各已知见煤点（钻孔、巷道）的平均厚度及煤的平均视密度,即

$$Q = SMd$$

式中　Q——总储量（t）；
　　　S——总面积（m^2）；
　　　M——计算面积内各见煤点的平均煤厚（m）；
　　　d——计算面积内各见煤点的平均视密度（t/m^3）。

该方法适用于地质构造简单、煤层产状平缓、厚度变化不大、勘查程度低、勘查工程分布均匀的矿区。其主要优点是简单、计算迅速；缺点是歪曲了煤层形状,不能真实地反映煤层产状、厚度、煤质等变化情况,且不能分水平、分块段进行估算储量,不利于煤矿设计与生产部门使用。因此,实际工作中单独采用此方法的情况较少。

2. 几何图形法

把计算块段内煤层的面积划分成若干个几何图形（图7-6）,则煤层的水平投影面积为

$$S = S'_1 + S'_2 + S'_3 + S'_4 + \cdots S'_n$$

煤层的实际面积为

$$S = \frac{S'}{\cos\alpha}$$

$$V = Sm = \frac{S'm}{\cos\alpha}$$

式中　V——计算块段煤层的体积（m^3）；
　　　S'——计算块段煤层的水平投影面积（m^2）；
　　　S——计算块段煤层的实际面积（m^2）；
　　　m——煤层的平均厚度（m）。

煤的储量可按下式求出

$$Q = Vd$$

式中　Q——计算块段煤的储量（t）；
　　　d——煤的视密度（t/m^3）。

将计算完的各块段储量相加,即可得出计算范围内总的煤炭储量。

3. 地质块段法

根据矿区内的不同地质条件,如产状、煤厚、煤质、开采技术条件、储量级别等,将全区划分成不同的地质块段,然后用算术平均法计算每个块段的储量。即把煤层划分成厚度不等的板状体,各板状体储量之和即为井田内煤层的总储量。计算公式为

$$Q_1 = S_1 M_1 d_1 \quad Q_2 = S_2 M_2 d_2 \quad \cdots \quad Q_n = S_n M_n d_n$$

式中　Q_1、Q_2、$\cdots$、Q_n——各块段储量（t）；
　　　S_1、S_2、$\cdots$、S_n——各块段面积（m^2）；
　　　M_1、M_2、$\cdots$、M_n——各块段平均煤厚（m）；
　　　d_1、d_2、$\cdots$、d_n——各块段煤的平均视密度（t/m^3）。

则总储量为

$$Q = Q_1 + Q_2 + \cdots + Q_n$$

该方法适用范围广,可用于地质勘查的任何阶段,以及矿井设计和生产阶段。

4. 等高线法

当煤层倾角沿倾向及走向变化非常大且煤层厚度比较稳定时,可在煤层底板等高线图上,以某一高称的等高线为计算储量块段边界,求出相邻等高线之间的储量,即

$$Q_1 = S_1 M_1 d_1 = \frac{S}{\cos\alpha} M_1 d_1$$

式中　Q_1——计算块段煤层的储量(t);

S_1——两条等高线间煤层的真面积(m^2);

M_1——计算块段煤层的平均厚度(m);

d_1——计算块段煤层的平均视密度(t/m^3);

S——两条等高线间煤层的面积(m^2);

α——计算块段煤层的倾角(°)。

则总储量为

$$Q = Q_1 + Q_2 + \cdots + Q_n$$

该方法计算简单,精度较高。适用于地质勘查的任何阶段及矿井生产阶段,也适用于煤层厚度稳定、倾斜起伏变化较大的矿井。

📖 **拓展知识**

现在大多数矿井都采用计算机绘图,可以在图上直接得出要计算储量的面积。例如,常用绘图软件 AutoCAD 可以用查询命令直接得出所需范围的面积值,如图 7-9 所示。其操作步骤如下:

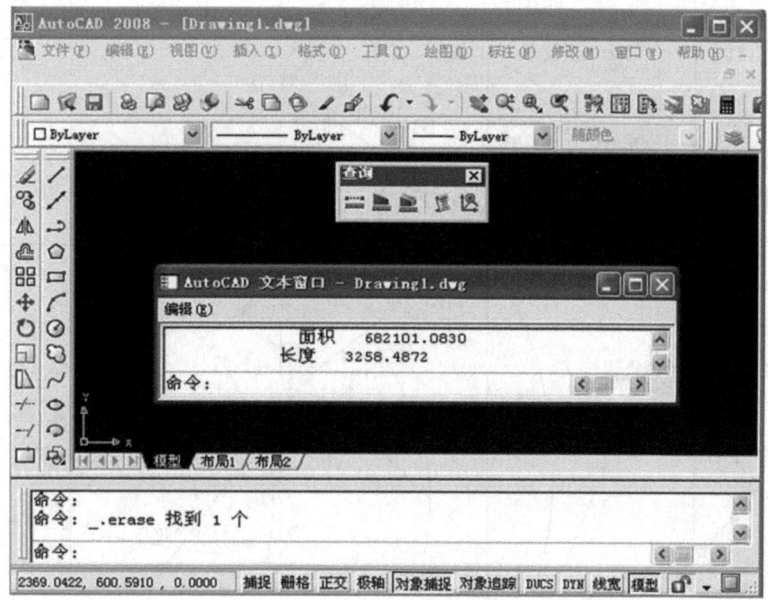

图 7-9　AutoCAD 查询命令的使用

> 1）选择菜单命令"工具"→"查询"→"面积"或"列表显示"。
> 2）右键单击工具栏添加"查询"工具栏，再选择其中的"列表"命令查询面积值。

【工作任务实施】

煤矿的储量计算常采用煤层底板等高线分水平地质块段法（综合法），其步骤如下：
1）审查各个煤层储量计算参数的来源及准确度。
2）在煤层底板等高线图上圈出各种储量计算的边界。
3）划分出不同的储量级别及界线。
4）根据块段顺序编号，分别计算其储量。
5）将各块段、储量相加求出总储量。

该方法计算准确、精度较高，不受煤层产状和厚度的限制，适用于地质勘查及矿井生产阶段。

图 7-10 所示为某矿二煤层煤层底板等高线图，该矿区已经根据勘探线划分为若干块段，按照有关规范的要求，原则上以 500～1000m 的勘探线距控制 111b 级储量，以 1000～2000m 勘探线距控制 122b 级储量；各块段煤的平均视密度为 1.32t/m³。试计算该矿煤炭各级别储量及总储量。

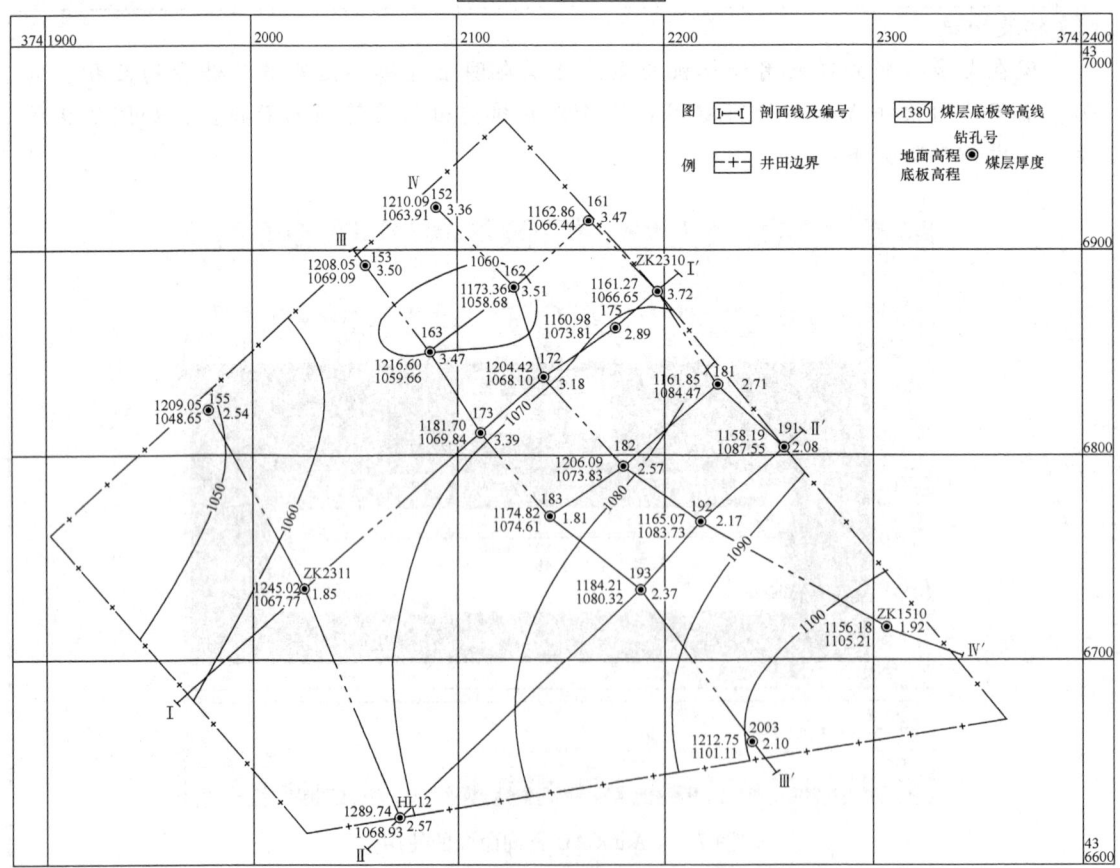

图 7-10 某矿二煤层煤层底板等高线图（示意）（单位：m）

【工作任务考评】（见表 7-3）

表 7-3　工作任务考评表

考评项目	配分		考评内容
素质目标	20	6	遵章守纪情况
		7	认真听讲情况、积极主动情况
		7	团结协作情况、组内交流情况
知识目标	40	10	熟悉煤炭资源/储量类型及编码等基本知识
		30	熟悉煤炭资源/储量的估算指标、计算储量边界的确定、计算块段划分和估算参数
技能目标	40	10	明确任务方案，工具使用正确
		15	操作程序正确，方法运用得当
		15	独立并正确完成任务

课题二　矿井储量管理和三量管理

【工作任务描述与分析】

加强矿井储量管理，对减少煤炭损失、调整采掘关系、延长矿井服务年限和促进煤炭生产具有十分重要的意义。本课题主要介绍储量动态管理和"三量"管理两方面的内容，通过本课题的实施，学生可以了解矿井储量管理的目的、任务，熟悉矿井储量的动态管理和三量管理，熟悉提高煤炭资源采出率的措施。

【知识学习】

一、矿井储量动态管理的目的和任务

1. 矿井储量动态管理的目的

通过矿井储量动态管理，能适时、准确地掌握矿井储量的保有、变化情况及变化的原因，促进矿井储量的有效保护和合理利用。

矿山储量综合反映生产煤矿煤炭储量的数量、质量、开采技术条件和可利用程度，是矿井设计、改扩建、开拓延深和安排生产的主要依据，是国家制定有关能源政策的基础资料。因此，矿井储量的动态管理要贯穿于煤矿生产建设的整个过程。

2. 矿井储量动态管理的任务

1）在煤矿建设生产的不同阶段，结合煤矿地质条件、资源/储量保有程度、开采顺序，研究提高煤炭资源/储量类别和探求生产煤量的方案，为煤矿建设生产提供技术依据。

2）分析各阶段煤炭资源/储量的变动原因，查明资源/储量变动的具体地段。

3）及时掌握和分析煤炭资源/储量的利用状况，查清煤炭资源/储量损失的原因和地段，提出降低损失的意见，对资源的合理开采实行业务监督。

4）适时测定与修订煤炭资源/储量估算参数，优化各类参数，有效保护和合理利用资源，保证煤矿企业的经济效益。

5）及时更新煤炭资源/储量估算图件与管理台账。

6）按照国家统一要求，按时编报煤炭资源/储量报表，履行煤炭资源/储量的报销手续。

二、矿井储量的动态管理

为了合理地开发煤炭资源，加强储量管理，在矿井开采过程中要及时、系统地统计矿井煤炭产量和损失量，并进行全面分析，掌握储量的动态变化，以便采取合理措施，最大限度地减少损失量。

（一）矿井动用储量的统计

开采动用储量是指开采过程中已开采部分与永久煤柱已摊销部分的总储量，包括采出煤量和损失煤量两部分。

1. 煤炭产量的统计

矿井产量不仅是评价矿井规模、生产率及计算煤成本的主要依据，也是检查矿产资源回收和损失情况，以及生产区、队生产任务完成情况的基本依据。有三种统计产量的方法：

（1）生产统计　在出煤井口统计每班、每天出煤的提升车数，按矿车平均装载量算得每班、每天的产量。若矿车按采区作有标记，则可统计出各采区的产量。

（2）销售量和存煤量统计　根据发运销售煤量、自用煤量和煤仓及储煤场的盘存量统计矿井在一定时间内（月）的产量。用剖面法或普通丈量法测算出堆煤体积再乘以堆煤的视密度，可求得煤场堆存煤量。堆煤视密度需定期进行专门测定。

（3）采区丈量　生产矿井每旬要对回采和掘进工作面进行验收丈量。丈量内容有回采工作面长度、推进度、煤层厚度、采高及浮煤厚度等；掘进工作面的断面、进度及煤层厚度等。然后把丈量、编录成果填绘到采掘工程平面图或其他专用图件上，计算出各采掘工作面每旬的采出煤量，求和即得全矿每旬的产量。

以上三种方法统计出的产量常有所出入：由于采掘过程中矸石混入等原因，生产统计值一般大于采区丈量值；因销售煤多经过洗选加工处理，故销售量值与煤层实际情况出入较大；只有采区丈量比较切合实际。三者可相互检验和校核，以便准确地统计产量。在核实产量、计算采出率、损失量，以及作储量动态分析时，应以地测部门实测的数据为主要依据。

2. 矿井储量的损失

因地质条件或目前开采技术水平、设计或生产管理等原因，矿井开采中丢失在地下不能再利用的储量称为损失量。为了满足矿井生产和安全的需要，储量损失是不可避免的，关键在于优化设计，尽量减少损失；加强管理，避免发生不合理的损失。

（1）损失量基本分类　矿井储量损失分为设计损失和实际损失两大类。

1）设计损失。指根据煤层赋存条件采用不同的开采方法，为保证生产、安全的需要，按开采设计规定允许丢失在地下的储量，即合理损失。具体包括设计工作面损失、设计采区损失和设计全矿井损失，如工业广场煤柱、地面建筑物保护煤柱、河流湖泊防水煤柱、主井与副井保护煤柱、采区内护巷煤柱、老塘内运不出的落煤损失等。

2）实际损失。指开采过程中实际发生的各项损失量，包含按照设计规定的合理损失和由于开采不正确引起的不合理损失两部分。实际损失的情况较复杂，见表7-4。

表 7-4 矿井实际损失量分类

大类	范围	原因	面积损失	厚度损失
实际损失	实际工作面损失	与采煤方法有关的损失	按设计规定实际留设的小块煤柱、煤垛；采用某种采煤方法，按规定实际留设的煤柱	按设计规定实际留设的护顶煤；分层开采要求的煤皮假顶；因支护条件限制不采全厚或掩护式支架开采而丢失的顶、底煤
		由不正确开采引起的损失	因冒顶另开切眼；水、火、瓦斯灾害；不按规定顺序开采；未采至终止线；煤柱实际尺寸超过设计规定部分而造成	设计未规定、实际已留设的护顶煤；分层开采时，未按层位开采而丢失的顶、底煤；未按设计分层开采而丢失的煤分层；未达到规定采高而丢失的顶、底煤
	实际采区损失	落煤损失		
		与采煤方法有关的损失	设计规定不回收的采区巷道保护煤柱；采区隔离煤柱；阶段煤柱	采区巷道顶、底丢失的煤量
		由不正确开采引起的损失	因违反开采程序；各类煤柱实际尺寸超过设计规定部分；采区巷道冒顶；水、火灾害等，以及无充分理由丢弃不采而造成	超过设计规定尺寸的巷道顶、底煤；未按设计分层开采、巷道内遗留的煤量
		采区内各工作面损失之和		
	实际全矿井损失	地质及水文地质损失	开拓区内地质构造或水文地质条件极为复杂的块段；开采区内遇影响开采的构造；经采取措施仍无法解决；火成岩、古河床、陷落柱、自燃等使局部煤层遭破坏或煤质变差；断层密集带、断层三角煤	煤层极不稳定或处于临界厚度的薄煤层；煤层顶、底板含水层或含水小窑具突水危险
		永久性煤柱损失	设计规定不回收的工业广场煤柱；主井、副井、风井井筒煤柱；大巷煤柱；永久性"三下"煤柱；井田边界等安全隔离煤柱；含水层、积水老窑、断层、钻孔附近的防水煤柱	
		报损储量	顶板破碎、开采后经洗选灰分仍超限；因自然灾害或其他原因留下的孤立块段；风氧化带至回风水平间经采取措施仍无法采出的煤量；煤层采动而破坏的极近距离煤层的储量	
		矿井各采区损失之和		

（2）损失量的其他分类 根据损失量分析的要求不同，按损失发生的范围、损失的形态和原因等具体分类。

1）按损失发生的范围可分为：

工作面损失：在回采工作面范围内发生的损失。

采区损失：在采区范围内发生的损失。

全矿井损失：在全矿井范围内发生的损失。

2）按损失的形态可分为：

面积损失：局部地区不能回采的煤。

厚度损失：开采过程中残留于顶、底板上的煤皮。

落煤损失：回采过程中采落的煤炭不能全部运出，有一小部分遗留在工作面上。

3）按损失发生的原因可分为：

开采损失：与采煤方法有关的损失，指采用某种采煤方法因运输、通风、安全等因素发生的损失。

非开采损失：地质及水文地质损失、设计规定的永久煤柱损失、达不到开采技术条件造成的损失。

(3) 损失量统计　损失量统计是矿井损失量分析的基础，包括损失量测定和统计两个方面。

1) 损失量测定。损失量的现场测定每旬进行一次，由地测部门人员结合采煤工作面的地质观测同时进行，测量时尽量均匀地选取有代表性的测点，按照煤层稳定性决定测点密度。损失量测定是采区丈量的重要组成部分，一般按发生损失的形态进行测定。

① 落煤损失测算。需测定落煤损失面积、浮煤平均厚度，并依据定期测定的浮煤视密度计算出落煤损失量。不得估算或按设计规定套算。一般用落煤系数法、浮煤堆积密度法确定。

落煤系数法：落煤系数指面积为 $1m^2$、厚度为 $1cm$ 的浮煤重量。其测定方法为：在回采工作面放顶回柱之前，选取浮煤厚度有代表性的地点，测量出边长为 $0.5m$ 的正方形；在该正方形内均匀布点，测量数次浮煤厚度，取其平均值，然后把该面积内全部浮煤装入容器称重，求得重量除以浮煤平均厚度再乘以4，即得落煤系数 f。落煤损失量为

$$Q = fSh$$

式中　Q——落煤损失；

　　　f——落煤系数；

　　　S——浮煤面积；

　　　h——浮煤平均厚度。

浮煤堆积密度法：对不同密度的煤层，应该现场分别测定浮煤堆密度，并定期进行检查修正，落煤损失为

$$Q = Sh\rho_{堆}$$

式中　$\rho_{堆}$——浮煤堆密度。

② 厚度损失测算。需同时丈量煤层厚度、采高、留顶丢底的煤厚等。依据丢煤厚度、面积和煤的视密度求得工作面的厚度损失。

③ 面积损失测算。依据填绘的实测资料的采掘工程平面图或损失量计算图，利用丢煤面积、煤厚和煤的视密度进行计算。

2) 损失量统计。损失量统计是进行损失量综合分析、不同采煤方法损失率对比和填报矿井储量损失量表的基础，包括绘制损失量计算图和填写损失量计算台账。

绘制损失量计算图：以分煤层的采掘工程平面图或储量计算图为底图，用规定颜色、线条和标准填绘掘进月进尺、回采工作面月推采面积、丈量点实际煤层厚度、采高，各种煤柱的范围、名称、批准文号、日期、储量、摊销计算基础数据、数量，以及各采区、工作面的面积损失、厚度损失和落煤损失的范围、数量，厚度损失柱状，储量注销、报损，地质及水文地质损失的范围、数量、批准文号等。对分层开采的煤层，还需单独绘制分层损失量计算图，作为损失量统计分析的基础图件。

填写损失量计算台账：主要是分工作面、分月的各种损失分析及损失率计算基础台账；分采区、分煤层、分季度的各种损失分析及损失率计算基础台账；全矿井分水平、分煤层的各种损失分析及损失率计算基础台账；期末工作面、采区、全矿井损失率及结束后重新核算的损失率台账；各种永久性煤柱台账；地质及水文地质损失台账；"三下"（指水体下、建筑物下、铁路下）压煤量台账；报损及其他台账。

a. 永久性煤柱台账：主要内容有煤柱名称、保护对象、煤层名称、厚度、煤种、倾角、煤柱上下界高程和面积等。

b. 地质及水文地质损失煤柱台账：断层煤柱和防水煤柱，主要内容有断层名称和编号、断层性质、断距、破碎带情况等；水体水压、水量；煤柱长度、宽度、面积、煤的视密度、厚度等。

c. 采区煤柱台账：主要内容有采区名称、煤柱名称、煤柱面积、煤厚、视密度；煤柱回采面积、损失量等。

d. "三下"压煤量台账：分水平、分煤层、分储量登入"三下"压煤量台账。

e. 储量注销和报损台账：主要内容有批准文号、日期、面积和储量等。

3. 损失率和采出率计算

损失率和采出率反映矿井地质、设计、采掘工程、生产管理等各环节的工作质量，是考核生产矿井资源利用和开采技术、管理水平的主要技术经济指标。矿井生产中，应按照实测资料定期计算实际损失率和采出率，并与设计损失率和采出率进行比较，以便及时发现问题并采取必要的措施进一步提高采出率。

损失率是指在一定开采范围内，损失的储量占该范围动用储量的百分比，包括设计损失率和实际损失率。设计损失率是根据设计规定的损失量计算的损失率；实际损失率是根据开采过程中实际发生的损失量计算的损失率。设计损失率和实际损失率都可分为工作面损失率、采区损失率和矿井损失率。实际损失率根据统计的计算期限，还可分为计算期间损失率和计算期末损失率。损失率一般按下面的公式计算

$$损失率 = \frac{损失量}{采出量+损失量} \times 100\% = \frac{采出率}{动用储量} \times 100\%$$

计算工作面实际损失率时，损失量是工作面内从开采到报告期末（或结束）的全部损失量，采出量是工作面相应时期的全部采出量；计算采区实际损失率时，损失量为采区各项实际损失之和，采出量为采区内各回采工作面与巷道掘进出煤量之和。以此类推计算矿井损失率时损失量、采出量的取值。

采出率是指在一定开采范围内，采出量占该范围工业储量的百分比，是矿山开采过程中煤炭储量开采消耗情况的直接反映。为了核定采煤方法和巷道布置的合理性、煤炭资源回收的充分性，在开采过程中应准确地计算出采出率。

采出率可分为设计采出率和实际采出率，还可分为回采工作面、采区和矿井采出率。采出率与损失率成反比，两者之和等于1。一般采出率按下面的公式计算

$$采出率 = \frac{地质储量-损失量}{地质储量} \times 100\% = \frac{采出量}{地质储量} \times 100\% = 1-损失率$$

当计算某采区的实际采出率时，上式中的采出量和损失量分别为采区内实际采出量和损失量，地质储量是采区内已采动部分的地质储量，其余类推。

煤炭工业技术政策规定，采区采出率为：薄煤层≥85%，中厚煤层≥80%，厚煤层≥75%，水力采煤≥70%；工作面采出率为：薄煤层≥97%，中厚煤层≥95%，厚煤层≥93%。

4. 损失量分析

生产矿井最根本的增收节支措施是提高采出率和降低损失率，这对生产计划的顺利完成、保证采掘正常接替、延长矿井服务年限、提高工程效果和降低煤炭成本等都具有重要意义。因此，生产矿井不仅要定期进行采区丈量及其资料整理、填绘相关图件、台账、报表，还要综合分析煤炭损失的原因。

井下煤炭损失主要是面积损失、厚度损失和落煤损失，一般以面积损失量最大。应查明面积损失中哪些是设计中允许的损失；哪些是由于开拓方式和巷道布置不合理，采用了落后的或不正规的采煤方法，违反开采程序，技术管理不善而造成的损失；哪些是通过开拓、掘进或生产勘探等工程控制，发现煤质差、煤层薄或地质及水文地质条件复杂等原因而不能开采的煤炭损失。厚度损失主要发生在厚煤层和中厚煤层的开采过程中，它是因为采煤方法不当或回采分层不合理造成的。落煤损失是由生产技术管理问题造成的。

若采出率达到国家煤炭技术政策规定的指标要求，则应总结并推广提高采出率的实践经验。若采出率未达到指标要求，则应找出主要原因，并有针对性地提出提高回采率的合理措施。

（二）矿井储量增减的处理

1. 储量增减的原因

矿井储量增减的原因很多，除因开采和损失而减少以外，还有以下原因造成的储量增减：

（1）补充勘查引起的储量增减　经过系统的补充勘查或巷道揭露，证实煤层厚度、可采边界和煤质等发生变化所引起的储量增减。

（2）采探对比引起的储量增减　通过采后总结发现，已采区域内的煤层厚度、可采边界和煤质等与原地质勘探报告不符所引起的储量增减。

（3）井田边界变动引起的储量增减　调整井田边界、扩大或缩小井田面积所引起的储量增减。

（4）重新核算储量引起的储量增减　年末核算储量时，因原计算错误或计算参数改变，以及资源/储量估算工业标准（如最低可采厚度、最高灰分等）修改所引起的储量增减。

2. 储量增减处理方法

由上述原因造成的储量增减，经过一定的审批程序，分情况按以下方式进行处理：

（1）更正原有储量数据　如果储量增减不超过估算范围内储量的10%，并在100万t以下，则在详细说明储量的增减后，可在报表中更正；如果储量增减超过上述范围，则应经过规定的手续，经审批后方可正式修改。

（2）储量的转入　煤层厚度和灰分等指标符合基础储量的计算标准；或灰分等指标虽超过规定标准，但有固定的销售对象，或洗选后可达到规定标准，经批准可以开采的，均可转入基础储量。由于水文地质条件特别复杂等原因已经列为次边际经济的资源量，经过进一步勘探或采区技术措施可以开采的，也可转入基础储量。

（3）储量的转出　经进一步查明，原基础储量的煤层厚度和灰分等指标已经达不到基础储量规定标准，但是尚有可能开采的，经批准可以转为次边际经济的资源量。

（4）储量的注销 在已开拓的区域内，原来经济的、边际经济的基础储量的煤层厚度或灰分等指标已经达不到基础储量的规定标准，也达不到资源量的规定标准，经上级主管部门批准后可以注销。

三、加强储量管理、提高煤炭资源采出率的措施

1. 翔实的地质资料是提高煤炭资源采出率的前提

1）矿井地质工作者首先要详细地研究勘探和建井阶段提交的全部地质资料，生产初期从宏观上对本井田地质情况进行全面掌握，按照《煤矿地质工作规定》和生产实际的需要，逐一编制生产采区的地质说明书，在小范围内深入、细致地分析地质构造，特别要查明原报告中断层、褶皱等构造的确定依据。

2）经常深入现场，获取第一手资料，认真分析研究，发现问题并及时解决。在实践基础上，及时、合理地修改图件，为设计提供准确的资料。

3）随着生产的不断进行，实际控制点不断增多，地质现象的规律性更加明显。有针对性地研究制约生产的主要问题，尽量减少煤炭资源损失，提高机械化效率。

2. 合理的设计方案是提高采出率的关键

一个合理的、高质量的采区或采场设计对采出率的高低起着决定性的作用，因此，生产矿井的设计人员应重点做好以下几项工作：

1）及时修改原设计方案。

2）设计尽量规范化、系列化。

3）采用先进的采煤方法，科学地留设保护煤柱。

4）设计人员与地质人员互相合作、互相研究。设计人员做到反复研究地质资料；地质人员做到了解设计意图，解释说明地质资料。

3. 高质量的施工是提高采出率的保证

在地质条件清楚、设计方案确定的情况下，施工是一个十分重要的过程。

（1）掘进 在回采工作面的准备阶段，工作面运输巷、回风巷能否按照设计要求施工，对将来的回采影响很大，也决定着回采时能否将煤炭完全采出。施工中容易出现两种现象：

1）掘进层位不准确，忽高忽低。这将给回采带来隐患，可能造成煤炭资源损失。

2）掘进中遇到的各种其他地质问题，如小断层、水患、火成岩、顶板破碎等，可能导致工作面提前掘开切眼而掘不到设计位置，造成煤炭资源损失。这种现象在施工队伍素质不高、技术管理水平较低的情况下普遍存在。所以，对掘进工作一定要一直严格要求、加强管理。

（2）回采 正常的情况下，回采应该严格按照层位进行，尽量将煤炭全部采出。地质、设计、施工单位及管理人员应该经常深入现场，了解采场变化。遇到问题时，应互相协商、共同研究，确定最佳的回采方案。

4. 加强储量管理是提高采出率的手段

储量管理工作的主要任务是认真贯彻执行国家经济技术方案，掌握矿井储量动态变化，挖掘矿井潜力，分析煤炭资源损失是否合理，严格控制损失量，延长矿井服务年限。加强煤矿地测工作是提高煤炭资源采出率、保证煤炭资源合理开发与利用的一个重要措施，应当引

起煤矿行政领导和技术总负责人的高度重视。

四、矿井"三量"管理

矿井"三量"是指在生产矿井中探明的和控制的资源/储量范围内,矿井开拓煤量、准备煤量、回采煤量的总称。

1. 矿井"三量"管理的意义

矿井生产的准备工作包括水平开拓、采区准备和工作面掘进三个阶段。在一个生产水平、采区或工作面采完之前,必须准备好下一个接替水平、采区或工作面,否则将不能保证矿井生产的正常进行,造成产量下降甚至生产停顿。因此,在矿井生产中,把握回采和掘进相对平衡是十分重要的。在开拓、采区准备和回采工作面掘进阶段所掘的巷道,分别称为开拓巷道、准备巷道和回采巷道,由这三种巷道圈定和构成的可采储量分别称为开拓煤量、准备煤量和回采煤量,简称"三量"。通常用"三量"来反映矿井采掘工程效果、生产准备情况和采掘关系,所以,搞好"三量"管理是保证矿井生产正常接续、稳产高产的重要环节。

2. 矿井"三量"的划分及计算

因各矿井地质条件不同,采用的开拓方式、开采方法不同,"三量"的划分方法也不尽相同。现以斜井分区式开拓,采区前进、工作面后退的开采方法为例,说明"三量"的划分(图 7-11)和计算。

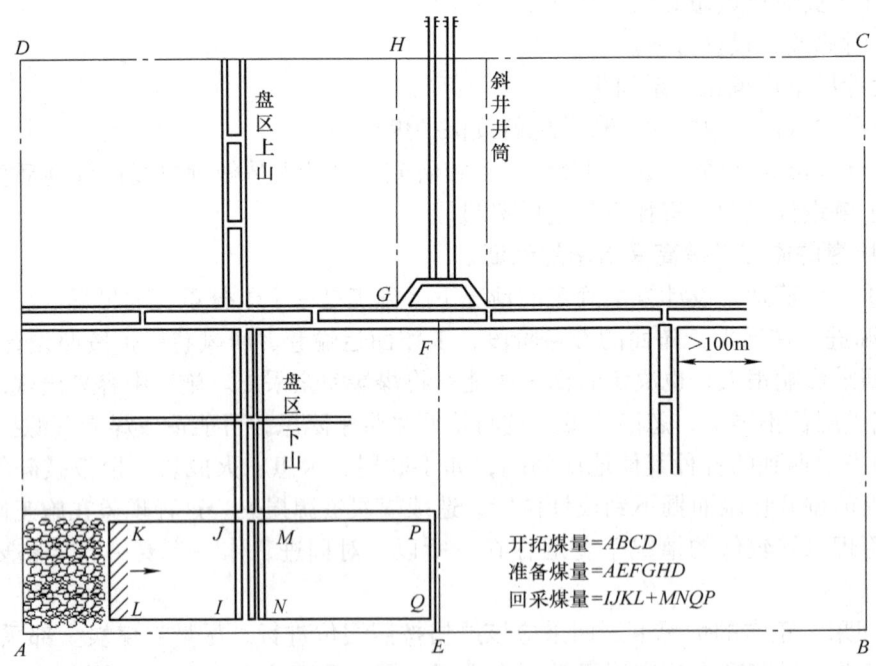

图 7-11 矿井"三量"划分示意图

(1)开拓煤量 开拓煤量是指通向采区的全部开拓巷道均已掘完,并可开始掘进采区准备巷道时所构成的可采储量。在矿井可采储量范围内,已完成设计规定的主井、副井、风井、井底车场、主要石门、集中运输大巷、集中下山、主要溜煤眼和必要的总回风巷等开拓掘进工程所构成的煤炭储量，并减去开拓区内的地质及水文地质损失、设计损失和开拓煤量可采期内不能回采的临时煤柱及其他煤量后，即为开拓煤量。其计算公式为

$$Q_{开} = (L\bar{h}\bar{M}D - Q_{地损} - Q_{呆滞})K$$

式中　$Q_{开}$——开拓煤量（t）；

　　　L——煤层两翼已开拓的走向长度（m）；

　　　$\bar{h}$——采区平均倾斜长（m）；

　　　$\bar{M}$——开拓区煤层平均厚度（m）；

　　　D——煤的视密度（t/m³）；

　　　$Q_{地损}$——地质及水文地质损失（t）；

　　　$Q_{呆滞}$——呆滞煤量，包括永久煤柱的可回采部分和开拓煤量可采期内不能开采的临时煤柱及其他煤量（t）；

　　　K——采区采出率。

（2）准备煤量　准备煤量是指在开拓煤量范围内，采区准备巷道均已掘完时所构成的可采储量。已完成了设计规定所必需的采区运输巷、采区回风巷及采区上（下）山等掘进工程所构成的煤储量，并减去采区内地质及水文地质损失、开采损失及准备煤量可采期内不能开采的煤量后，即为准备煤量。其计算公式为

$$Q_{准} = (Lh\bar{M}D - Q_{地损} - Q_{呆滞})K$$

式中　$Q_{准}$——开拓煤量（t）；

　　　L——采区走向长度（m）；

　　　h——采区倾斜长度（m）；

　　　$\bar{M}$——采区煤层平均厚度（m）；

　　　D——煤的视密度（t/m³）；

　　　$Q_{地损}$——地质及水文地质损失（t）；

　　　$Q_{呆滞}$——呆滞煤量，包括永久煤柱的可回采部分和开拓煤量可采期内不能开采的临时煤柱及其他煤量（t）；

　　　K——采区采出率。

在一个采区内，在必须掘进的准备巷道尚未掘成之前，该采区的储量不应该算作准备煤量。

（3）回采煤量　回采煤量是指在准备煤量范围内，开采前必须掘好的巷道全部完成时所构成的可采储量。在准备煤量范围内，按设计完成了采区中间巷道（工作面运输巷、回风巷）和回采工作面开切眼等巷道掘进工程后所构成的煤储量，即只要安装设备后，便可进行正式回采的煤量。其计算公式为

$$Q_{回} = LhMDK$$

式中　$Q_{回}$——回采煤量（t）；

　　　L——工作面走向可采长度（m）；

　　　h——工作面倾斜可采长度（m）；

　　　M——设计采高或采厚（m）；

　　　D——煤的视密度（t/m³）；

　　　K——工作面采出率。

上述各煤量的计算公式，仅适用于较稳定的煤层。若煤层不稳定，厚度变化较大，则应依具体情况划分块段，在分别计算各块段煤储量后求出总储量。

3. 矿井"三量"可采期

"三量"可采期是指根据掘进和回采进度计算出的各个煤量可供开采利用的期限。要求在相应时期内，掘进工程构成的煤量能保证满足回采接替的需要，使资源准备达到最佳状态。可采期是矿井生产中平衡采掘接替关系的一个重要技术经济指标。

（1）三量可采期的规定　为了使资源准备在时间上可靠、经济上合理，煤炭工业技术政策对大、中型矿井规定的"三量"合理可采期为：开拓煤量的可采期一般为 3 ~ 5 年；准备煤量的可采期一般为 1 年以上；回采煤量的可采期一般为 4 ~ 6 个月。

一般情况下，若矿井的"三量"可采期达到上述要求，便可实现采掘平衡。否则，就会造成采掘失调，影响正常接替。若可采期过长，则会造成掘成的巷道闲置不用，设备、资金积压，且增加巷道维修费用。

（2）"三量"可采期的计算

1）新建矿井移交生产时：

　　开拓煤量可采期（年）＝移交当时的开拓煤量/年设计生产能力
　　准备煤量可采期（月）＝移交当时的准备煤量/平均月设计生产能力
　　回采煤量可采期（月）＝移交当时的回采煤量/当年平均月计划回采产量

2）生产中的矿井：

　　开拓煤量可采期（年）＝期末开拓煤量/当年计划年产量
　　准备煤量可采期（月）＝期末准备煤量/当年平均月计划产量
　　回采煤量可采期（月）＝期末回采煤量/当年平均月计划回采产量

式中　期末开拓煤量 = 生产采区残存煤量 + 备用采区煤量 + 准备采区煤量

　　　期末准备煤量 = 生产采区残存煤量 + 备用采区煤量

　　　期末回采煤量 = 现采工作面残存煤量 + 备用工作面煤量

在进行开拓煤量和准备煤量可采期计算时，若年计划产量超过设计能力，则采用计划产量；若年计划产量未达到设计能力，则采用设计产量。对于未审定能力的矿井，可按计划产量计算其可采期；衰老矿井可按每年计划产量计算可采期。

（3）可采期的影响因素　各个矿区或矿井均有各自的具体特殊情况，造成有些矿井"三量"可采期达到甚至略超出规定的要求，出现采掘接替紧张的被动局面；有些矿井"三量"可采期即使略少于规定的要求，仍然可能存在巷道长时闲置的现象。因此，每个矿区或矿井应该在总结"三量"合理可采期经验的基础上，在保证开采水平、回采工作面正常接替的原则下，综合分析影响"三量"合理可采期的因素后，研究确定适应本单位特点的"三量"合理可采期。

影响"三量"合理可采期的因素如下：

1）矿井地质条件。对于地质构造条件复杂、煤层极不稳定的矿井，如断层密集、岩浆侵入作用强烈、煤层厚度出现不可采地段，虽然掘进了大量巷道，但可采储量较少，这就要求适当增加"三量"可采期，才能确保采掘平衡；如果矿井开采煤层多、煤层厚度大且层间距小，采用联合布置容易获得较多的开拓煤量，但是由于开采程序和生产条件的限制，准备煤量和回采煤量较少，采掘关系容易出现紧张局面，这就要求适当加长开拓煤量可采期，并加速掘进准备巷道和回采巷道。

2）井型和采区布局。对于大型矿井，水平阶段大，开拓工程量也大，花费时间较长，尤其是在产量递增期，开拓工程量可能更大，这就要求在加快开拓工程的同时，适当增加开拓煤量的可采期；而一些中、小型矿井的开拓工程量较少，花费时间较短，即使开拓煤量可采期较短，也便于调整。所以确定"三量"合理可采期时，要注意开拓、准备周期的长短。

3）开拓方式和开采方法。采用不同的开拓方式和开采方法，巷道布置及掘进工程量是不同的。例如，当缓倾煤层采用倾斜长壁采煤法时，可上、下山同时布置采区，采区巷道掘进工程量约减少20%，所以回采煤量和准备煤量可采期常超过规定。

4）机械化程度。机械化程度的高低直接影响掘进和回采的速度。例如，高档普采或综采工作面推进速度快，但准备周期稍长，要求有较多的回采煤量和较长的回采煤量可采期，以保证采掘的正常接替。

总之，矿井采掘生产是动态进展的，每个矿井都应弄清不同生产时期、区段影响采掘生产协调推进的主要因素，依据历年的实际资料，在综合分析研究的基础上，选择理论法、类比法和经验公式法确定"三量"合理可采期，使矿井采掘接替处于既经济又合理的最佳状态。

理论法：在一定统计期间内，各类巷道新圈出的开拓煤量、准备煤量和回采煤量均等于同期动用的可采储量，实现了采掘平衡。为了留有储备，同期动用的可采储量中包括完成计划产量动用的可采储量和备用工作面将要动用的可采储量；同时，应考虑工程提前准备的时间。

类比法：若影响"三量"合理可采期的因素相似，则"三量"合理可采期可以相互参照确定，主要用于新投产的矿井。

经验公式法：根据历年积累的"三量"统计分析报表，通过定量分析，确定相互关系，建立经验公式，得出适合本矿区的"三量"合理可采期。

4. 矿井"三量"的统计与分析

为了及时掌握"三量"的动态变化，反映生产准备程度及采掘关系，矿井生产中要按规定绘制和填报相应的图、表、台账及文字说明，定期对"三量"及其可采期进行统计和分析。

（1）"三量"计算图　"三量"计算图是"三量"计算、统计和分析的基础图件。它以分煤层采掘工程平面图或储量计算图为底图，将三个煤量以及呆滞量、损失量等和分年度的已采区用不同的线条、颜色分别填绘在图上的相应位置。三个煤量应分水平、分采区、分工作面编号；呆滞煤量块段应注明数量、呆滞时间及原因；地质和水文地质损失和注销块段等也应注明数量、原因及批准文号等。

（2）"三量"统计　按煤层、水平、采区和工作面分别计算三个煤量及其可采期，并填写相应报表、台账。其中煤柱摊销不能遗漏或重复，并做到图、表一致。在三个煤量动态报表中，"三量"的增减应符合以下关系

期末结存煤量 = 期初原有煤量 − 期内采出煤量 + 期内新创煤量 ± 期内煤量变化

（3）"三量"的动态分析　在"三量"动态统计的基础上，分析"三量"的动态变化；说明"三量"划分、计算和变动方面的问题。重点包括以下几个方面：

1）期末三个煤量增减情况。按期末完成各类巷道所圈出的三个煤量，说明"三量"的

增减原因和分布状况。"三量"不仅在数量上要满足要求,在分布上也要符合开采程序,应便于制订生产计划,以保证正常接替的需要。

2)进行"三量"可采期的分析和预测,根据生产计划说明三个煤量能否保证采掘接替。若实际"三量"可采期大于或等于本矿井合理可采期,则采掘关系正常;若实际"三量"可采期小于本矿井合理可采期,则应采取措施,使"三量"可采期达到规定的标准。

3)分析"三量"划分范围是否合理,计算方法是否正确,按工作面、采区、水平接替的要求,分析"三量"可靠程度和分布情况,研究生产环节中存在的问题。

4)对呆滞煤量的数量、呆滞时间和分布进行分析。根据采掘工程的进展,及时解放呆滞煤量,使呆滞煤量转化为动态煤量。

5)针对采掘现状,研究矿井采掘设计和生产中,生产技术、地测和采掘等方面存在的问题,并提出合理化的解决措施。

我国煤矿生产实践中总结出"以掘保采、以采促掘、采掘并进、掘进先行"的方针,充分说明了采掘之间的相互关系,回采依赖于掘进,掘进服务于回采,因而必须做好矿井的"三量"管理工作,保证采掘平衡。

【工作任务实施】

根据所学采煤专业知识,结合煤矿地质所学内容,分析综放工作面开采过程中可能出现的煤炭损失,并在此基础上提出提高煤炭资源回收率的措施。要求写出分析报告。

【工作任务考评】(见表7-5)

表7-5 工作任务考评表

考评项目	配分		考 评 内 容
素质目标	20	6	遵章守纪情况
		7	认真听讲情况、积极主动情况
		7	团结协作情况、组内交流情况
知识目标	40	20	熟悉矿井储量管理的目的和任务,矿井储量的动态管理,以及提高煤炭资源采出率的措施
		20	熟悉矿井"三量"管理基本知识
技能目标	40	25	思路清楚、分析正确
		15	独立并正确完成任务

【习题】

一、填空题

1. 煤炭资源/储量分类的依据为_____、_____、_____。

2. 根据我国煤炭资源的状况和工、农业用煤及民用煤的质量要求,以及目前的开采技术条件,对煤炭资源/储量的估算是以煤层_____、_____、_____为标准。

3. 在储量估算之前,首先要在_____或_____上正确地确定计算边界。边界的种类包括_____、_____、_____三类。

4. 确定工业边界的常用方法为_____、_____。
5. 估算煤炭/资源储量需要确定的原始参数有_____、_____、_____。
6. 确定煤层水平投影或垂直投影面积的常用方法有_____、_____。
7. 煤炭资源/储量的估算方法有_____、_____。
8. 煤炭产量的统计方法有_____、_____、_____。
9. 矿井储量损失分为_____、_____两大类。
10. 损失量按损失发生的范围分为_____、_____、_____。
11. 损失率是指在一定开采范围内，损失的储量占该范围工业储量的百分比，包括_____、_____。
12. 矿井"三量"是指_____、_____、_____。
13. 开拓煤量的可采期一般为_____，准备煤量的可采期一般为_____，回采煤量的可采期一般为_____。
14. 影响"三量"合理可采期的因素主要有_____、_____、_____、_____。
15. "三量"计算图以分煤层采掘工程平面图或_____为底图，将三个煤量以及呆滞煤量、损失量等和分年度的已采区用不同的_____、_____分别填绘在图上的相应位置。

二、选择题

1. 探明的可研经济基础储量是指（　　）
   A. 111　　　B. 111b　　　C. 121b　　　D. 122b
2. 矿井"三量"计算图以（　　）为底图。
   A. 剖面图　　B. 煤层底板等高线图　C. 采掘工程平面图　D. 综合柱状图
3. 煤矿产量统计法中，（　　）获得的采出量最可靠。
   A. 生产统计　　B. 销售统计　　C. 存煤量统计　　D. 采区丈量
4. 回采煤量的可采期为（　　）以上。
   A. 1～2年　　B. 5～7个月　　C. 4～5个月　　D. 8～10个月

三、是非题

1. 2M11表示探明的（预可研）边际经济基础储量。（　　）
2. 当煤层倾角不大于60°时，在立面投影图上估算储量；当煤层倾角大于60°时，在煤层底板等高线图上估算储量。（　　）
3. 估算储量需要根据煤层倾角将煤层水平投影面积 S' 换算成煤层实际面积 S，若将 $\alpha < 8°$ 视为水平煤层，则 $S = S'$。（　　）
4. 损失率是指在一定开采范围内，损失的储量占该范围工业储量的百分比，包括设计损失率和实际损失率。（　　）
5. 机械化程度是影响"三量"合理可采期的最主要因素。（　　）

四、简答题

1. 探明的煤炭资源/储量分为哪几类？
2. 确定储量边界的方法有哪些？
3. 确定煤层水平投影或垂直投影面积的常用方法有哪些？

4. 确定煤层厚度的基本方法有哪些?
5. 煤炭资源/储量的常用估算方法有哪些?
6. 如何划分损失量?
7. 矿井储量增减的原因是什么?
8. 加强储量管理,提高煤炭资源采出率的措施有哪些?
9. 影响"三量"合理可采期的因素有哪些?
10. 确定"三量"合理可采期的方法有哪些?

第八单元

矿山环境污染与治理

【单元学习目标】

本单元由矿山环境地质与环境污染因素分析、矿山环境地质综合治理两个课题组成,随着煤炭资源的大规模开发与利用,煤矿环境的污染和破坏日益严重,引起的环境问题和社会问题日益突出,已经成为影响煤炭工业生产可持续发展的重要因素。因此,保护矿区环境、防治煤矿环境污染及破坏更加受到了人们的重视。通过本单元的学习,学生应了解矿山环境地质问题和矿山环境污染因素,粗略了解煤炭洁净开采技术、煤矿固体废弃物污染治理、煤矿废水污染治理、煤矿废气污染治理和煤矿生态环境破坏治理等知识。

课题一 矿山环境地质与环境污染因素分析

【工作任务描述与分析】

影响矿山环境地质与环境污染的因素很多,既有直接污染又有间接污染,既有化学污染又有物理污染,也有生物污染。分析这些造成矿山环境污染的因素,对于矿山环境治理至关重要。本课题主要介绍矿山环境地质问题、矿山环境污染因素分析和矿山环境质量评价,通过本课题的实施,学生可以了解矿山环境地质问题、矿山环境污染因素,增强治理矿山环境的意识。

【知识学习】

一、矿山环境地质问题

(一)煤矿生产引发的环境地质问题

1. 破坏土地资源

露天采矿直接挖损土地;地下开采造成土地塌陷;排放的煤矸石和剥离物压占大量土地;采矿"三废"污损土地;采挖和塌陷引起微地形地貌、地质、水文地质等条件的变化,进一步将导致土地排水系统、给水系统的破坏和水、热、气、肥等土壤肥力因子的恶化,以及地表积水、盐渍化、沙漠化和水土流失等问题。

2. 破坏水资源

采矿工程和采动岩移改变地下水和地表水的储存和循环状态，疏干和破坏水资源，造成地下水位下降及水土流失；矿井开采抽、排水，使得大量的洁净水受到不同程度的污染而排放掉；采矿和洗煤生产要消耗大量洁净水；煤矿"三废"使矿区周围的水资源受到不同程度的污染。此外，煤矿固体废物可随大气降水、地表径流、风流及渗滤水进入地表水体或地下水而污染水资源。

3. 影响大气结构

煤矿环境污染改变了井下和矿区空气的成分和结构，造成烟火弥漫、能见度降低、有毒有害成分偏高等不良空气状况，在一定程度上影响了整个大气圈的成分、结构及其与岩石圈、水圈、生物圈的动态平衡，促进了温室效应、臭氧层破坏、酸雨、烟雾等气象灾害的形成。煤矿废气中含有大量的甲烷和二氧化碳，排入大气后可使温室效应和平流层臭氧减少加剧；矿井废气中含有很高的硫氧化物和氮氧化物，是酸雨和光化学烟雾形成的物质基础和根源。另外，矿井热、粉尘、烟尘等也会对矿区气温、气流、湿度、降雨量等微气候条件，以及大气圈与其他圈层的物质和能量交换产生不同程度的影响。

4. 污染损坏自然景观

煤矿环境污染使矿区微地貌、微地理、地表水体、植被等条件发生改变，使自然和人文景观遭受不同程度的破坏。如矸石山的堆积、煤尘的漂浮弥漫及在物体表面的附着、井泉和地表水体的干涸或污染、采矿塌陷坑的遍布及积水、植被的烧毁及退化、水土流失、土地沙漠化、文化遗址的污损等，影响和破坏了自然景观的整体美。

5. 破坏生态平衡

矿区土壤、水体、大气的污染；有毒有害物质的积聚；煤矿噪声、矿区居民生产生活的干扰，使生物群落与环境之间原有的物质循环被打破，使生物赖以生存的环境发生变迁、恶化。从而导致某些生物的逃逸、退化甚至灭亡，原有的生物链被打破，破坏了自然生态平衡。

6. 危害人类健康

环境污染对人类的健康有很大影响，既有急性的，也有慢性的，其中慢性的居多。轻则致疾，重则死亡。按其性质大致可分为：

1）粉尘性疾病：常见煤肺病、矽肺病、煤矽肺病。

2）放射性疾病：煤系地层、煤层、矿井水中常含有放射性元素，它们可通过粉尘、水等进入人体并积累而引致疾病。

3）矿物质中毒性疾病：如一氧化碳、二氧化碳、镉、砷、铅、铬、氰化物等中毒。

4）体内元素比例失衡性疾病：如体内铜、钼含量增多引发骨质疏松症；体内氟含量太高引起氟骨病、氟牙病等。

5）其他性质疾病：如工业噪声、振动、矿井热及井下空气恶臭等将引起心血管疾病、神经系统和消化系统疾病等。

7. 制约煤矿可持续发展

煤矿环境污染不同程度地制约了煤矿的可持续发展。例如，采动岩移和矿井抽排水对水资源平衡的破坏，以及煤矿"三废"对水资源的污染，使煤矿区缺水现象加剧；由地热引起的矿井热害，使矿区深部煤炭资源开采困难甚至无法开采；煤层自燃、岩层移动等使得大量的煤炭资源损毁或呆滞，大大缩短了矿井服务年限。

此外，煤矿开采及其环境污染和破坏也会引起移民、矿地、矿群矛盾和纠纷等社会环境问题，以及缴纳排污费、资源损失费、支付高额环境性疾病医疗费等经济环境问题。

(二) 煤矿生产引发的工程地质灾害

1. 煤矿区地面沉降与塌陷

采矿地面沉降是指由采矿引发的地面下降，其特点是下降过程是渐变的，较为缓慢，造成的变化是地面高程的普遍的均匀降低，对地面的原始形态影响不大，从区域上形成浅而大的平底盆地，面积较大，可进行简单排水，对农耕无大影响。

采矿地面塌陷是指由采矿引发的地面下陷，其特点是在时间上突发或在短期内发生，形成明显的地形破坏和塌坑，深度较大，面积较小。地面塌陷多出现在采深较浅（60~400m）的矿区，通常塌陷坑内有积水。

2. 煤矿区滑坡、崩塌、泥石流

在煤矿开发建设的过程中，矿区存在不合理的人类工程活动，如削坡、修理、堆矸石和开采等，这些活动破坏了矿区的生态环境和山坡体的原始平衡，诱发了滑坡、崩塌和泥石流等的发生。

3. 采矿诱发地震

采矿诱发地震是指由采矿工程活动引起的地震，是地壳浅部岩石圈对人类活动的一种反作用现象，出现在许多矿山中，是矿山的主要环境问题之一。

矿震一般具有以下特征：

1) 震源浅，处于矿山特殊条件下，地面上的建筑物会遭到破坏，井下设施也会受到较严重的破坏；引起人员惊恐、伤亡。

2) 震级小，4级以下，一般为2~3级。

3) 破坏程度随着井巷深度的增加而增加。

4) 容易引起矿区断层"复活"。

5) 矿区塌陷和岩爆、岩炮、岩石突出等矿山压力现象增多。

6) 矿震时，在强大地应力作用下，岩层或煤层突然脱离母体向采空区散射，同时产生强大的气流，可能引起井巷破坏和人员伤亡。

二、矿山环境污染因素分析

(一) 矿山环境污染因素及其特点

引起煤矿次生环境问题的因素归纳起来有以下几种。

1. 固体废弃物

煤矿的固体废弃物主要有矸石、露天矿剥离物、煤泥、粉煤灰和生活垃圾。其中，矸石对环境的影响最为普遍。

(1) 矸石 矸石是煤炭生产过程中产生的岩石的统称，包括煤矿采掘过程中排出的岩石、混入煤中的岩石、采空区垮落的岩石、工作面冒落的岩石及选煤过程中分离出来的炭质岩等。矸石排放量取决于煤层条件、开采方法、选煤工艺等。一般每采1t原煤排矸0.2t，若包括掘进，则矸石平均可达1t。矸石常由炭质泥岩、泥岩、砂岩、灰岩等组成，其矿物成分主要有高岭石、蒙脱石、石英、长石等，也含有少量稀有金属矿物。

(2) 露天矿剥离物　露天矿剥离物的岩石组成和排放量取决于煤层上覆岩层的岩性、煤层的埋藏深度和赋存条件、地形条件、剥离厚度等。剥离层一般有泥岩、砂岩、灰岩和松散沉积物，其中最主要的是泥质岩。

(3) 煤泥　煤泥是在煤炭开采、运输、洗选等过程中产生的泥状物质。其形成与煤及矸石的物理性质、煤炭开采和运输方法、选煤工艺、煤泥处理系统等有关。煤泥一般呈塑性体、松散体和泥固体；灰分含量高、黏土物质多、热值低、持水性强。

2. 废水

煤矿废水主要有采矿废水、选煤废水、其他附属工业废水和生活废水。

(1) 采矿废水　采矿废水是指外排的矿井水，是煤矿排放量最大的一种废水，包括矿井开采而产生的地表渗透水、地下含水层渗流水和疏放水、采掘生产和防尘用水。据有关资料显示，我国国有重点煤矿每年外排矿井水超过 20 亿 m^3，平均每吨煤排水 $4m^3$ 左右。

(2) 选煤废水　选煤废水是煤炭湿法洗选过程中产生的废水。其中含有大量悬浮煤粒，因此也称其为煤泥水。此外，选煤废水中还含有一定量的石油类、酚类、醇类、聚丙烯酰胺等有毒有机药剂和煤中浸出的各种离子和放射性元素等。因此，选煤废水是一种有毒废水。

(3) 其他附属工业废水　其他附属工业废水是指机修厂、火药厂、矿灯厂、焦化厂等煤矿附属企业在生产过程中产生的废水。目前，我国此类废水的年排放量在 2000～3000 万 m^3。虽然其排放量不大，但毒性却很高，原因是这些废水中含有不同种类、不同程度的有毒、有害物质。

3. 废气

煤矿废气主要包括采矿废气、燃煤废气、煤和煤矸石的自燃废气。

(1) 采矿废气　采矿废气主要是指由矿井排出的废气，它含有多种有害成分，包括以甲烷为主的烷烃、芳香烃、氢等可燃性气体和二氧化碳、氮等窒息性气体，以及硫化氢、一氧化碳、二氧化硫、二氧化氮等有毒气体，是由井下人员呼吸、爆破、充电、坑木腐烂、煤岩层氧化等所产生的气态物质和煤层及其围岩、地下水等释放的天然气污染井下空气形成的。

(2) 燃煤废气　燃煤废气是指煤矿区锅（窑）炉和民用灶燃煤产生的废气。其中含有烟尘、硫氧化物、氮氧化物、碳氧化物、碳氢化物等有害成分。燃煤废气是大气污染物的主要来源，约占大气污染物总量的 70%。

(3) 自燃废气　自燃废气是指煤和煤矸石自燃产生的废气，其成分与燃煤废气类似。

4. 粉尘

煤矿的采掘、运输、选煤等生产过程，以及燃煤、煤层和矸石山自燃等都会产生粉尘，其中采掘过程产生的粉尘量最大。如在地下开采中，采掘工作面产生的粉尘可占矿井总产尘量的 70%～85%。

煤矿粉尘以煤尘为主，也有岩粉和其他物质粉尘。

5. 噪声

煤矿生产所用的高噪声设备很多，如扇风机、空气压缩机、凿岩机、采煤机和洗煤厂的破碎机、振动筛等。此外，采掘爆破噪声也是高噪声。由于井下范围狭小，设备产生的噪声不能有效地传播，噪声源与岩壁、煤壁的反射噪声叠加，将形成新的噪声源。这些噪声可能掩蔽安全警报信号而造成事故。地面设备噪声主要影响操作工人的身体健康及周围居民的工作、生活及学习。

6. 岩体移动

由采矿活动引起并直接破坏环境的岩体移动主要包括地下开采造成的地表移动和露天开采引起的滑坡。煤矿多为地下开采，因此，地下开采造成的地表移动在矿区分布广泛且对环境破坏十分严重。当煤层被采出以后，煤层顶板及其上覆岩层在重力作用下发生垮塌，波及地表时，便形成了地表移动。变形形式有地表塌陷坍陷、凹陷和断裂。

7. 矿井热

矿井热是指矿井生产过程中所产生的热量。它是决定矿井内空气温度、湿度等微气候条件的重要因素。一般来说，若空气温度超过27℃，人体散热就极为困难，并可能从空气中吸热而使人体热平衡破坏。因此，我国《煤矿安全规程》规定：生产矿井采掘工作面空气温度不得超过26℃，机电硐室的空气温度不得超过30℃"。当矿井热导致矿井气温超过规定值时，便形成了矿井热害。

（二）矿山环境监测

1. 监测网点的布设

煤矿环境监测网是国家环境监测网的组成部分。应在国家环境监测网站建设的统一部署下，根据各煤矿的实际情况，建立科学合理的监测网。建网的基本原则是：网点和取样点及其密度选择必须具有足够的代表性，并能充分反映监测内容的变化和分布特征，同时又要经济合理。

2. 监测方法

（1）化学分析法　在一定时间或期间内，先由监测采样点采集监测分析样品，然后在实验室对样品进行物理化学分析或仪器测定。也称其为化学-实验室仪器分析法。

（2）连续分析法　利用自动监测仪器（如SO_2监测仪）在监测点上直接对监测内容进行连续跟踪监测。也称连续自动监测仪器分析法。

监测工作是一项长期而连续的工作，监测方法、采样方法及其器具应采用国家规定的标准方法或统一方法并保持相对稳定，以便对监测结果进行准确的对比分析。

3. 监测内容

（1）煤矿大（空）气监测　主要监测内容为：降尘（粒径大于10μm）、飘尘（粒径小于10μm）等固态污染物；硫氧化物、氮氧化物、碳氧化物、碳氢化合物及有毒有害气体等气态污染物；放射性元素等其他污染物；影响污染扩散的气象因素，以及与光化学烟雾有关的太阳辐射、能见度等。

（2）水质监测　主要监测内容为：水温、色度、浊度、酸碱度、电导率、硬度、悬浮物、溶解氧、化学和生物化学需氧量、耗氧量、水生生物和各种有毒有害物质，以及与扩散有关的流量、流速、水深、风速、风向、日照强度、气温、湿度等水文、气象因素。

（3）土质监测　主要监测内容为：腐殖酸、氮、磷、钾等营养元素；重金属元素和其他有机、无机毒物及酸度；土壤的类型、结构和性质等。

（4）岩移监测　主要监测内容为：岩体移动方向、速度；井巷及工作面收缩、变形；地表移动方式、类型、规模、范围；岩体应力、应变；支护及充填体应力变化；岩体强度等。

此外，煤矿环境监测内容还包括矿山噪声、地热、煤及矸石山自燃等。

三、矿山环境质量评价

环境质量评价是对矿区环境质量优劣的定量和定性描述，其目的是查明矿区环境质量的历史和现状，确定影响环境质量的污染源及污染物，并对矿区环境质量作进一步分级、分区，掌握矿区环境质量的变化规律，并预测环境质量的变化趋势，为煤矿环境污染防治提供依据。

1. 煤矿环境质量评价类型

煤矿环境质量评价按时间分为三种类型。

（1）环境质量回顾评价　是指通过对矿区环境背景的社会特征、自然特征及污染源等的调查了解，分析矿区环境质量演变过程，弄清引起环境问题的各种原因和形成机理。

（2）环境质量现状评价　是指通过环境现状的监测与调查，分析研究环境污染的现状及其时空变化规律，对煤矿区当前的环境质量作出评价。

（3）环境质量预测评价　是指根据污染源、环境要素、污染物浓度等的变化特征及其相关性，推断污染物分布变化的可能性，预测矿区环境的未来变化趋势。

此外，煤矿环境质量评价也可按评价的环境要素范围分为单要素评价、联合评价和综合评价三种类型；按评价的空间范围，可分为井下环境质量评价和地面环境质量评价等。

2. 煤矿环境质量评价方法

在煤矿区环境污染调查和监测的基础上，选定评价参数，建立评价指标体系及其计算模型，划分环境质量等级，绘制环境质量评价图。

（1）环境质量分级分区　环境质量分级分区是指按照环境质量指数划分质量优劣等级及其分布范围。划分等级时不仅以评价指数为主要依据，还应充分考虑矿区的其他环境特点和环境质量标准等。一般可将环境质量划分为良好、中等、轻度污染、中等污染和严重污染五个等级。分区则应根据矿区环境质量等级和污染源分布、功能分区等具体情况确定。

（2）环境质量评价图　环境质量评价图是指用以表达环境质量评价结果及其与环境质量有关的环境背景特征、污染源与污染物、环境质量状况、环境污染的空间分布特征、数量和质量等指标的图件。它具有形象、直观、清晰、易对比等优点。

3. 煤矿环境质量评价内容

（1）环境背景的调查与评价　环境背景调查和评价的内容可分为自然环境特征和社会环境特征两个方面。自然环境特征包括矿区地理位置和地质及地貌、气象与气候、水文、土壤、生物等；社会环境特征包括一般情况和经济结构等。环境背景调查与评价就是要弄清这些要素的环境背景值（也称环境本底值）的变化性、相关性，并判断出它们与环境质量的关系。

（2）污染源调查与评价　通过调查、监测和分析研究，确定矿区内污染源的类型及其污染物，找出污染物的自然扩散和人为排放方式、途径、特点和规律等，按其对环境的影响程度筛选出矿区主要污染源和污染物。

（3）环境污染现状的调查与评价　通过布点采样和资料收集获得环境质量信息，并对矿区环境质量作出定性和定量的分析，得出结论，进而确定煤矿环境的污染程度。

(4) 环境效应分析评价　环境效应分析评价也称环境污染影响分析评价，主要包括以下三方面内容：

1) 生态效应分析：结合矿区生物与生态环境调查，分析和评价矿区环境污染对生物的生态变异、生理功能、产量、繁殖、生存及生态平衡的影响和破坏，并得出影响程度的结论。

2) 人体健康效应分析：结合矿区环境性疾病、居民健康状况、儿童发育状况等的调查结果，分析环境污染与人体健康的相关性和因果关系，对环境污染对人体健康的影响程度作出定性、定量的判断。

3) 经济效应分析：调查和研究煤矿环境污染程度及其造成的环境质量下降所带来的直接和间接经济损失。分析治理环境污染与改善矿区环境的费用和所取得的经济效益的关系，估算矿区环境污染的经济损失。

【工作任务实施】

组织学生到煤矿进行调研，了解矿山环境污染因素，要求学生写出环境分析报告。

【工作任务考评】（见表8-1）

表8-1　工作任务考评表

考评项目	配分		考 评 内 容
素质目标	20	6	遵章守纪情况
		7	认真听讲情况、积极主动情况
		7	团结协作情况、组内交流情况
知识目标	40	40	熟悉矿山环境地质问题、矿山环境污染因素等基本知识
技能目标	40	10	能独立开展对矿山环境的调查
		15	查明了矿山的环境污染因素
		15	能独立完成调研报告，且分析有一定深度和广度

课题二　矿山环境地质综合治理

【工作任务描述与分析】

为了在地质环境保护的基础上进行煤炭资源的合理开发，以及最大限度地降低地质灾害给人们带来的危害，对矿区进行地质灾害治理及环境恢复势在必行，通过恢复矿区生态，实现矿区社会效益、生态效益和谐发展。本课题主要介绍煤炭洁净开采技术、煤矿固体废弃物污染治理、煤矿废水污染治理、煤矿废气污染治理和煤矿生态环境破坏治理，通过本课题的实施，学生可以熟悉矿山环境地质综合治理方法。

【知识学习】

一、煤炭洁净开采技术

洁净煤技术是指从煤炭开发到利用的全过程中，旨在减少污染排放与提高利用效率的加工、燃烧、转化及污染控制等高新技术的总称。发展的主要方向是煤炭的气化、液化、煤炭高效燃烧与发电技术等。它将经济效益、社会效益与环保效益结合为一体，成为能源工业中国际高新技术竞争的一个主要领域。洁净煤技术主要包括三个方面内容：

1. 矿井设计合理规划，减少矸石排放量

（1）采用全煤巷开拓方式　巷道尽量布置在煤巷中，减少岩巷掘进量，控制排矸总量。

（2）利用自然边界划分井田和采区　开拓巷道沿自然边界掘进，采区内尽量避免出现地质构造，减少破岩，降低煤中矸石的混入量。

（3）合理选择采煤方法

1）加大采高，实现煤层全厚开采。

2）合理分层。

3）留顶（或底）煤开采。当煤层中有较厚的破碎伪顶或直接顶而难以维护时，工作面可以实行留顶煤回采，避免伪顶或破碎顶板冒落混入煤中使煤质恶化。在底板松软的情况下，为了防止支架钻底或采煤机啃底而降低煤质，工作面应采用留底板回采，以保证煤炭生产质量。

4）利用矸石充填井下巷道，将巷道掘进中的矸石就地处理。

2. 直接烧煤洁净技术

在直接烧煤的情况下，需要采用的技术措施如下：

（1）燃烧前的处理和净化技术　主要是洗选、型煤加工和水煤浆技术。原煤洗选采用筛分、物理选煤、化学选煤和细菌脱硫等方法，可以除去或减少灰分、矸石、硫等杂质；型煤加工是把散煤加工成型煤，由于成形时加入石灰固硫剂，可减少二氧化硫排放，减少烟尘，还可节煤；水煤浆由优质低灰原煤制成，可以代替石油。

（2）燃烧中的净化技术　主要是硫化床燃烧技术、先进燃烧器技术。硫化床又叫沸腾床，有鼓泡床和循环床两种，由于燃烧温度低可减少氮氧化物排放量，煤中添加石灰可减少二氧化硫排放量，炉渣可以综合利用，能烧劣质煤；先进燃烧器技术是指改进锅炉、窑炉结构与燃烧技术，减少二氧化硫和氮氧化物的排放。

（3）燃烧后的净化技术——烟气净化　主要是消烟除尘和脱硫脱氮技术。消烟除尘的技术很多，静电除尘器效率最高，可达99%以上，电厂一般都采用此技术。脱硫有干法和湿法两种，干法是用浆状石灰喷雾与烟气中的二氧化硫反应，生成干燥颗粒硫酸钙，用集尘器收集；湿法是用石灰水淋洗烟尘，生成浆状亚硫酸排放。它们的脱硫效率可达90%。

3. 煤转化为洁净燃料技术

（1）煤的干馏技术　是将煤隔绝空气加强热使其分解的过程，又称煤的焦化。

（2）煤的气化技术　是将煤（或焦炭）进行加热气化，并与水蒸气和空气（活氧）等发生化学反应，生成以氢、一氧化碳或甲烷等为主的混合煤气。用空气和水蒸气做气化剂，煤气热值低；用氧气做气化剂，煤气热值高。将煤气化后，可以提高煤炭的热能利用率和燃烧效率，减少对环境的污染，并使一些含硫量高的煤得到应用。

煤的气化可以在地下进行，将埋藏在地下的煤直接气化成煤气。

(3) **煤的液化技术**　有间接液化和直接液化两种。间接液化是先将煤气化，然后把煤气液化，如煤制甲醇可替代汽油。直接液化是把煤直接转化成液体燃料，如直接加氢将煤转化成液体燃料，或将煤炭与渣油混合成油浆，然后反应生成液体燃料。

(4) **煤气化联合循环发电技术**　先把煤制成煤气，再用燃气轮机发电，排出高温废气烧锅炉，再用蒸汽轮机发电，整个过程发电效率可达45%。

(5) **燃煤磁流体发电技术**　当燃煤得到的高温等离子气体高速切割强磁场时，可直接产生直流电，把直流电转换成交流电，发电效率可达50%~60%。

二、煤矿固体废弃物污染治理

1. 对占用耕地或可耕地的废弃煤矸石的治理

对占用耕地或可耕地的废弃煤矸石山（堆），原则上应该全部治理，采用推填、"搬家"等方式恢复被占耕地或可耕地。依据地形对部分区域实行平整、覆土，种植花草树木，改造成绿化用地。

2. 对山坡、沟壑内煤矸石的治理

对堆置在山坡、沟壑内的煤矸石，主要进行山坡整形、沟壑填平，根据煤矸石所堆积的岩性及风化情况进行覆土造林。

3. 对可利用煤矸石的治理

(1) **生产煤矸石砖**　煤矸石经过粉碎、粉磨、搅拌、压制、成形、干燥、焙烧结砖。不仅可以变废为宝、创造利润，而且可以节省土地、改善矿区环境。

(2) **生产水泥**　煤矸石中SiO_2、Al_2O_3、Fe_2O_3的含量较高，是一种天然黏土质原料，可以作为生产水泥的原料。

三、煤矿废水污染治理

煤矿废水主要有酸性废水、含悬浮物废水、含盐废水和选矿废水，为防止其对环境造成污染，主要应改革工艺、更新设备、减少废水和污染物排放，提高水的重复利用率，以废治废，将废水作为一种资源综合利用。

1. 矿井废水治理

利用矿区已经形成的对矿井不构成透水威胁或经过铺底处理后的塌陷区，设置矿井水汇集工程，对矿井富余废水设置沉淀池并进行一级处理。处理后的矿井废水可循环利用或排入塌陷区形成水塘，成为绿化造林等生态恢复用水。

2. 生活污水治理

在人口密集、污水排放量大、BOD_5和COD指高程的区域，设置生活污水集中处理厂，采用二级生化处理。处理后的生活污水连同一级处理后的矿井废水用于农林灌溉或喷灌等。

四、煤矿废气污染治理

随着环境保护政策的深入贯彻实施，治理"三废"力度的加大，废气的治理取得了很大成效。

1. 井下瓦斯抽放与利用

煤矿向大气中排放的废气量和有害物质成分的多少，主要取决于矿井煤层瓦斯含量和生产时的瓦斯涌出量。可以在煤矿生产过程中预先抽出煤层中的瓦斯加以利用，如民用瓦斯燃气、中低压供气热水和蒸气瓦斯锅炉应用、燃气发电等，以有效减少生产中的瓦斯涌出量。

2. 提高煤炭入洗率

原煤开采过程中会混入大量煤矸石、木屑等，煤中80%以上的硫存在于煤矸石中，如果不进行分离，则会在运输、堆放和燃烧中产生大量 SO_2、TSP。通过洗选，可以将80%以上的硫和30%以上的灰分脱除。

3. 矸石山自燃治理

矸石山不仅占用大量土地，而且其自燃会产生大量有毒、有害气体污染矿区环境。常用矸石山灭火方法有三种：覆盖法、表面浇灌法、注浆法。

覆盖法是将黄土等惰性物料覆盖于燃烧区，以达到隔绝空气灭火的目的；表面浇灌法是向燃烧表面喷洒灭火浆液降低燃烧区温度，阻止矸石进一步氧化燃烧；注浆法是将灭火浆液借助于机械注入矸石山内部，以达到降温与隔氧灭火的目的。

五、煤矿生态环境破坏治理

煤矿开采造成了地表剥离、土地塌陷、煤矸石堆积等问题，破坏了矿区生态环境。通过对塌陷区进行充填复垦和非充填复垦，可以恢复或改善原有土地的使用功能。

充填复垦主要是利用矸石、粉煤灰和其他固体废弃物等进行回填。非充填复垦是根据积水状况与地貌特征，进行疏排法复垦、梯田式复垦及平整土地工程技术。

总之，煤炭是较为重要的能源，人类的发展离不开煤炭资源，煤炭资源的开发、利用对矿区及其周边的环境造成了严重的破坏，带来了许多不良的环境地质问题，抑制了矿区社会经济的发展、进步。我国在煤矿环境保护、环境规划、环境治理方面做了大量的工作，取得了显著的成绩并积累了大量的防治经验，然而仍然存在明显的经济利益与环境保护的冲突，这是一个值得重视的问题。

【工作任务实施】

组织学生对各种矿山环境破坏的治理方法进行讨论，充分调动学生的积极性，开阔思路。

【工作任务考评】（见表8-2）

表8-2　工作任务考评

考评项目	配分		考评内容
素质目标	20	6	遵章守纪情况
		7	认真听讲情况、积极主动情况
		7	团结协作情况、组内交流情况
知识目标	40		熟悉各种治理矿山污染的方法
技能目标	40	20	思路清晰、分析正确
		20	独立并正确完成任务

第八单元 矿山环境污染与治理

【习题】

一、填空题

1. 煤矿生产引发的环境地质问题有＿＿＿＿、＿＿＿＿、＿＿＿＿、＿＿＿＿、＿＿＿＿、＿＿＿＿。
2. 煤矿的固体废弃物主要有＿＿＿＿、＿＿＿＿、＿＿＿＿、＿＿＿＿和＿＿＿＿。
3. 煤矿废水主要有＿＿＿＿、＿＿＿＿、＿＿＿＿、＿＿＿＿。
4. 环境效应分析评价也称环境污染影响分析评价，主要包括三方面内容：＿＿＿＿、＿＿＿＿、＿＿＿＿。
5. 煤矿环境质量评价内容包括＿＿＿＿、＿＿＿＿、＿＿＿＿。
6. 煤转化为洁净燃料的技术有＿＿＿＿、＿＿＿＿、＿＿＿＿。
7. 煤矿废气污染治理措施有＿＿＿＿、＿＿＿＿、＿＿＿＿。
8. 常用矸石山灭火方法有三种，即＿＿＿＿、＿＿＿＿、＿＿＿＿。
9. 煤矿废水污染治理包括＿＿＿＿、＿＿＿＿两方面。
10. 煤矿向大气中排放的废气量和有害物质成分的多少，主要取决于＿＿＿＿和＿＿＿＿。

二、单选题

1. 煤矿的固体废弃物对环境影响最普遍的是＿＿＿＿。
   A. 矸石　　　B. 煤泥　　　C. 粉煤灰　　　D. 露天矿剥离物
2. ＿＿＿＿是引起矿井热害的主导因素。
   A. 爆破热　　B. 设备运行热　C. 矿井热水热　D. 地热
3. 下面不是水质监测对象的为＿＿＿＿。
   A. 色度　　　B. 浊度　　　C. 酸碱度　　　D. 碳氢化合物
4. 废水种类主要有＿＿＿＿废水、含有悬浮物废水、含盐废水、选矿废水。
   A. 中性　　　B. 酸性　　　C. 碱性　　　D. 强酸性
5. 下面＿＿＿＿不属于环境影响分析评价的主要内容。
   A. 生态效应分析　　　　　B. 经济效应分析
   C. 社会效应分析　　　　　D. 人体健康效应分析

三、是非题

1. 采矿"三废"是指固体废弃物、废水、废气。（　　）
2. 煤矿废气主要包括采矿废气、燃煤废气、煤和煤矸石的自燃废气。（　　）
3. 矿山环境监测方法有化学分析法和连续分析法。（　　）
4. 环境质量预测评价是指根据污染源、环境要素、污染物浓度等的变化特征及其相关性，推断污染物分布变化的可能性。（　　）
5. 燃烧前的处理和净化技术只有洗选技术和水煤浆技术。（　　）

四、简答题

1. 煤矿区地面沉降与塌陷的特点是什么？

2. 简述采矿诱发地震的特征。
3. 矿山环境污染因素有哪些?
4. 矿山环境监测内容有哪些?
5. 何谓煤炭洁净开采技术?主要包括哪些内容?
6. 怎样对矿井设计合理规划以减少矸石排放量?
7. 如何对煤矿固体废弃物进行污染治理?

参 考 文 献

[1] 王桂梁. 矿井构造预测 [M]. 北京：煤炭工业出版社，1993.
[2] 王强，李振林，王计堂. 矿井地质 [M]. 北京：煤炭工业出版社，2008.
[3] 陈哲华，刘建平. 倾斜巷道地层厚度计算的简便方法 [J]. 煤炭科学技术，2003，31.
[4] 袁崇孚，张子戊. 矿井地质制图 [M]. 北京：煤炭工业出版社，1990.
[5] 刘建平. 介绍一种断煤交线和断层走向夹角的计算通式 [J]. 河北煤炭，1995，2.
[6] 刘建平，张志斌. 煤矿井下地层产状计算法及应用 [J]. 煤，1993，6.
[7] 刘建平. 坑道地层产状计算法 [J]. 开滦科技，1993，4.
[8] 刘建平. 也谈断煤交线产状计算 [J]. 河北煤炭，1992，3.
[9] 刘建平. 用计算机求断煤交线 [J]. 矿井地质，1989，1-2.
[10] 桂和荣，郝临山，等. 煤矿地质学 [M]. 北京：煤炭工业出版社，2005.
[11] 杨孟达. 煤矿地质学 [M]. 北京：煤炭工业出版社，2000.
[12] 陶昆，王向阳. 煤矿地质 [M]. 徐州：中国矿业大学出版社，2008.
[13] 程功林，李垚. 矿井地质 [M]. 徐州：中国矿业大学出版社，2010.
[14] 张韬. 中国主要聚煤期沉积环境与聚煤规律 [M]. 北京：地质出版社，1995.
[15] 白俊仁，等. 煤质分析 [M]. 北京：煤炭工业出版社，1990.
[16] 北京煤化学研究所. 煤质分析应用技术指南 [M]. 北京：中国标准出版社，1991.
[17] 李增学. 煤矿地质学 [M]. 北京：煤炭工业出版社，2009.
[18] 张德栋，陈继福. 煤矿实用地质 [M]. 北京：化学工业出版社，2011.
[19] 刘富. 煤矿地质与测量 [M]. 北京：煤炭工业出版社，2011.
[20] 车树成，张荣伟. 煤矿地质学 [M]. 徐州：中国矿业大学出版社，1996.
[21] 李北平，徐智彬. 煤矿地质分析与应用 [M]. 重庆：重庆大学出版社，2009.
[22] 国家安全生产监督管理总局. 煤矿地质工作规定 [S]. 北京：煤炭工业出版社，1984.
[23] 王定武，等. 煤田地质与勘探方法 [M]. 徐州：中国矿业大学出版社，1995.
[24] 王定绪，李英杰，熊晓英，等. 煤炭地质勘查技术 [M]. 北京：煤炭工业出版社，2007.
[25] 储绍良. 矿井物探应用 [M]. 北京：煤炭工业出版社，1995.
[26] 李冬田. 地质遥感 [M]. 北京：水利电力出版社，1995.
[27] 中国煤炭教育协会职业教育教材编审委员会. 煤矿地质与矿图 [M]. 北京：煤炭工业出版社，2007.